W0258207

Christoph Überhuber
Stefan Katzenbeisser

MATLAB 6.5

Eine Einführung

SpringerWienNewYork

Ao. Univ.-Prof. Dipl.-Ing. Dr. Christoph Überhuber
Dipl.-Ing. Stefan Katzenbeisser
Institut für Angewandte und Numerische Mathematik
Technische Universität Wien
Wien, Österreich

Das Werk ist urheberrechtlich geschützt.
Die dadurch begründeten Rechte, insbesondere die der Übersetzung, des Nachdruckes, der Entnahme von Abbildungen, der Funksendung, der Wiedergabe auf photomechanischem oder ähnlichem Wege und der Speicherung in Datenverarbeitungsanlagen, bleiben, auch bei nur auszugsweiser Verwertung, vorbehalten.
Produkthaftung: Sämtliche Angaben in diesem Fachbuch (wissenschaftlichen Werk) erfolgen trotz sorgfältiger Bearbeitung und Kontrolle ohne Gewähr. Insbesondere Angaben über Dosierungsanweisungen und Applikationsformen müssen vom jeweiligen Anwender im Einzelfall anhand anderer Literaturstellen auf ihre Richtigkeit überprüft werden. Eine Haftung des Autors oder des Verlages aus dem Inhalt dieses Werkes ist ausgeschlossen.
Die Wiedergabe von Gebrauchsnamen, Handelsnamen, Warenbezeichnungen usw. in diesem Buch berechtigt auch ohne besondere Kennzeichnung nicht zu der Annahme, dass solche Namen im Sinne der Warenzeichen- und Markenschutz-Gesetzgebung als frei zu betrachten wären und daher von jedermann benutzt werden dürfen.
MATLAB® ist ein eingetragenes Warenzeichen von The MathWorks, Inc.
© 2002 Springer-Verlag/Wien
Softcover reprint of the hardcover 1st edition 2002

Satz: Reproduktionsfertige Vorlage der Autoren
Druck: Novographic Druck G.m.b.H., A-1230 Wien
Umschlaggestaltung unter Verwendung einer Grafik von Robert Lettner und Philipp Stadler, Wien
Gedruckt auf säurefreiem, chlorfrei gebleichtem Papier – TCF
SPIN 10878154

Mit 51 Abbildungen

Bibliografische Information Der Deutschen Bibliothek
Die Deutsche Bibliothek verzeichnet diese Publikation in der Deutschen Nationalbibliografie; detaillierte bibliografische Daten sind im Internet über http://dnb.ddb.de abrufbar.

ISBN-13: 978-3-211-83826-6   e-ISBN-13: 978-3-7091-6745-8
DOI: 10.1007/ 978-3-7091-6745-8

Vorwort

Multifunktionale Programmsysteme vereinigen – mit unterschiedlichen Schwerpunkten – die Funktionalität von Numerik-, Symbolik- und Grafik-Systemen in übergeordneten Softwareprodukten mit einheitlicher Benutzerschnittstelle. Sie ermöglichen die komfortable interaktive Bearbeitung rasch wechselnder Aufgaben am PC oder auf einer Workstation.

MATLAB ist unter den multifunktionalen Programmsystemen der prominenteste Vertreter der numerisch orientierten Produkte. Mit diesem interaktiven Programm kann man Gleichungen sehr einfach definieren und auswerten, Daten und selbstdefinierte Funktionen speichern und wiederverwenden sowie Berechnungsergebnisse grafisch darstellen. Im Zentrum von MATLAB steht die interaktive numerische Lineare Algebra und Matrizenrechnung: **MAT**rix **LAB**oratory.

MATLAB umfaßt neben Methoden der Matrizenrechnung noch viele andere numerische Verfahren, z. B. zur Nullstellenbestimmung von Polynomen, für die FFT (*Fast-Fourier-Transform*), für die numerische Lösung von Anfangswertproblemen gewöhnlicher Differentialgleichungen. Umfangreiche Grafik-Funktionalität ermöglicht das Erstellen von zwei- und dreidimensionalen technischen Grafiken am Farb-Bildschirm, Drucker oder Plotter.

MATLAB verfügt über einen Interpreter und läßt sich programmieren. Auf diese Weise kann man die Funktionalität des Systems noch erweitern. Aus MATLAB können auch Fortran- und C-Programme aufgerufen werden, wodurch man die Bearbeitung rechenintensiver Aufgaben beschleunigen und bestehende Software einbinden kann.

Eine Reihe von Zusatzmodulen, sogenannte *Toolboxen*, sind für verschiedene Anwendungsgebiete und spezielle Aufgabenstellungen erhältlich: Signalverarbeitung, Splines, Chemometrie, Optimierung, Neuronale Netze, Regelungssysteme, Statistik, Bildverarbeitung etc. Eine spezielle Erweiterungsmöglichkeit von MATLAB geht in Richtung Symbolik: Mit der *Symbolic-Math-Toolbox*, die auf dem MAPLE-Kern aufbaut, wird der Bereich der Computer-Algebra abgedeckt.

Programmbeispiele

Umfangreichere MATLAB-Programmbeispiele, die die Verwendung von MATLAB zur Lösung von Aufgaben aus dem Bereich der Numerischen Mathematik veranschaulichen, konnten aus Platzgründen nicht vollständig in diesem Buch abgedruckt werden. Diese Beispiele sind durch den Zusatz **CODE** gekennzeichnet und können in maschinenlesbarer Form von

```
http://www.math.tuwien.ac.at/matlab
```

bezogen werden. Eine Beschreibung, wie aus MATLAB auf diese Beispiele zugegriffen werden kann, findet sich ebenfalls auf obengenannter Web-Site. Dort gibt es auch eine Reihe von Übungsaufgaben.

Danksagung

Dank möchten wir an dieser Stelle jenen aussprechen, die zur Entstehung dieses Buches beigetragen haben. Raimund Kirner danken wir für die Mitarbeit an der Rohfassung dieses Textes und Ute Widerin für die sorgfältige Überarbeitung der Programmbeispiele. Bei Richard Warnung bedanken wir uns für die Überarbeitung der Programmieraufgaben und bei Florian Kaltenberger für seine Mitarbeit an der zweiten Auflage.

Winfried Auzinger und Ewa Weinmüller vom Institut für Angewandte und Numerische Mathematik der TU Wien haben das Manuskript gelesen und dessen endgültige Gestalt durch Kritik und Verbesserungsvorschläge beeinflußt.

Viele Studenten der TU Wien haben durch Anregungen und Korrekturen dabei geholfen, aus einem Lehrbehelf ein Buchmanuskript zu schaffen. Ihnen allen möchten wir für ihre Hilfe und Unterstützung danken.

Das Entstehen dieses Buches wurde nicht zuletzt durch die Unterstützung des österreichischen Fonds zur Förderung der wissenschaftlichen Forschung (FWF) ermöglicht.

Wien, im Oktober 2002   CHRISTOPH ÜBERHUBER
STEFAN KATZENBEISSER

Inhaltsverzeichnis

Kapitel 1

MATLAB

Die erste Version von MATLAB wurde Ende 1970 an den Universitäten von New Mexico und Stanford entwickelt. MATLAB war als Lehrmittel für den Unterricht in Fächern wie Lineare Algebra oder Numerische Mathematik vorgesehen. Es sollte den Studenten die einfache Verwendung der numerischen Programmpakete LINPACK und EISPACK ermöglichen.

MATLAB wurde im Laufe der Jahre, beruhend auf dem Feedback vieler Anwender, ständig erweitert und an die Anforderungen der Angewandten Mathematik und des wissenschaftlichen Rechnens (*scientific computing*) angepaßt. MATLAB wird wegen seiner leichten Erlernbarkeit und vielseitigen Verwendbarkeit nicht nur im akademischen Bereich, sondern auch kommerziell eingesetzt.

Diese Entwicklungen haben dazu geführt, daß MATLAB zu einem universellen Mathematik-Softwaresystem erweitert wurde. MATLAB bietet eine interaktive Arbeitsumgebung, in der einzelne Befehle direkt ausgeführt werden können, wie auch einen Interpreter, der Quellcode-Dateien der MATLAB-Programmiersprache abarbeiten kann. Dadurch eignet sich MATLAB auch zur Erstellung größerer Programme. Es gibt auch einen Cross-Compiler, der MATLAB-Programme in C-Quellcode übersetzen kann und auf diese Weise hohe Laufzeit-Effizienz ermöglicht.

MATLAB ist mittels sogenannter „Toolboxen" auf verschiedene Anwendungsgebiete erweiterbar.[1] Es existieren beispielsweise Toolboxen für symbolische Mathematik, Simulation, Signalverarbeitung, Regelungstechnik, Fuzzy Logic, Neuronale Netze und eine Reihe anderer Gebiete.

Es gibt auch Konkurrenzprodukte, wie z. B. O-MATRIX[2] oder das GNU-Programm OCTAVE[3], die (eingeschränkt) zu MATLAB kompatibel sind und MATLAB-Programme ausführen können.

---

[1] siehe `http://www.mathworks.com/products`
[2] siehe `http://www.omatrix.com`
[3] siehe `http://www.octave.org`

1.1 Problem Solving Environments

Unter einem *problem solving environment* (PSE) versteht man, grob gesagt, ein Software-System, das – über eine spezielle Benutzeroberfläche – Problemlösungen in einer bestimmten Problemklasse besonders unterstützt. PSEs werden als Lösungshilfsmittel für schwierige Probleme eingesetzt, die *keinen* Routine-Charakter besitzen. Diese Eigenschaft unterscheidet ein PSE von anderer Anwendungssoftware.

Als Benutzer eines PSEs wird stets ein Mensch angenommen, d. h., nicht ein anderes Programm oder ein anderer Computer. Benutzerkomfort und hoher Gebrauchswert der Ausgabe (vorzugsweise in graphischer Form) spielen daher eine wesentliche Rolle beim Design eines PSEs. Effiziente Ausnutzung der Hardware-Ressourcen ist ein wichtiger Gesichtspunkt, wird aber i. allg. der Minimierung des menschlichen Aufwandes (seitens des PSE-Benutzers) untergeordnet.

Im Idealfall erledigt ein PSE in effizienter Weise die Routine-Anteile an der Problemlösung ohne Eingriffe des Benutzers. Es trifft die Auswahl algorithmischer Lösungs-Alternativen und legt problemabhängige Algorithmus-Parameter fest.

Sobald das Problem in hinreichender Genauigkeit spezifiziert ist, entscheidet das PSE, welches Teilsystem oder welche Unterprogramme zur Lösung heranzuziehen sind. Der Auswahlmechanismus kann von einfachen Entscheidungsbäumen bis zu Expertensystemen reichen, deren Wissensbasis sich auf die Kenntnisse von Fachleuten des Problembereichs stützt.

Wenn die internen Lösungsmechanismen Resultate geliefert haben, muß das PSE diese in eine Form bringen, die für den Benutzer eine sinnvolle Interpretation und Weiterverwendung gestattet. Die *Visualisierung* numerischer Lösungen ist dabei unerläßlich.

Wie in den meisten Software-Systemen ist es auch in PSEs üblich, auf Wunsch des Benutzers Hilfestellungen (durch *Help*-Funktionen) zu geben. Es handelt sich dabei meist um *lokale* (kontextabhängige) Help-Systeme.

1.2 MATLAB

Mit der Entwicklung von MATLAB wurde ein entscheidender Schritt in Richtung eines allgemein verwendbaren mathematisch orientierten PSEs gemacht.

Benutzeroberfläche

MATLAB ermöglicht die Entwicklung von Funktionen und Programmen in einer interaktiven Programmumgebung.

Nach dem Start von MATLAB, der entweder über die grafische Oberfläche oder durch Eingabe des Befehls `matlab` im Kommando-Interpreter des Betriebs-

systems geschieht, meldet sich MATLAB mit der in Abb. 1.1 dargestellten eigenen
Benutzeroberfläche.

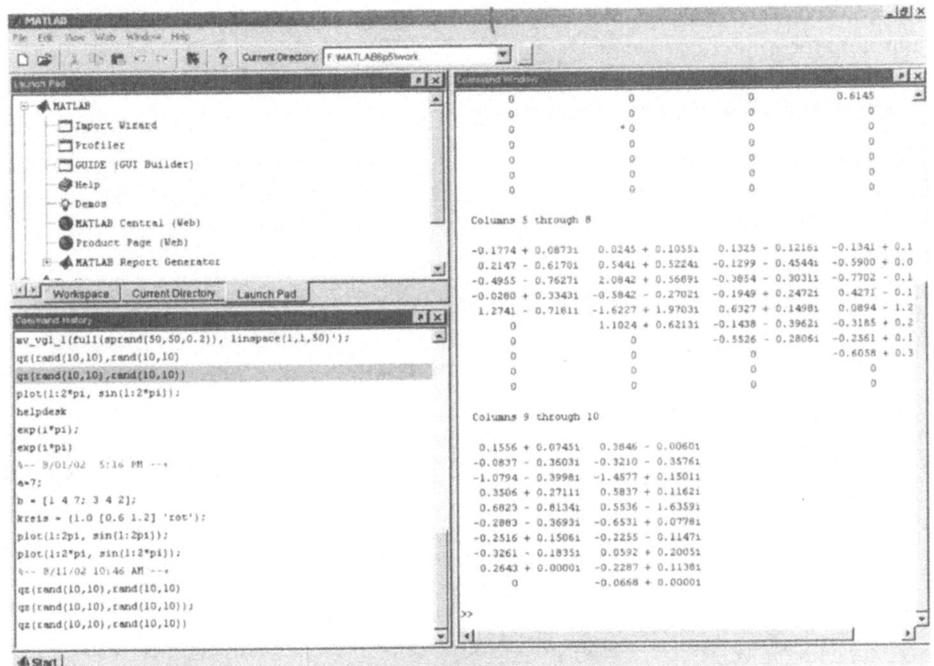

Abbildung 1.1: Benutzeroberfläche von MATLAB.

Die Benutzeroberfläche besteht aus einer Menü- und einer Symbolleiste, einem
Fenster mit den Registern „Launch Pad", „Workspace" und „Current Directory",
einem Kommandofenster („Command Window") und der „Command History".
Das „Launch Pad" sowie der MATLAB-Startknopf links unten ermöglichen den
Zugang zu allen (am verwendeten Computer installierten) MATLAB-Produkten.
Klickt man auf einen Produkteintrag, so erhält man eine Liste der verfügbaren
Online-Dokumentationen sowie der Demonstrations- und Hilfsprogramme zu dem
ausgewählten Produkt. Der „Workspace"-Browser ermöglicht das Anzeigen und
Verändern von Variablen und das Fenster „Current Directory" zeigt den Inhalt
des aktuellen Verzeichnis an.

Das Kommandofenster dient der interaktiven Eingabe von MATLAB-Befehlen.
Positioniert man den Cursor nach dem „Prompt" ≫, so können direkt Anfragen an MATLAB gestellt werden; die weiteren Kapitel dieses Buches werden
sich hauptsächlich mit der Syntax dieser Anfragen beschäftigen. Die „Command-
History" enthält eine Liste aller bisher ausgeführten Befehle; falls ein Befehl noch

einmal ausgeführt werden soll, kann er von dort kopiert werden (dazu klickt man auf den zu kopierenden Befehl mit der rechten Maustaste und wählt „Copy" aus dem Kontextmenü aus; mittels „Edit/Paste" kann der kopierte Befehl im Kommandofenster eingefügt werden).

Integrierte Entwicklungsumgebung

Sollen komplexere Probleme in MATLAB behandelt werden, so wird die interaktive Eingabe von MATLAB-Befehlen im Kommandofenster umständlich. Hier bietet sich die Verwendung von MATLAB-Funktionen und -Skripts an, die in Kapitel 7 näher vorgestellt werden.

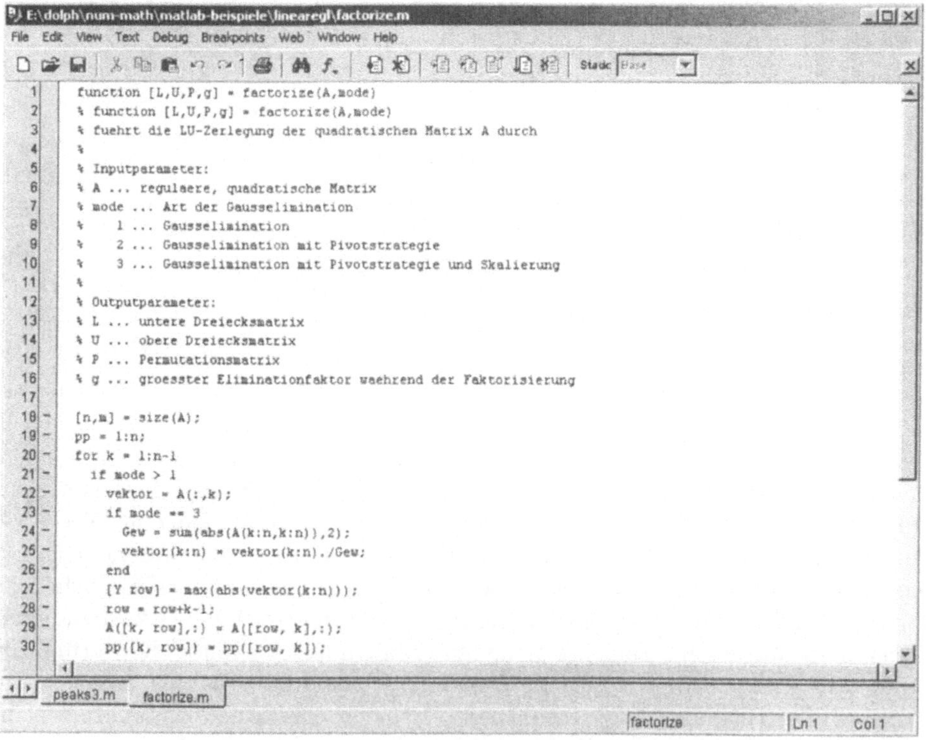

```
function [L,U,P,g] = factorize(A,mode)
% function [L,U,P,g] = factorize(A,mode)
% fuehrt die LU-Zerlegung der quadratischen Matrix A durch
%
% Inputparameter:
% A ... regulaere, quadratische Matrix
% mode ... Art der Gausselimination
%     1 ... Gausselimination
%     2 ... Gausselimination mit Pivotstrategie
%     3 ... Gausselimination mit Pivotstrategie und Skalierung
%
% Outputparameter:
% L ... untere Dreiecksmatrix
% U ... obere Dreiecksmatrix
% P ... Permutationsmatrix
% g ... groesster Eliminationfaktor waehrend der Faktorisierung

[n,m] = size(A);
pp = 1:n;
for k = 1:n-1
  if mode > 1
    vektor = A(:,k);
    if mode == 3
      Gew = sum(abs(A(k:n,k:n)),2);
      vektor(k:n) = vektor(k:n)./Gew;
    end
    [Y row] = max(abs(vektor(k:n)));
    row = row+k-1;
    A([k, row],:) = A([row, k],:);
    pp([k, row]) = pp([row, k]);
```

Abbildung 1.2: Integrierte Entwicklungsumgebung von MATLAB.

Die Benutzeroberfläche von MATLAB enthält einen Texteditor, mit dem man MATLAB-Funktionen und -Skripts komfortabel erstellen kann. Dazu klickt man auf das erste Symbol der Symbolleiste (wenn eine neue Datei erstellt werden soll) oder auf das zweite Symbol (für Änderungen einer bereits bestehenden Datei).

MATLAB öffnet daraufhin die integrierte Entwicklungsumgebung (siehe Abb. 1.2). Die Entwicklungsumgebung bietet einen Texteditor mit Syntax-Highlighting und einen Debugger.

Hilfefunktionen

Aus der MATLAB-Kommandozeile ist es über den Befehl *help* möglich, zu allen MATLAB-Befehlen detaillierte Informationen abzufragen. Zudem ist die gesamte MATLAB-Dokumentation digital verfügbar.

Auf die Online-Hilfe kann entweder über das „Launch-Pad", den MATLAB-Startknopf oder aber durch Eingabe des MATLAB-Befehls *helpdesk* im Kommandofenster zugegriffen werden. MATLAB startet daraufhin den „Help-Desk" (siehe Abb. 1.3).

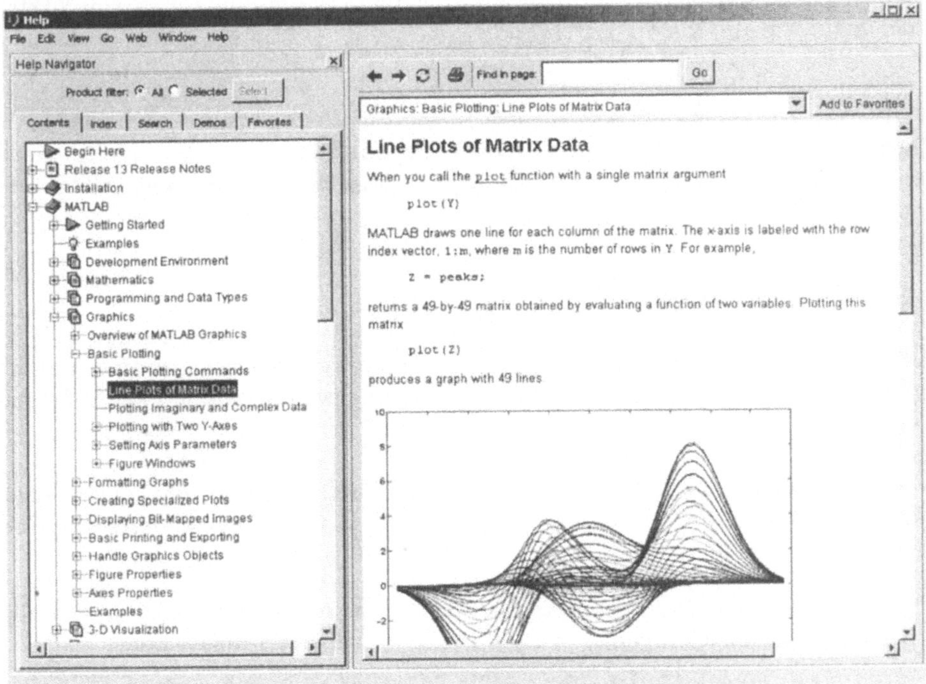

Abbildung 1.3: Online-Hilfe von MATLAB.

Unterprogramme, Module

MATLAB hat einen streng modularen Charakter. Durch Entwicklung von MATLAB-Funktionen ist es möglich, die Basisfunktionalität von MATLAB entscheidend zu erweitern.

Die Möglichkeit zur Verwendung von optionalen Parametern und Rückgabe-
werten erhöht den Bedienungskomfort. Weiters ist die Definition von „privaten"
Unterprogrammen möglich, die nur von einem bestimmten Unterprogramm aufgerufen werden können.

MATLAB unterstützt eine Vielzahl verschiedener Konstrukte imperativer Programmiersprachen (wie etwa Schleifen, Abfragen), mit denen der Programmfluß
abhängig vom aktuellen Wert einer Variablen steuerbar ist.

Datenobjekte

MATLAB implementiert ein objektorientiertes Datenkonzept. Neue Datentypen
können durch Vererbung die Basisfunktionalität bestehender Datentypen einfach
übernehmen. MATLAB bietet eine Vielzahl vordefinierter maschinenabhängiger
und -unabhängiger Datentypen. Eine eingehende Beschreibung dieser Datentypen
findet man in Kapitel 4.

Visualisierung von Daten

MATLAB stellt eine Vielzahl an Visualisierungsfunktionen zur Verfügung. Grafiken können auch interaktiv verändert werden, um sie z.B. mit einem Titel oder
Annotationen zu versehen.

1.3 Toolboxen

MATLAB-Toolboxen sind Sammlungen vordefinierter Unterprogramme, mit denen die Funktionalität von MATLAB beträchtlich erweitert werden kann. Es sind
u. a. die folgenden Toolboxen erhältlich[4]:

- Toolbox für *Symbolische Mathematik*: MATLAB wird dabei um einen
  MAPLE-Kern erweitert, um die symbolische Lösung mathematischer Probleme zu ermöglichen,

- *Partial Differential Equations Toolbox*: für die numerische Lösung partieller
  Differentialgleichungen,

- *Statistics Toolbox*: dient statistischen Analysen,

- *Control System Toolbox*: dient der Modellierung von Regelungssystemen,

- *Signal Processing Toolbox*: enthält Algorithmen und Methoden der digitalen
  Signalverarbeitung,

---

[4]siehe `http://www.mathworks.com/products`

- *Wavelet Toolbox*: dient der Signalverarbeitung mit Hilfe von Wavelets,

- *Financial Toolbox*: dient finanzmathematischen Analysen,

- *Image Processing Toolbox*: dient der digitalen Bildverarbeitung,

- *Neural Networks Toolbox*: dient der Entwicklung neuronaler Netze,

- *Optimization Toolbox*: dient der linearen und nichtlinearen Optimierung.

In der Studentenversion von MATLAB sind beispielsweise die Toolboxen für symbolische Mathematik, die *Control System Toolbox* und die *Signal Processing Toolbox* enthalten. In diesem Buch wird auf die Besprechung der Toolboxen aus Platzgründen verzichtet; eine komplette Beschreibung enthält die Online-Hilfe.

Aufbauend auf MATLAB erlaubt ein weiteres Produkt der Firma MathWorks, SIMULINK, die interaktive Modellierung, Simulation und Analyse von dynamischen Systemen. SIMULINK kann etwa zur Simulation von digitalen Signalprozessoren, Kommunikationssystemen und Regelungssystemen eingesetzt werden und gestattet den Aufbau grafischer Blockdiagramme, um Design und Test derartiger Systeme zu vereinfachen.

Kapitel 2

MATLAB als interaktives System

2.1 Arithmetische Operationen und Variable

MATLAB kann wie ein „Taschenrechner" verwendet werden; gibt man neben dem
MATLAB-Prompt im Kommandofenster mathematische Ausdrücke ein, so werden
diese von MATLAB ausgewertet. Jede Eingabe wird durch Drücken der ENTER-
Taste abgeschlossen. MATLAB setzt bei der Auswertung arithmetischer Ausdrücke
die üblichen Prioritätsregeln voraus (siehe Tabelle 5.1 auf Seite 65); werden zwei
Operatoren gleicher Priorität miteinander verkettet, wird der Ausdruck von links
nach rechts ausgewertet.

MATLAB-Beispiel 2.1

Dieser Befehl bewirkt eine Ausgabe ohne Leerzeilen.

```
>> format compact
```

MATLAB wertet arithmetische
Ausdrücke aus.

```
>> 355/113
ans =
   3.1416
```

Operatoren können auch verkettet werden.

```
>> 1.41 + (2/1.41 - 1.41)/2
ans =
   1.4142
```

Ein MATLAB-Ausdruck kann
über mehrere Zeilen gehen; in
diesem Fall verwendet man die
Notation ...

```
>> 1.41 + (2/1.41 - ...
   1.41)/2
ans =
   1.4142
```

MATLAB wertet Ausdrücke unter Berücksichtigung der üblichen Prioritätsregeln aus.

```
>> 36/6/2 - 36 - 6 - 2
ans =
   -41
```

Der Ausdruck wird von links nach rechts ausgewertet: $(2^3)^4$.	``` » 2^3^4 ans = 4096 ```

Neben den arithmetischen Operatoren $+, -, *$ und $/$ kennt MATLAB auch eine Vielzahl an Standardfunktionen wie *sin, cos, asin* etc. Eine Liste der wichtigsten vordefinierten Funktionen ist in Kapitel 11 (ab Seite 220) enthalten. Zu beachten ist, daß die Operanden für trigonometrische Funktionen immer im Bogenmaß angegeben werden müssen.

Zu jedem MATLAB-Befehl kann mittels *help* Hilfe angefordert werden; z. B. liefert `help cos` Informationen über die MATLAB-Funktion *cos*. Mittels *helpdesk* kann auf die digitale MATLAB-Dokumentation zugegriffen werden.

MATLAB-Beispiel 2.2

Zu jedem MATLAB-Befehl kann durch *help befehl* Hilfe (auf Englisch) angefordert werden.	``` » help cos ```
Der Kosinus von $\pi/2$ ist 0. Der numerische Wert von π kann über die vordefinierte Variable *pi* erhalten werden.	``` » cos(pi/2) ans = 6.1232e-017 ```
Zugriff auf die digitale MATLAB-Dokumentation.	``` » helpdesk ```

Berechnungsergebnisse können Variablen zugewiesen werden, damit diese in späteren Berechnungen weiterverwendet werden können. Variable müssen vor ihrer Verwendung *nicht* explizit deklariert werden; Variablennamen können aus (maximal 31) Groß- und Kleinbuchstaben sowie aus Zahlen und Unterstrichen bestehen, wobei der Name mit einem Buchstaben beginnen muß. MATLAB unterscheidet zwischen Groß- und Kleinschreibung.

MATLAB-Beispiel 2.3

Rechenergebnisse können in Variablen gespeichert werden, die (vor ihrer Verwendung) *nicht* deklariert werden müssen.	``` » pi_approx = 355/113 pi_approx = 3.1416 ```

Das Ergebnis einer interaktiven
Berechnung, das keiner Variablen zugewiesen wurde, wird in
der Variable *ans* abgespeichert.

```
≫ exp(1)
ans =
   2.7183
```

Somit kann das Ergebnis der
letzten interaktiven Berechnung
weiterverwendet werden.

```
≫ 193/71 - ans
ans =
   2.8031e-005
```

ACHTUNG: Die vordefinierte Variable *pi* kann, sollte aber nie
umdefiniert werden.

```
≫ pi = 4; cos(pi/2)
ans =
   -0.4161
```

Durch *clear pi* kann die ursprüngliche Definition wieder-
hergestellt werden.

```
≫ clear pi; pi
ans =
   3.1416
```

Jede Zuweisung erzeugt ein „Echo", d. h., MATLAB gibt das Ergebnis der Berechnung aus oder stellt die aktuelle Belegung einer Variablen dar. Diese automatische
Ausgabe kann durch einen Strichpunkt (;) nach dem Befehl unterdrückt werden
(in diesem Fall weist MATLAB zwar das Ergebnis der angegebenen Variablen zu,
gibt das Ergebnis aber nicht auf dem Bildschirm aus).

MATLAB-Beispiel 2.4

Jede Zuweisung erzeugt ein
„Echo" ...

```
≫ n = 12
n =
   12
```

... sofern sie nicht durch einen
Strichpunkt abgeschlossen ist.

```
≫ n = 12;
≫ fak = gamma(n-1)
fak =
   3628800
```

Komplexe Zahlen können unter Verwendung der symbolischen Konstanten *i* und
j eingegeben werden. Alle arithmetischen Operatoren und mathematischen Funktionen wie *sin*, *log* etc. können auch auf komplexe Argumente angewendet werden.

MATLAB-Beispiel 2.5

Die Wurzel aus −1 ist *i*.

```
≫ sqrt(-1)
```

```
ans =
   0 + 1.0000i
```

Die Variable a wird mit der komplexen Zahl $1 + 2i$ initialisiert.

```
>> a = 1 + 2i
ans =
   1.0000 + 2.0000i
```

Alternativ kann auch das Symbol j als imaginäre Einheit verwendet werden. In der Ausgabe wird aber immer das Symbol i benutzt.

```
>> a = 1 + 2j
ans =
   1.0000 + 2.0000i
```

Auf den komplexen Zahlen sind alle üblichen Operatoren wie $+, -, *, /$ etc. definiert.

```
>> a / (3 + 4i)
ans =
   0.4400 + 0.0800i
```

Real- und Imaginärteil einer komplexen Zahl erhält man mit den Funktionen *real* und *imag*.

```
>> real(a), imag(a)
ans =
   1
ans =
   2
```

Argument und Betrag einer komplexen Zahl erhält man durch *angle* und *abs*. Sollen zwei Befehle nacheinander ausgeführt werden, werden sie durch einen Beistrich getrennt.

```
>> angle(a), abs(a)
ans =
   1.1071
ans =
   2.2361
```

Die konjugiert komplexe Zahl erhält man mit *conj*.

```
>> conj(a)
ans =
   1.0000 - 2.0000i
```

Alle mathematischen Standardfunktionen wie *sin*, *cos*, *log* etc. können auch auf komplexe Argumente angewendet werden.

```
>> cos(a), log(a)
ans =
   2.0327 - 3.0519i
ans =
   0.8047 + 1.1071i
```

Nach der Eulerschen Formel gilt $e^{i\pi} = -1$.

```
>> exp(i*pi)
ans =
  -1.0000 + 0.0000i
```

Die Variablen i und j haben als vordefinierten Wert die imaginäre Einheit.

```
>> a = i
a =
   0 + 1.0000i
```

ACHTUNG: Durch Zuweisungen an *i* und *j* wird diese Vordefinition verändert.	``` >> i = 4; >> a = 1 + 2*i ans = 9.0000 ```

In komplexen *Konstanten* behalten *i* und *j* ihre Bedeutung als imaginäre Einheit.	```
	>> a = i; b = 1i;
	ans =
	   4
	ans =
	   0 + 1.0000i
	``

Durch *clear* kann die ursprüngliche Definition wiederhergestellt werden.	``` >> clear i; i ans = 0 + 1.0000i ```

MATLAB rechnet intern in doppelt genauer Gleitpunkt-Arithmetik; wird eine Gleitpunktzahl auf dem Bildschirm ausgegeben, werden jedoch standardmäßig nur 4 Nachkommastellen dargestellt. Der Befehl *format* bewirkt, daß man das Ergebnis ab diesem Zeitpunkt in einer anderen Darstellungsform erhält (siehe Abschnitt 9.2). Eine dauerhafte Einstellung der bevorzugten Darstellungsart ist über den Menüpunkt „File/Preferences" möglich.

MATLAB-Beispiel 2.6

Standardmäßig gibt MATLAB nur die ersten 4 Nachkommastellen aus.	``` >> test1 = sin(35) test1 = -0.4282 ```
Ist das Ergebnis jedoch zu klein, so wählt MATLAB automatisch eine Darstellung mit Exponent.	``` >> test2 = sin(355) test2 = -3.0144e-05 ```
format long weist MATLAB an, alle Gleitpunktzahlen mit 14 Nachkommastellen auszugeben.	``` >> format long; test1 test1 = -0.42818266949615 ```
format long e weist MATLAB an, alle Gleitpunktzahlen mit Mantisse und Exponent auszugeben.	``` >> format long e; test1 test1 = -4.28182669496150e-01 ```
Mit *format* ohne Angabe eines Parameters kehrt man zum Standardformat zurück.	``` >> format; test1 test1 = -0.4282 ```

2.2 Vektoren und Matrizen

Zeilenvektoren können mit den eckigen Klammern [und] gebildet werden. Dabei werden die einzelnen Vektorelemente in eckigen Klammern nebeneinander (durch Leerzeichen getrennt) geschrieben. Soll ein Spaltenvektor gebildet werden, so sind dessen Elemente mit Strichpunkten getrennt in eckigen Klammern zu schreiben. Weiters existieren Funktionen und Operatoren zur Erzeugung spezieller Vektoren.

MATLAB-Beispiel 2.7

Die nebenstehende Anweisung generiert einen Zeilenvektor.

```
>> zvektor = [1 2 3]
zvektor =
     1   2   3
```

Diese Anweisung liefert einen Spaltenvektor.

```
>> svektor = [1; 2; 3]
svektor =
     1
     2
     3
```

Die Länge eines Vektors kann mit der Funktion *length* ermittelt werden.

```
>> length(zvektor)
ans =
     3
```

Vektoren können auch komplexe Elemente enthalten.

```
>> kvektor = [2+3i 3]
kvektor =
     2.0000 + 3.0000i   3.0000
```

Zeilenvektoren mit Elementen gleicher Schrittweite können mit der „Doppelpunkt-Notation" generiert werden, indem man das erste Element angibt, gefolgt von der Schrittweite und dem letzten Element.

```
>> v = 2:2:10, w = 0:0.1:0.3
v =
     2   4   6   8   10
w =
     0   0.1000   0.2000   0.3000
```

In der „Doppelpunkt-Notation" sind auch Ausdrücke erlaubt.

```
>> w = 0:0.1:1/3
w =
     0   0.1000   0.2000   0.3000
```

Auch negative Schrittweiten sind möglich.	``` >> v = 9:-2:1 v = 9 7 5 3 1 ```
MATLAB erlaubt den Zugriff auf einzelne Vektorelemente; dazu wird der Index des Elements in runden Klammern dem Variablennamen nachgestellt.	``` >> five = v(3) five = 5 ```
Vektoren können auch dynamisch vergrößert werden; dazu wird dem „neuen Vektorelement" einfach ein Wert zugewiesen.	``` >> v(6) = -1 v = 9 7 5 3 1 -1 ```
„Überspringt" man Vektorelemente, so werden alle undefinierten Positionen mit Null belegt.	``` >> v(9) = -7 v = 9 7 5 3 1 -1 0 0 -7 ```

Vektoren gleicher Länge können mit den Operatoren $+$ und $-$ addiert und subtrahiert werden; die Operationen werden dabei komponentenweise durchgeführt. Ist die Länge der zwei Vektoren unterschiedlich, liefert MATLAB eine Fehlermeldung. Es existieren noch eine Reihe anderer Operatoren, die ebenfalls komponentenweise auf zwei Vektoren gleicher Länge angewendet werden (siehe Abschnitt 5.3.5); z. B. multipliziert der Operator .* zwei Vektoren komponentenweise miteinander. Alle Operatoren, die eine Operation komponentenweise auf die Vektorelemente übertragen, beginnen üblicherweise mit einem Punkt.

In MATLAB gibt es auch Operatoren, die Skalare und Vektoren miteinander verknüpfen; so multipliziert * einen Vektor elementweise mit einem Skalar oder ./ dividiert die einzelnen Vektorelemente jeweils durch einen Skalar.

MATLAB-Beispiel 2.8

Vektoren gleicher Länge können unter Verwendung der Operatoren + und - addiert und subtrahiert werden.	``` >> erg = zvektor + [1 2 3] erg = 2 4 6 ```
Ist die Länge zweier Vektoren unterschiedlich, so liefert MATLAB eine Fehlermeldung.	``` >> unzulaessig = zvektor + [1 2] ??? Error using ==> + Matrix dimensions must agree. ```

MATLAB wendet skalare Operatoren elementweise auf Vektoren an.	``` >> zvektor*0.5 + 2 ans = 2.5000 3.0000 3.5000 ```
Alle Operatoren, die mit einem Punkt beginnen, werden komponentenweise auf zwei Vektoren angewendet.	``` >> zvektor .* [.5 1 2] ans = 0.5000 2.0000 6.0000 ```

Ein Spaltenvektor kann aus einem Zeilenvektor durch Transposition erzeugt werden; ist v ein Zeilenvektor, so generiert v' einen Spaltenvektor, der aus den zu den einzelnen Elementen des ursprünglichen Vektors konjugiert komplexen Elementen aufgebaut ist. Im Gegensatz dazu transponiert der Operator .' („dot transpose operator") den Vektor lediglich. Wendet man die Operatoren ' und .' auf Spaltenvektoren an, werden in analoger Weise Zeilenvektoren generiert. Mit Hilfe des Transpositionsoperators ist die Bildung innerer Produkte möglich.

MATLAB-Beispiel 2.9

Durch Anwendung von ' auf einen Spaltenvektor ...	```
	>> v = [1; 2; 3]
	v =
	    1
	    2
	    3
	``

... wird ein Zeilenvektor generiert.	``` >> v' ans = 1 2 3 ```
Enthält jedoch der zu transponierende Vektor komplexe Zahlen, so erhält man einen konjugiert komplexen Vektor.	``` >> v = [1+2i; 6+i]' ans = 1.0000-2.0000i 6.0000-1.0000i ```
Wendet man jedoch den Operator .' an, so wird der Vektor nur transponiert.	``` >> v = [1+2i; 6+i].' ans = 1.0000+2.0000i 6.0000+1.0000i ```
Innere Produkte zweier Zeilenvektoren gleicher Länge können mit Hilfe des Transpositionsoperators berechnet werden.	``` >> a = [1 2 3]; b = [4 5 6]; >> a*b' ans = 32.0000 ```

Matrizen können ebenfalls mit eckigen Klammern [und] gebildet werden; die
einzelnen Zeilen der Matrix werden mit Strichpunkten getrennt, die Elemente in
einer Matrixzeile mit Leerzeichen. Es ist möglich, auf einzelne Elemente (oder
ganze Teilmatrizen) einer Matrix zuzugreifen. Die Dimension einer Matrix kann
dynamisch verändert werden.

MATLAB-Beispiel 2.10

Matrizen werden (ähnlich wie Vektoren) mit den Operatoren [und] konstruiert. Die Zeilen der Matrix werden dabei mit einem ; und die Elemente der Zeilen durch Leerzeichen getrennt.

```
>> matrix = [11 12; 21 22; 31 32]
matrix =
    11   12
    21   22
    31   32
```

Die Dimension einer Matrix kann mit der Funktion *size* ermittelt werden.

```
>> size(matrix)
ans =
     3   2
```

Auf einzelne Matrixelemente kann zugegriffen werden. Matrizen können auch wie Vektoren dynamisch vergrößert werden, indem zusätzliche Elemente, Zeilen oder Spalten angefügt werden.

```
>> blackjack = matrix(2,1);
>> matrix(1,3) = 13
matrix =
    11   12   13
    21   22    0
    31   32    0
```

In der nebenstehenden Anweisung wird eine Matrix um eine vierte Spalte erweitert.

```
>> matrix(:,4) = [14; 24; 34]
matrix =
    11   12   13   14
    21   22    0   24
    31   32    0   34
```

Durch das Anfügen einer Spalte hat sich die Dimension der Matrix geändert.

```
>> size(matrix)
ans =
     3   4
```

MATLAB hat einige vordefinierte Operatoren, die auf Matrizen angewendet werden können; z. B. können zwei Matrizen mit + und − elementweise addiert und subtrahiert werden. Das Produkt zweier Matrizen (im Sinne der Abbildungsverkettung) kann mit * berechnet werden.

Analog zu Vektoren kann MATLAB auch skalare Operationen (wie + oder *) auf Matrizen übertragen. MATLAB besitzt auch Operationen, die *komponenten-weise* auf zwei Matrizen angewendet werden; diese Operationen beginnen mit einem Punkt. Beispielsweise multipliziert .* zwei Matrizen gleicher Dimension *komponentenweise*. Es ist daher zu beachten, daß Operatoren mit und ohne Punkt im allgemeinen *verschiedene* Bedeutung besitzen.

MATLAB-Beispiel 2.11

Zwei Matrizen der *gleichen Dimension* können mit + addiert werden.

```
>> [1 2; 3 4] + [1 1; 1 1]
ans =
     2   3
     4   5
```

Bildung eines Produktes zweier Matrizen (man beachte, daß beide Matrizen passende Dimensionen besitzen müssen!).

```
>> A = [1 2 3; 2 3 5];
>> B = [1 3; 4 5; 7 8];
>> C = A*B
C =
     30   37
     49   61
```

Operationen mit Skalaren werden von MATLAB elementweise auf Matrizen und/oder Vektoren angewendet.

```
>> C/2
ans =
     15.0000    18.5000
     24.5000    30.5000
```

Zwei Matrizen gleicher Dimension können mit dem Operator .* komponentenweise multipliziert werden. Alle Matrixoperationen können auch verkettet werden.

```
>> A = [1 2; 3 4]; B = [2 2; 2 2];
>> ((A + B).*B) + 6
ans =
     12   14
     16   18
```

Mathematische Funktionen können auch auf Matrizen angewendet werden; dabei wird die Funktion *komponentenweise* auf die Matrixelemente angewendet.

```
>> exp(A)
ans =
      2.7183    7.3891
     20.0855   54.5982
```

Um die Matrix-Exponentialfunktion e^A zu erhalten, benötigt man die Funktion *expm*.

```
>> expm(A)
ans =
      51.9690    74.7366
     112.1048   164.0738
```

In MATLAB gibt es einige Befehle zum Erzeugen spezieller Matrizen; so generiert etwa *zeros*(n,m) eine $n \times m$-Matrix, die nur Nullen enthält, *ones*(n,m) eine $n \times m$-

Matrix, deren Elemente alle den Wert eins besitzen und $eye(n)$ generiert die
$n \times n$-Einheitsmatrix. Eine quadratische Diagonalmatrix, deren Diagonalemente
die Elemente des Vektors v sind, erhält man durch $diag(v)$.

MATLAB-Beispiel 2.12

Dieses Beispiel veranschaulicht das Erstellen einer 9×9-Matrix, die in der Hauptdiagonale die Quadrate der Zahlen 1 bis 9 enthält. Alle anderen Elemente sollen
den Wert eins erhalten.

Zuerst wird die Matrix E konstruiert, deren Hauptdiagonal-
elemente gleich null sind; an allen anderen Positionen steht 1.

```
>> E = ones(9,9) - eye(9);
```

D ist eine Diagonalmatrix mit
den Elementen $1, 4, \ldots, 81$.

```
>> D = diag((1:9).^2);
```

Die gesuchte Matrix ist die Summe von E und D.

```
>> A = E + D;
```

MATLAB unterstützt die wichtigsten Operationen der Linearen Algebra, wie das
Lösen von Gleichungssystemen etc. Eine Liste der entsprechenden MATLAB-
Befehle ist in Kapitel 11 enthalten. Lineare Gleichungssysteme können mit dem
Operator \ („right divide") gelöst werden. Der Operator \ kann auch auf über-
und unterbestimmte Systeme angewendet werden (siehe Abschnitt 5.3.5).

MATLAB-Beispiel 2.13

MATLAB unterstützt die Berechnung von Determinanten,
die Ermittlung inverser Matrizen (siehe Abschnitt 11.6) ...

```
>> det([1 2; 3 4])
ans =
    -2
>> inv([1 2; 3 4])
ans =
   -2.0000     1.0000
    1.5000    -0.5000
```

... und das Lösen linearer Gleichungssysteme $Ax = b$.

```
>> A = [1 2; 3 4]; b = [3; 7];
>> A\b
ans =
    1.0000
    1.0000
```

2.3 Grafiken in MATLAB

MATLAB bietet eine Vielzahl von Funktionen zur Visualisierung numerischer Daten an (siehe Abschnitt 9.4). Der einfachste MATLAB-Grafikbefehl ist *plot*; ihm werden zwei Zeilenvektoren als Parameter übergeben. Der erste Vektor enthält die x-Koordinaten der zu zeichnenden Punkte und der zweite Vektor die y-Koordinaten. MATLAB verbindet alle so spezifizierten Punkte mit Linien; dieses Verhalten kann aber durch die Angabe eines „Formatparameters" verändert werden (siehe Abschnitt 9.4).

MATLAB-Beispiel 2.14

Die Funktion $x \cdot \sin(1/x)$ soll im Intervall $[0.003, 0.3]$ grafisch dargestellt werden. Dazu werden zunächst Abtastpunkte im Intervall äquidistant verteilt. Danach werden die Funktionswerte an den Abtastpunkten berechnet (dabei wird von der Möglichkeit Gebrauch gemacht, skalare Operatoren elementweise auf Vektoren zu übertragen) und grafisch dargestellt (siehe Abb. 2.1).

Die „Doppelpunkt-Notation" erzeugt Abtastpunkte.

```
>> x = 0.003:1e-5:0.3;
```

Danach wird die Funktion an den Abtastpunkten ausgewertet.

```
>> y = x.*sin(1./x);
```

Zuletzt wird die Funktion mit dem *plot*-Befehl dargestellt.

```
>> plot(x,y)
```

Mittels *grid on* werden Gitternetzlinien hinzugefügt; mit *title*, *xlabel* und *ylabel* werden ein Diagrammtitel und Beschriftungen der x- und y-Achsen angebracht.

```
>> grid on;
>> xlabel('x-Werte');
>> ylabel('Funktionswerte');
```

Neben *plot* gibt es in MATLAB noch eine Reihe weiterer Grafikfunktionen (siehe Abschnitt 9.4). So stellt z. B. *semilogy* Daten in einem Koordinatensystem mit logarithmischer y-Achse dar. Diese Darstellung wird in der Numerischen Mathematik häufig verwendet, um Rechenfehler zu visualisieren (siehe Abb. 2.3 auf Seite 25). Der Befehl *semilogy* hat die gleiche Syntax wie *plot*.

MATLAB-Beispiel 2.15

Jede 2π-periodische Funktion $f(t)$ kann durch eine Funktionenreihe (*Fourier-Reihe*) aus Sinus- und Kosinusfunktionen mit geeigneten Koeffizienten a_n und b_n dargestellt werden:

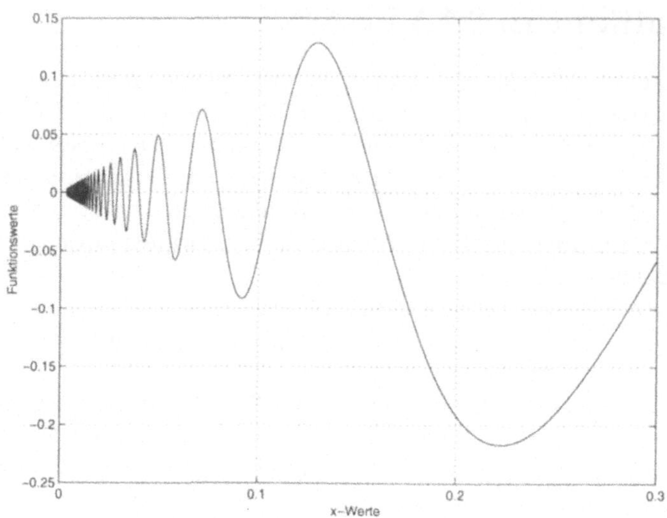

Abbildung 2.1: Beispiel für *plot*: Darstellung der Funktion $x \cdot \sin(1/x)$ im Intervall $[0.003, 0.3]$ mit Beschriftungen und Gitternetzlinien.

$$f(t) = a_0/2 + \sum_{n=1}^{\infty} a_n \cos(nt) + b_n \sin(nt).$$

Im folgenden wird die Funktion

$$f(t) = \frac{4 - 2\cos t}{5 - 4\cos t}$$

auf dem Intervall $[0, 2\pi]$ betrachtet, die 2π-periodisch fortgesetzt wird. Die Fourier-Koeffizienten a_n und b_n dieser Funktion sind durch $a_0 = 1$ und

$$\left.\begin{array}{rcl} a_n &=& 1/2^n \\ b_n &=& 0. \end{array}\right\} \quad n = 1, 2, 3, \ldots$$

gegeben. Bricht man die Fourier-Reihe nach dem l-ten Glied ab, so erhält man eine Approximation $f_l(t)$ der Funktion $f(t)$.

Im folgenden sollen die Graphen von f_3, f_4 und f_{10} dargestellt werden.

Zuerst wird ein Vektor erstellt,   `n = 0:11;`
der die Fourier-Koeffizienten a_i `a = (1/2).^n;`
enthält.

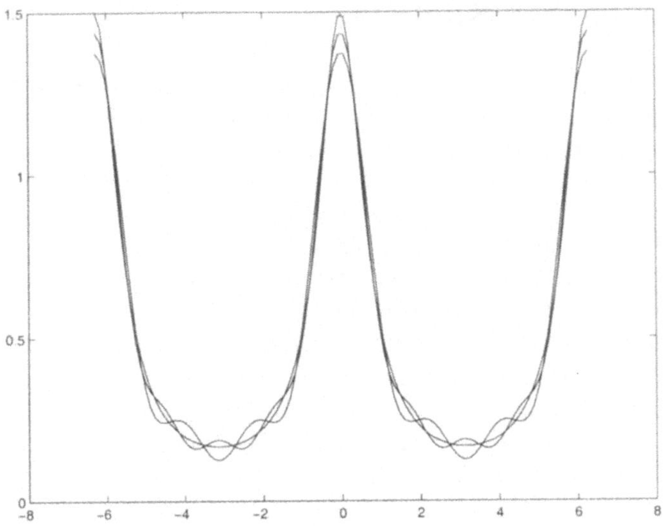

Abbildung 2.2: Fourier-Approximation.

Die Abtastpunkte für die graphische Darstellung sind im Vektor t enthalten.

```
t = linspace(-2*pi, 2*pi);
```

Zuletzt werden die Funktionen $f_l(t)$ an den Stellen ausgewertet, die im Vektor t angegeben sind. Dabei sind die Werte von $f_l(x)$ jeweils in der l-ten Zeile der Matrix V enthalten.

```
for l = 1:10
    for k = 1:length(t)
        V(l,k) = a(1)/2;
        for n = 1:l
            V(l,k) = V(l,k) + ...
                     a(n+1)*cos(n*t(k));
        end
    end
end
```

Die Funktionen f_3, f_4 und f_{10} werden schließlich in einer Grafik dargestellt (siehe Abb. 2.2).

```
plot(t,V(3,:), t,V(4,:), t,V(10,:));
```

Mathematische Hilfsmittel, die bei der Aufbereitung von Daten und Funktionen zur graphischen Darstellung mit Hilfe von MATLAB gute Dienste leisten, enthalten die *Curve-Fitting-Toolbox* und die *Spline-Toolbox*.

2.4   MATLAB-Skripts

Für einfache Probleme reicht es oft aus, MATLAB interaktiv zu bedienen, also Befehlssequenzen interaktiv nach dem MATLAB-Prompt einzugeben. Schon bei etwas größeren Problemen (oder bei wiederholter Ausführung einiger Befehle) ist diese Vorgehensweise jedoch unpraktisch. MATLAB bietet daher die Möglichkeit, Sequenzen von MATLAB-Befehlen als „Skripts" abzuspeichern. Ein Skript ist eine Textdatei mit der Dateiendung .m. Obwohl diese Datei mit einem beliebigen Texteditor erstellt werden kann, empfiehlt sich unter MATLAB die Verwendung der integrierten Entwicklungsumgebung. Die Entwicklungsumgebung kann über den Menüpunkt „File/New/M-File" gestartet werden (siehe Abb. 1.2).

Vom MATLAB-Prompt kann ein Skript durch die Eingabe des Dateinamens (ohne Dateiendung) aufgerufen werden. Damit MATLAB auf ein Skript zugreifen kann, muß der Pfad des Skripts im Suchpfad von MATLAB eingetragen sein; der Suchpfad ist über den Menüpunkt „File/Set Path" einstellbar.

MATLAB-Beispiel 2.16

Vom folgenden MATLAB-Skript wird das Beispiel 2.14 automatisiert, d. h., die Funktion $x \cdot \sin(1/x)$ wird dargestellt und die Achsenbeschriftung angepaßt.

Zuerst muß mit einem Editor ein neues Skript erstellt werden, das alle auszuführenden MATLAB-Befehle enthält. Das Skript wird etwa unter dem Dateinamen `plotbsp.m` abgespeichert.

```
x = 0.003:1e-5:0.3;
y = x.*sin(1./x);
plot(x,y);
grid on;
title('Graph von x*sin(1/x)');
xlabel('x-Werte');
ylabel('Funktionswerte');
```

Vom MATLAB-Prompt kann das neue Skript dann durch die Angabe des Dateinamens (ohne Dateiendung) aufgerufen werden.

```
≫ plotbsp
```

Oftmals soll in einem Skript die Programmausführung in Abhängigkeit des Wertes einer Variablen unterschiedlich sein oder ein kurzes Programmfragment mehrere Male wiederholt werden. MATLAB bietet einige Befehle, um die Abarbeitung eines Programmes zu kontrollieren (siehe Kapitel 6).

In Abhängigkeit einer Bedingung können mittels der *if*-Anweisung zwei verschiedene Programmteile alternativ ausgeführt werden. Durch *while* kann ein Programmfragment wiederholt ausgeführt werden, solange eine Bedingung erfüllt ist.

Die *for*-Anweisung kann verwendet werden, um Anweisungen n mal auszuführen. Einer Variablen (genannt „*Laufvariable*") werden nacheinander alle Elemente eines Feldes zugewiesen; ein Anweisungsblock wird dann für jede neue Belegung der Laufvariablen ausgeführt.

MATLAB-Beispiel 2.17

Nebenstehendes Codefragment weist der Variablen lz den Logarithmus von z zu. Ist z zu klein, so erhält lz den (symbolischen) Wert $-\infty$.

```
if z > 2^(-1074)
    lz = log(z);
else
    lz = -Inf;
end
```

In nebenstehendem Codefragment wird der Rest der Division von x durch y durch eine wiederholte Subtraktion $x - y$ berechnet. Die Schleife endet, wenn x kleiner als y ist.

```
while x >= y
    x = x - y;
end
rest = x;
```

In nebenstehendem Codefragment werden 10 Zahlen von der Tastatur eingelesen.

```
for n = 1:10
    a(n) = input('Wert eingeben: ');
end
```

MATLAB-Beispiel 2.18

Vektoriteration: Als Beispiel für die Verwendung von Skripts dient hier das einfachste iterative Verfahren zur Bestimmung von Eigenvektoren und Eigenwerten. Ein Vektor x heißt Eigenvektor einer quadratischen Matrix A, wenn es eine Zahl λ gibt, so daß $Ax = \lambda x$ gilt; λ heißt der zu x gehörende Eigenwert. Wenn man A als Matrix einer linearen Abbildung betrachtet, hat ein Eigenvektor x also die Eigenschaft, daß sein Bild proportional zu x ist.

Bei der Vektoriteration zur Eigenvektorberechnung beginnt man mit einem Startvektor x_0 und berechnet mit Hilfe der Rekursion

$$x_{k+1} = Ax_k$$

eine Folge von Vektoren $x_1, x_2, x_3, \ldots$ Unter bestimmten Voraussetzungen ist für große Werte von k der Vektor x_k annähernd proportional zu $\lambda^k x$, wobei λ der betragsgrößte Eigenwert von A und x der dazugehörige Eigenvektor ist. Da die Komponenten von x_k sehr groß werden (falls $|\lambda| > 1$), normiert man den Vektor nach jedem Schritt. Der Normierungsfaktor nähert sich mit steigendem k dem Betrag des betragsgrößten Eigenwerts (siehe Überhuber [46]).

Das nebenstehende Skript führt die obige Iteration 20 Mal durch (das Skript sei unter `eigapprox.m` gespeichert).

```
for k = 1:20
  x = A*x;
  normx = norm(x,2);
  x = x/normx;
end
```

Zuerst werden die Matrix und der Startvektor eingegeben.

```
>> A = [-0.8 0.1 0; -0.4 1 0.9; ...
      -0.4 0.3 -2.2];
>> x = [1; 1; 1];
```

Jetzt wird das Skript gestartet. Der Resultat-Vektor x ist (im Falle der Konvergenz des Verfahrens) eine Näherung für einen Eigenvektor von A.

```
>> eigapprox
>> x
x =
    0.0176
   -0.2619
    0.9649
```

Bemerkung: Dieses Beispiel dient lediglich der Illustration verschiedener Programmiertechniken in MATLAB. Die Berechnung von Eigenwerten und Eigenvektoren kann man wesentlich komfortabler, effizienter und zuverlässiger mit den vordefinierten MATLAB-Funktionen *eig* und *eigs* durchführen.

Berechnung der Eigenvektoren (Spalten von V) und Eigenwerte (Diagonalelemente von W) der Matrix A mit Hilfe von *eig*.

```
[V,W] = eig(A)
V =
    0.9306   -0.0536    0.0176
    0.3099   -0.9949   -0.2619
   -0.1948   -0.0851    0.9649
W =
   -0.7667        0         0
        0   1.0554         0
        0        0   -2.2887
```

Skripts eignen sich nur zur Automatisierung wiederkehrender Aufgaben. Wegen der Gefahr von Seiteneffekten (siehe Abschnitt 7.6) sollten sie nicht zur Implementation neuer Funktionalität verwendet werden.

2.5   Programmieren in MATLAB

Neben der Verwendung von MATLAB als interaktives System besteht auch die Möglichkeit, die Funktionalität von MATLAB durch die Definition von Funktionen und Unterprogrammen zu erweitern.

Große Teile der folgenden Kapitel befassen sich mit der Programmierung von „neuen" MATLAB-Funktionen. Derartige Unterprogramme können vom MATLAB-Prompt aus durch die Angabe des entsprechenden Namens (zusammen mit etwaigen Parametern) aufgerufen werden.

Im folgenden soll beispielhaft gezeigt werden, wie selbstdefinierte Funktionen in MATLAB implementiert werden können. Dazu wird als Beispiel eine rekursive Methode zur Approximation von π herangezogen. Nähere Informationen über die Erstellung neuer MATLAB-Unterprogramme sind in Kapitel 7 enthalten.

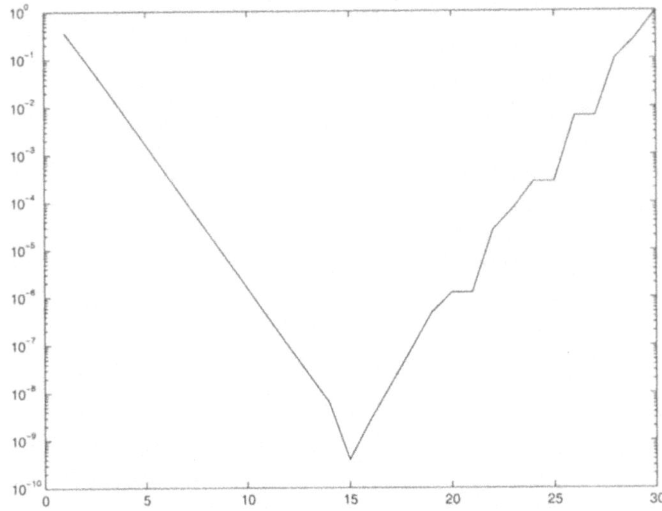

Abbildung 2.3: Relativer Fehler bei der Approximation von π.

MATLAB-Beispiel 2.19

Archimedische Methode: Nach Archimedes läßt sich π durch folgende Vorgehensweise ermitteln: Man berechnet den halben Umfang u_n eines regelmäßigen 2^n-Ecks, das dem Einheitskreis eingeschrieben ist und führt dies für wachsendes n durch. Wegen $\lim_{n\to\infty} u_n = \pi$ erhält man das folgende numerische Verfahren zur näherungsweisen Berechnung von π:

$$u_1 = 2$$

$$u_n = 2^n \sqrt{\frac{1}{2}\left(1 - \sqrt{1 - (u_{n-1}/2^{n-1})^2}\right)} \quad \text{für} \quad n = 2, 3, 4, \ldots, n_{\max}.$$

Diese näherungsweise Berechnung von π soll nun in einer MATLAB-Funktion implementiert werden. Dazu muß eine neue *M-Datei* erstellt werden. Unter einer M-Datei versteht man eine normale Textdatei mit Dateiendung `.m`, die den MATLAB-Programmcode für die neu zu implementierende Funktion enthält. M-Dateien können über die integrierte Entwicklungsumgebung von MATLAB erstellt werden. Damit MATLAB auf diese Funktion zugreifen kann, muß deren Pfad MATLAB bekannt sein; dieser ist über den Menüpunkt „File/Set Path" einstellbar. Anhand des folgenden Beispiels soll nun die Struktur einer M-Datei vorgestellt werden (eine genauere Beschreibung findet man in Kapitel 7).

Jede M-Datei beginnt mit dem Schlüsselwort `function`, dem Namen einer Variablen, die den Rückgabewert der Funktion enthalten wird, und schließlich dem Funktionsnamen. Zudem werden noch (optional) Parameter angegeben. Die hier konstruierte Funktion liefert einen Vektor, der die Werte der ersten n_{max} Iterationsschritte enthält.

```
function retval = approxpi(n_max)
```

Nach dem Funktionsnamen können Kommentare folgen, die die Funktion beschreiben; Kommentare beginnen mit einem Prozentzeichen.

```
% v = approxpi(n_max)
% führt eine Approximation von pi
% nach der Archimedischen Methode
% durch und liefert die Werte der
% ersten n_max Iterationen.
```

Der Startwert wird festgelegt.

```
retval(1) = 2;
```

Die Iteration wird durchgeführt (man beachte, daß MATLAB den Vektor *retval* dynamisch vergrößert).

```
for n = 2:n_max
   tmp = retval(n-1)/2^(n-1);
   tmp = 1 - sqrt(1-tmp^2);
   retval(n) = 2^n*sqrt(tmp/2);
end
```

Der Name der erstellten Funktion muß mit dem Dateinamen der zugehörigen M-Datei (also `approxpi.m`) übereinstimmen. Aus MATLAB kann nun die neu erstellte Funktion durch die Eingabe von *approxpi*, gefolgt von einem Parameter, der die Zahl der Iterationsschritte angibt, ausgeführt werden:

Die errechneten ersten 30 Werte der Iteration werden dem Vektor p zugewiesen.

```
>> p = approxpi(30);
```

Nun kann der relative Fehler der einzelnen Ergebnisse bestimmt werden. Dabei werden die skalaren Operationen elementweise auf den Vektorelementen ausgeführt.

```
>> relf = abs((p-pi)/pi);
```

Der relative Fehler wird in halblogarithmischen Koordinaten dargestellt (siehe Abb. 2.3).

```
>> semilogy(1:30, relf);
```

Bemerkungen: Mathematisch gilt zwar $\lim_{n\to\infty} u_n = \pi$, bei der numerischen Realisierung des Verfahrens treten jedoch (bedingt durch „Auslöschungseffekte") große numerische Schwierigkeiten auf, so daß die numerisch erhaltenen Näherungswerte $\tilde{u}_n$ nicht gegen π konvergieren. Ab dem 15. Folgenelement verschlechtert sich das Ergebnis zusehends, ab dem 28. Folgenelement überwiegen die Ungenauigkeiten und MATLAB gibt sogar fälschlicherweise null als Ergebnis aus. Dies ist daraus zu erklären, daß in der innersten Wurzel der Wert 2^{-n} sehr rasch gegen null konvergiert und schon ab relativ kleinen Werten von n nicht mehr als Gleitpunktzahl ungleich null repräsentiert werden kann. Dadurch wird die innere Wurzel 1 und die äußere Wurzel null.

Kapitel 3

Numerische Daten und Operationen

Die Implementierung der elementaren mathematischen Daten, der Zahlen, auf einem Computer, gleich welcher Architektur, muß auf einer festen Kodierung – oder einigen wenigen verschiedenen Kodierungen – beruhen, weil sonst eine effiziente Verarbeitung nicht möglich ist.

Bei der Kodierung werden den Zahlen bestimmte *Bitmuster einer festen Länge* (*Formatbreite*) N zugeordnet. Damit werden aber maximal 2^N verschiedene Zahlen erfaßt, während z. B. die Gesamtheit aller reellen Zahlen überabzählbar unendlich (von der Mächtigkeit des Kontinuums) ist. Dieses krasse Mißverhältnis läßt sich auch durch die Wahl einer sehr großen Formatbreite oder durch die Verwendung verschiedener Kodierungen nicht beseitigen.

3.1   INTEGER-Zahlensysteme

Die natürlichste Weise, Bitmuster $d_{N-1}d_{N-2}\cdots d_2d_1d_0$ der Länge N als reelle Zahlen zu interpretieren, besteht in ihrer Interpretation als Ziffernschreibweise nichtnegativer ganzer Zahlen im Stellenwertcode zur Basis $b = 2$, d. h.[1]

$$d_{N-1}d_{N-2}\cdots d_2d_1d_0 \;\doteq\; \sum_{j=0}^{N-1} d_j \cdot 2^j, \qquad d_j \in \{0, 1\}. \tag{3.1}$$

Damit werden alle ganzen Zahlen von 0 bis 2^N-1 erfaßt. Um auch negative ganze Zahlen darstellen zu können, wird der Bereich der darstellbaren nichtnegativen ganzen Zahlen eingeschränkt. Die frei werdenden Bitmuster werden als negative

---

[1]Das Symbol $\doteq$ wird hier im Sinne von „entspricht" verwendet.

Zahlen interpretiert. Beim *Zweierkomplement* wird $-x$ codiert durch

$$\overline{\overline{x}} = 1 + \sum_{j=0}^{N-1}(1 - d_j) \cdot 2^j.$$

Der dadurch entstehende Zahlenbereich $[-2^{N-1}, 2^{N-1} - 1]$ ist unsymmetrisch.

In MATLAB besteht die Möglichkeit, ganze Zahlen in sechs Integer-Formaten ($N = 8, 16, 32$, mit oder ohne Vorzeichen; siehe Abschnitt 4.3.3) zu speichern: `int8`, `uint8`, `int16`, `uint16`, `int32` und `uint32`. Für Integer-Zahlen, und auch für Zahlen vom Typ `single`, der zur Speicherung einfach genauer Gleitpunktzahlen verwendet wird, sind in MATLAB allerdings keine Rechenoperation definiert. Berechnungen werden nur mit doppelt genauen Gleitpunktzahlen durchgeführt.

Die Konversion in eine Integer-Zahl erfolgt mit *int8*(dv), *int16*(dv), ..., denen die zu konvertierende `double`-Variable dv als Argument übergeben wird. Bei der Umwandlung werden Nachkommastellen abgeschnitten („round towards zero").

MATLAB-Beispiel 3.1

Eine Integer-Variable mit $N = 8$ wird definiert und der Wert -10 wird ihr zugewiesen.

```
>> kurz = int8(-10.89)
kurz =
    -10
```

Da im Format *uint8* keine negativen Zahlen darstellbar sind, wird der Wert 0 zugewiesen.

```
>> ohnevz = uint8(-10.89)
ohnevz =
    0
```

Will man umgekehrt eine Zahl, die in einem Integer-Format gespeichert ist, in das `double`-Format konvertieren, so geschieht das mit der Funktion *double*. Integer-Zahlen haben maximal 32 Binär-Stellen und können im `double`-Format exakt dargestellt werden, da dort die Mantisse 52 Binär-Stellen hat.

MATLAB-Beispiel 3.2

Die größte Integer-Zahl ist $2^{32} - 1$. Diese kann im `double`-Format exakt dargestellt werden.

```
>> format long
>> m32 = uint32(2^32-1)
m32 =
    4.294967295000000e+009
```

Bei der Konversion tritt kein Fehler auf.

```
>> dm32 = double(m32)
dm32 =
    4.294967295000000e+009
```

3.2 Festpunkt-Zahlensysteme

Durch eine *Skalierung* mit 2^k (k kann eine beliebige ganze Zahl sein) kann man das von kodierbaren Zahlen überdeckte Intervall der reellen Zahlengeraden verkleinern oder vergrößern. Die *Dichte* der darstellbaren Zahlen wird dadurch größer bzw. kleiner. Die Skalierung mit 2^k, $k < 0$, entspricht der Interpretation der Bitfolge $v d_{N-2} d_{N-3} \cdots d_2 d_1 d_0$ als vorzeichenbehafteter Binärbruch mit $-k > 0$ Stellen nach dem Binärpunkt:

$$v\, d_{N-2} d_{N-3} \cdots d_2 d_1 d_0 \ \doteq\ (-1)^v \cdot 2^k \sum_{j=0}^{N-2} d_j \cdot 2^j \ \doteq \tag{3.2}$$

$$\doteq\ (-1)^v \cdot d_{N-2} \cdots d_{-k} . d_{-k-1} \cdots d_0$$

Fest skalierte Zahlenmengen dieser Art nennt man *Festpunkt-Zahlensysteme*.

Für spezielle Anwendungen (z. B. in der Signalverarbeitung) stellt MATLAB das „Fixed-Point Blockset" zur Verfügung (siehe *help fixpoint*).

Für $k = -(N-1)$ steht der angenommene Binärpunkt genau vor der ersten Ziffer d_{N-2} der Folge von Binärziffern. Wie bei den Integer-Zahlen kann man ein Bit $v \in \{0, 1\}$ zur Darstellung des Vorzeichens $(-1)^v$ verwenden. Für $k = -(N-1)$ wird dann von diesen Zahlen das Intervall $(-1, 1)$ gleichmäßig mit konstantem Abstand $2^k = 2^{-N+1}$ überdeckt.

Alle Festpunkt-Zahlensysteme haben für die Numerische Datenverarbeitung den großen Nachteil, daß das von den darstellbaren reellen Zahlen überdeckte Intervall der reellen Achse ein für allemal festliegt. Die Größenordnungen der bei den Aufgaben der Numerischen Datenverarbeitung auftretenden Daten variieren aber über einen sehr weiten Bereich, der oft nicht a priori bekannt ist. Auch können während der Lösung der Aufgabe reelle Zahlen mit sehr großen oder sehr kleinen Absolutbeträgen auftreten.

3.3 Gleitpunkt-Zahlensysteme

Um den genannten Nachteil der Festpunkt-Kodierungen zu vermeiden, liegt es nahe, den Skalierungsparameter k nicht fest zu wählen, sondern veränderlich zu lassen und seine aktuelle Größe in der Kodierung mit anzugeben. Man kommt so zu den *Gleitpunkt-(Floating-point-)Kodierungen*, die in der Numerischen Datenverarbeitung fast ausschließlich verwendet werden.

In der Numerischen Datenverarbeitung wird meist von Gleit*punkt*zahlen (*floating point numbers*) und nicht von Gleit*komma*zahlen gesprochen. Diese Konvention steht nicht nur mit dem Dezimal*punkt*, wie er in den englischsprachigen Ländern üblich ist, in Verbindung. Das Komma wird in den meisten Programmiersprachen – auch in MATLAB – als Trennzeichen für zwei lexikalische Elemente verwendet, so daß z. B. die Zeichenkette 12, 25 zwei ganze Zahlen, nämlich 12 und 25 bezeichnet, während 12.25 die (rationale) Zahl 49/4 symbolisiert.

Bei den Gleitpunkt-Kodierungen wird eine Bitfolge für die Interpretation in drei Teile zerlegt: in das *Vorzeichen v*, den *Exponenten e* und die *Mantisse M* (den *Signifikanden*). Die Aufteilung (*Formatierung*) des Bitfeldes, das einer reellen Zahl entspricht, ist bei jeder Gleitpunkt-Kodierung unveränderbar festgelegt.

IEEE-Gleitpunktzahlen: Im IEEE Standard 754-1985 für binäre Gleitpunktzahlen und -arithmetiken werden zwei *Grundformate* spezifiziert:

Einfach langes Format (*single format*): Formatbreite $N = 32$ Bit

1	8 Bit	23 Bit
v	e	M

Dieses Format entspricht dem Datentyp *single* in MATLAB, der ausschließlich zur Speicherung von einfach genauen Gleitpunktzahlen dient.

Doppelt langes Format (*double format*): Formatbreite $N = 64$ Bit

1	11 Bit	52 Bit
v	e	M

Dieses Format wird im Standard-MATLAB-Datentyp `double` verwendet.

Die Mantisse M ist eine nichtnegative reelle Zahl in Festpunkt-Kodierung (*ohne Vorzeichen*)

$$M = d_1 b^{-1} + d_2 b^{-2} + \cdots + d_p b^{-p}$$

bezüglich einer festen Basis b mit dem Binärpunkt (Dezimalpunkt etc.) genau vor der ersten Ziffer.

Die Annahme des (Binär-, Dezimal-)Punktes *vor* der ersten Stelle der Mantisse M ist willkürlich; ebenso ist die Indizierung mit d_1 als *erster* (engl. *most significant*) und d_p als *letzter* (engl. *least significant*) Stelle – die nicht der Indizierung bei Festpunkt-Zahlensystemen entspricht – bei Gleitpunkt-Zahlensystemen üblich. Beide Konventionen entsprechen sowohl der internationalen Norm *Language Independent Integer and Floating-Point Arithmetic* wie auch den Annahmen, die der Entwicklung von MATLAB zugrunde liegen.

Der Exponent e ist eine ganze Zahl. Die dargestellte reelle Zahl x ist durch

$$x = (-1)^v \cdot b^e \cdot M$$

gegeben, wobei das Bit $v \in \{0, 1\}$ das Vorzeichen von x festlegt. Je nach Wahl der Basis b, der Festpunkt-Kodierung für M und der zulässigen Werte für e erhält man eine bestimmte Menge von reellen Zahlen, die mit dieser Gleitpunkt-Kodierung darstellbar sind. Eine solche Zahlenmenge – mit gewissen Einschränkungen bezüglich b, e und M – bezeichnet man als *Gleitpunkt-Zahlensystem* $\mathbb{F}$ (*floating-point numbers*).

Ein Gleitpunkt-Zahlensystem mit der Basis b, der Mantissenlänge p und dem Exponentenbereich $[e_{\min}, e_{\max}] \subset \mathbb{Z}$ enthält die folgenden reellen Zahlen:

$$x = (-1)^v \cdot b^e \cdot \sum_{j=1}^{p} d_j b^{-j} \tag{3.3}$$

mit

$$v \in \{0, 1\} \tag{3.4}$$

$$e \in \{e_{\min}, e_{\min} + 1, \ldots, e_{\max}\} \tag{3.5}$$

$$d_j \in \{0, 1, \ldots, b - 1\}, \quad j = 1, 2, \ldots, p; \tag{3.6}$$

die d_j sind die *Ziffern* (*digits*) der Mantisse $M = d_1 b^{-1} + \cdots + d_p b^{-p}$.

Die reelle Zahl 0.1 wird z.B. in einem sechsstelligen, dezimalen Gleitpunkt-Zahlensystem ($b = 10$, $p = 6$) als $.100000 \cdot 10^0$ dargestellt. In einem 24-stelligen, binären Gleitpunkt-Zahlensystem ($b = 2$, $p = 24$) kann 0.1 *nicht* exakt dargestellt werden; die Näherungsdarstellung

$$.110011001100110011001101 \cdot 2^{-3}$$

wird statt dessen verwendet.

Normalisierte und denormalisierte Gleitpunktzahlen

Offenbar entspricht jeder Wahl von Werten v, e und $d_1, d_2, \ldots, d_p$, die den Einschränkungen (3.4), (3.5) und (3.6) genügen, eine bestimmte reelle Zahl. Es können aber verschiedene Werte zur gleichen Zahl x führen. So kann z.B. die Zahl 0.1 in einem dezimalen Gleitpunkt-Zahlensystem mit sechs Mantissenstellen durch

$$
\begin{array}{llll}
.100000 \cdot 10^0 & \text{oder} & .010000 \cdot 10^1 & \text{oder} \\
.001000 \cdot 10^2 & \text{oder} & .000100 \cdot 10^3 & \text{oder} \\
.000010 \cdot 10^4 & \text{oder} & .000001 \cdot 10^5 &
\end{array}
$$

dargestellt werden. Die Darstellung von 0.1 als Gleitpunktzahl ist also *nicht* eindeutig. Um die Eindeutigkeit der Zahlendarstellung zu erreichen, kann man die zusätzliche Forderung $d_1 \neq 0$ stellen, ohne daß man den Umfang des Gleitpunkt-Zahlensystems wesentlich einschränkt; die so erhaltenen Gleitpunktzahlen mit $b^{-1} \leq M < 1$ heißen *normalisierte* (oder *normale*) Gleitpunktzahlen. Die Menge der normalisierten Gleitpunktzahlen erweitert um die Zahl Null (charakterisiert durch die Mantisse $M = 0$) wird im folgenden mit $\mathbb{F}_N$ bezeichnet.

Durch die Einschränkung $d_1 \neq 0$ erhält man eine *umkehrbar-eindeutige* Beziehung zwischen den zulässigen Werten

$$v \in \{0, 1\}$$
$$e \in \{e_{\min}, e_{\min} + 1, \ldots, e_{\max}\}$$
$$d_1 \in \{1, 2, \ldots, b - 1\},$$
$$d_j \in \{0, 1, \ldots, b - 1\}, \quad j = 2, 3, \ldots, p;$$

und den Zahlen in $\mathbb{F}_N \backslash \{0\}$ (siehe Tabelle 3.1).

Die durch die Normalisierungsbedingung $d_1 \neq 0$ weggefallenen Zahlen, das sind jene Zahlen, die betragsmäßig so klein sind, daß sie keine Darstellung als normalisierte Gleitpunktzahlen besitzen, kann man ohne Verlust der Eindeutigkeit der Zahlendarstellung zurückgewinnen, indem man $d_1 = 0$ für $e = e_{\min}$ zuläßt. Die Zahlen mit $M \in [b^{-p}, b^{-1} - b^{-p}]$, die sämtlich im Intervall $(-b^{e_{\min}-1}, b^{e_{\min}-1})$ liegen, heißen *denormalisierte* (oder *subnormale*) Zahlen und werden im folgenden mit $\mathbb{F}_D$ bezeichnet.

Die Zahl Null (der die Mantisse $M = 0$ entspricht) wird nach obiger Festlegung zu $\mathbb{F}_N$ gezählt. Für ihre Darstellung muß man, um Eindeutigkeit zu gewährleisten, das Vorzeichen (willkürlich) festlegen, z. B. $v = 0$.

	Exponent	Mantisse
normalisierte Gleitpunktzahlen	$e \in [e_{\min}, e_{\max}]$	$M \in [b^{-1}, 1 - b^{-p}]$
denormalisierte Gleitpunktzahlen	$e = e_{\min}$	$M \in [b^{-p}, b^{-1} - b^{-p}]$
Null	$e = e_{\min}$	$M = 0$

Tabelle 3.1: Zuordnung der nichtnegativen Zahlen aus $\mathbb{F}$ zu e und M. Eine analoge Zuordnung gilt für die negativen Zahlen aus $\mathbb{F}$, für die man $v = 1$ setzt.

3.4 Struktur von Gleitpunkt-Zahlensystemen

Die Struktur der Gleitpunkt-Zahlensysteme $\mathbb{F}(b, p, e_{\min}, e_{\max}, denorm)$, d. h. die Anzahl und Anordnung (Lage) der Zahlen aus $\mathbb{F}$, soll in diesem Abschnitt genauer untersucht werden. Die logische Größe $denorm$ gibt an, ob denormalisierte Zahlen vorhanden sind (TRUE) oder nicht (FALSE).

3.4.1 Anzahl der Gleitpunktzahlen

Wegen der (in Tabelle 3.1 dargestellten) eindeutigen Zuordnung der Zahlen aus $\mathbb{F}$ zu den Tupeln $(v, e, d_1, \ldots, d_p)$, kann es sich bei $\mathbb{F}$ nur um eine *endliche* Teilmenge der reellen Zahlen handeln. Die Anzahl der normalisierten Zahlen im Gleitpunkt-Zahlensystem $\mathbb{F}(b, p, e_{\min}, e_{\max}, denorm)$ ist

$$2\,(b-1)\,b^{\,p-1}(e_{\max} - e_{\min} + 1).$$

Das dem Grundformat des doppelt genauen IEEE-Gleitpunkt-Zahlensystem entsprechende System $\mathbb{F}(2, 53, -1021, 1024, true)$, wie es auch von MATLAB verwendet wird, enthält $2^{53} \cdot 2046 \approx 1.84 \cdot 10^{19}$ normalisierte Zahlen.

3.4.2 Größte und kleinste Gleitpunktzahl

Weil $\mathbb{F}$ endlich ist, ist unmittelbar klar, daß es in jedem Gleitpunkt-Zahlensystem im Gegensatz zu den reellen Zahlen eine *größte Zahl* $x_{\max}$ und eine *kleinste positive* normalisierte Zahl $x_{\min}$ gibt.

Mit $M = M_{\max} := 1 - b^{-p}$ und $e = e_{\max}$ erhält man die *größte Gleitpunktzahl*

$$x_{\max} := \max\{x \in \mathbb{F}\} = (1 - b^{-p})b^{e_{\max}};$$

größere reelle Zahlen gibt es im Gleitpunkt-Zahlensystem $\mathbb{F}$ nicht. Mit $e = e_{\min}$ und $M = M_{\min} := b^{-1}$ ergibt sich die kleinste positive *normalisierte* Gleitpunktzahl

$$x_{\min} := \min\{x \in \mathbb{F}_N : x > 0\} = b^{e_{\min}-1}.$$

MATLAB-Beispiel 3.3

$x_{\min}$ und $x_{\max}$ erhält man mit *realmin* und *realmax*.

```
>> log2(realmin), log2(realmax)
ans =
      -1022
ans =
       1024
```

Wegen der separaten Darstellung des Vorzeichens durch $(-1)^v$ sind die Gleitpunktzahlen *symmetrisch zur Null* angeordnet:

$$x \in \mathbb{F} \Longleftrightarrow -x \in \mathbb{F}.$$

Dementsprechend sind $-x_{\max}$ und $-x_{\min}$ die *kleinste* und die *größte negative* normalisierte Zahl in $\mathbb{F}$. Im Fall *denorm = true* gibt es in $\mathbb{F}$ auch eine kleinste positive denormalisierte Zahl

$$\bar{x}_{\min} = b^{e_{\min}-p} \tag{3.7}$$

und eine größte negative denormalisierte Zahl $-\bar{x}_{\min}$.

MATLAB-Beispiel 3.4

Die kleinste positive denormalisierte Gleitpunktzahl erhält man aus Formel (3.7).

```
>> minpos = realmin/2^52
minpos =
      4.9407e-324
>> log2(minpos)
ans =
      -1074
```

3.4.3   Absolute Abstände der Gleitpunktzahlen

Für jede feste Wahl von $e \in [e_{\min}, e_{\max}]$ sind die kleinste und die größte Mantisse einer normalisierten Gleitpunktzahl durch die Ziffern

$$d_1 = 1, \; d_2 = \cdots = d_p = 0 \qquad \text{bzw.} \qquad d_1 = d_2 = \cdots = d_p = \delta := b - 1$$

charakterisiert. Die Mantisse M durchläuft somit Werte zwischen

$$M_{\min} \;=\; .100\ldots00_b = b^{-1} \qquad \text{und}$$
$$M_{\max} \;=\; .\delta\delta\delta\cdots\delta\delta_b = \sum_{j=1}^{p}(b-1)b^{-j} = 1 - b^{-p},$$

wobei sie mit einer konstanten Schrittweite von b^{-p} fortschreitet. Dieses *Grundinkrement* der Mantisse, das dem Wert einer Einheit der letzten Stelle entspricht, wird oft als ein *ulp* (**u**nit **o**f **l**ast **p**osition) bezeichnet; im folgenden wird für das Grundinkrement die Kurzbezeichnung u verwendet:

$$u := 1\,\mathrm{ulp} = b^{-p}.$$

Benachbarte Zahlen aus $\mathbb{F}_N$ haben im Intervall $[b^e, b^{e+1}]$ *konstanten Abstand*

$$\Delta x = b^{e-p} = u \cdot b^e;$$

jedes solche Intervall ist also durch eine *konstante (absolute) Dichte* der normalisierten Gleitpunktzahlen charakterisiert.

Lücke um die Zahl Null

Bedingt durch die Normalisierung hat der von den Zahlen aus $\mathbb{F}_N$ überdeckte Bereich der reellen Zahlen in der Umgebung der Zahl Null eine „Lücke" (siehe Abb. 3.1).

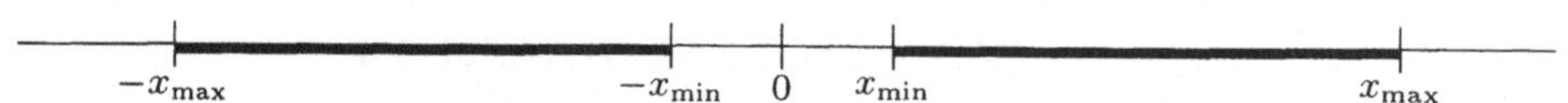

Abbildung 3.1: Reelle Zahlen, die von $\mathbb{F}_N$ überdeckt werden.

Im Fall *denorm = true* wird hingegen das Intervall $(0, x_{\min})$ mit $b^{p-1}-1$ denormalisierten Zahlen gleichmäßig überdeckt (vgl. Abb. 3.2), die dort den konstanten Abstand $u \cdot b^{e_{\min}}$ haben. Die kleinste positive denormalisierte Zahl

$$\overline{x}_{\min} := \min\{x \in \mathbb{F}_D : x > 0\} = ub^{e_{\min}} = b^{e_{\min}-p}$$

liegt wesentlich näher bei Null als $x_{\min} = b^{e_{\min}-1}$. Die negativen Zahlen aus $\mathbb{F}_D$ ergeben sich durch Spiegelung der positiven am Nullpunkt. Die Lücke um die Zahl Null wird also mit den denormalisierten Zahlen $\mathbb{F}_D$ geschlossen (siehe Abb. 3.2).

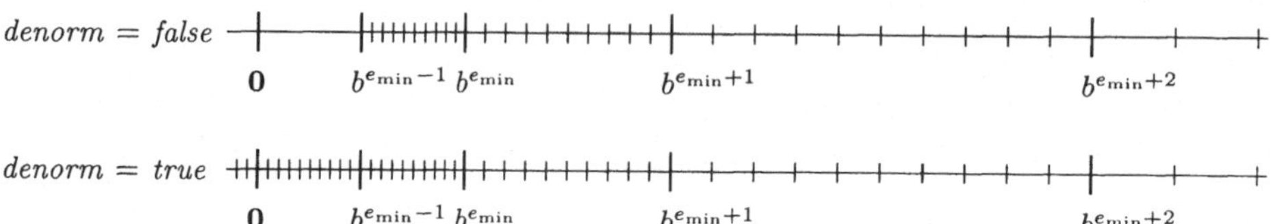

Abbildung 3.2: Überdeckung von $\mathbb{R}$ durch normalisierte und denormalisierte Gleitpunktzahlen.

3.4.4   Relative Abstände der Gleitpunktzahlen

Während die absoluten Abstände $|\Delta x|$ mit $\Delta x = x_{\text{nearest}} - x$ zwischen einer Zahl x aus $\mathbb{F}_N$ und der (betragsmäßig) nächstgrößeren Zahl x_{nearest} aus $\mathbb{F}_N$ mit zunehmendem Exponenten e immer größer werden, bleibt der *relative Abstand* $\Delta x/x$ (nahezu) unverändert, da dieser nur von der Mantisse $M(x)$ und nicht vom Exponenten der Gleitpunktzahl x abhängt:

$$\frac{\Delta x}{x} = \frac{(-1)^v \cdot u \cdot b^e}{(-1)^v \cdot M(x) \cdot b^e} = \frac{u}{M(x)} = \frac{b^{-p}}{M(x)}.$$

Wegen $b^{-1} \leq M(x) < 1$ nimmt dieser relative Abstand für $b^e \leq x \leq b^{e+1}$ mit wachsendem x von $b \cdot u$ auf fast u ab; er springt für $x = b^{e+1}$ mit $M = b^{-1}$

wieder auf $b \cdot u$ und nimmt dann abermals ab. Dieser Vorgang wiederholt sich von einem Intervall $[b^e, b^{e+1}]$ zum nächsten. In diesem eingeschränkten Sinn kann man also sagen, daß die *relative Dichte* der Zahlen in $\mathbb{F}_N$ *annähernd konstant* ist. Die Variation der Dichte beim Durchlaufen eines Intervalls $[b^e, b^{e+1}]$ um den Faktor b ist natürlich für größere Werte der Basis b (etwa 10 oder 16) viel ausgeprägter als bei Binärsystemen.

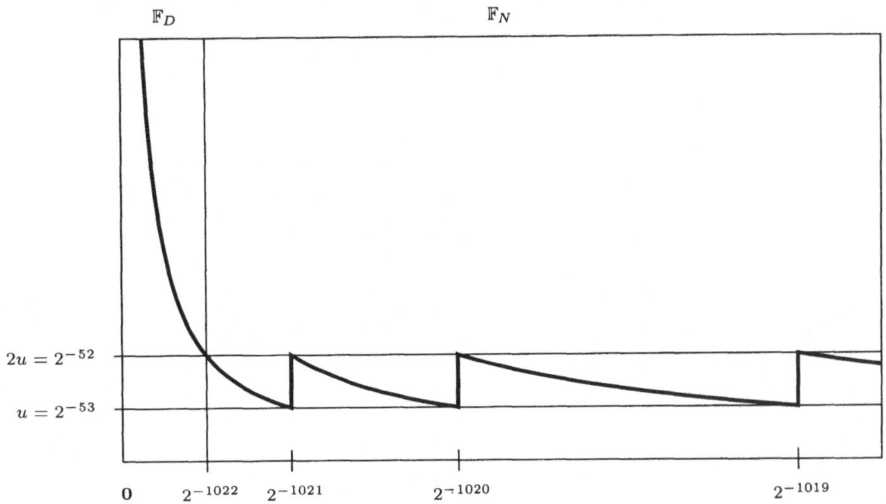

Abbildung 3.3: Relative Abstände der doppelt genauen IEC/IEEE-Gleitpunktzahlen.

Im Bereich der *denormalisierten* Zahlen $\mathbb{F}_D$ geht diese Gleichmäßigkeit der relativen Dichte verloren; wegen $M(x) \to 0$ vergrößert sich für $x \to 0$ der relative Abstand $\Delta x / x$ bei konstantem absoluten Abstand $\Delta x = b^{e_{\min}-p}$ sehr rasch.

Die (annähernd) konstante relative Dichte der Zahlen aus $\mathbb{F}_N$ spiegelt den Charakter der Daten in der Numerischen Datenverarbeitung gut wider. Diese kommen z. B. durch Messungen zustande; dabei hängt die absolute Größe der Meßwerte von den verwendeten Einheiten ab, während die *relative Meßgenauigkeit* von diesen Einheiten und damit von der absoluten Größe der Daten oft *unabhängig* ist und einer konstanten Anzahl signifikanter Stellen entspricht.

3.4.5   Unendlich, NaNs und Null mit Vorzeichen

In Gleitpunkt-Zahlensystemen sind *nicht* alle Bitmuster mit einer Bedeutung als Gleitpunktzahl belegt, sondern es gibt auch ± 0, $\pm \infty$ und im Gleitpunktformat codierte symbolische Größen, sogenannte NaNs („*Nichtzahlen*").[2] Die IEEE-

---

[2] *NaN* ist die Abkürzung für *Not a Number* und symbolisiert z. B. das Ergebnis von 0/0.

Arithmetik liefert beim Auftreten von Sonderfällen ein NaN-Bitmuster. Ein sofortiger Abbruch ist nicht unbedingt erforderlich, da mit NaNs auch weiter „gerechnet" werden kann.

darzustellende Größe	Wert im Exponentenfeld	Wert im Mantissenfeld
$(-1)^v \cdot 0 = \pm 0$	$e_{\min} - 1$	null
$(-1)^v \cdot \infty = \pm\infty$	$e_{\max} + 1$	null
NaN	$e_{\max} + 1$	$\neq$ null

MATLAB-Beispiel 3.5

+0 und -0 werden unterschiedlich gespeichert und bewirken in speziellen Situationen auch unterschiedliche Resultate.

```
>> pnull = 0; nnull = -0;
>> 1/pnull, 1/nnull, pnull/nnull
ans =
     Inf
ans =
    -Inf
ans =
    NaN
```

In Gleichheitsabfragen (==) wird *nicht* zwischen +0 und -0 unterschieden.

```
>> pnull == nnull
ans =
     1
```

Die Befehle *isnan* und *isinf* können zum Test auf NaN und ∞ verwendet werden.

WICHTIG: Ein Test auf NaN kann nicht mit dem Vergleichsoperator == durchgeführt werden.

```
>> isnan(pnull/nnull), isinf(1/pnull)
ans =
     1
ans =
     1
>> (pnull/nnull) == NaN
ans =
     0
```

3.4.6 Rundung

Die Resultate der arithmetischen Operationen mit Operanden aus der Zahlenmenge $\mathbb{F}(b, p, e_{\min}, e_{\max}, denorm)$ benötigen zu ihrer Darstellung oft mehr als p

Mantissenstellen und gelegentlich einen Exponenten außerhalb von $[e_{min}, e_{max}]$. Im Fall der Division und der Standardfunktionen ist in der Regel überhaupt keine Gleitpunkt-Kodierung der Ergebnisse mit *endlich* vielen Stellen möglich.

Den naheliegenden Ausweg kennt man schon lange vom Umgang mit Dezimalbrüchen: Das „exakte" Ergebnis wird auf eine Zahl aus $\mathbb{F}$ *gerundet*. Dabei wird hier und im folgenden unter *exaktem Ergebnis* stets jenes Ergebnis aus $\mathbb{R}$ verstanden, das sich bei Ausführung der Operationen im Bereich der reellen Zahlen ergäbe. Wegen $\mathbb{F} \subset \mathbb{R}$ ist das exakte Ergebnis auf diese Weise stets definiert.

In der sechsstelligen dezimalen Arithmetik aus den Programmbeispielen (siehe Abschnitt 8.5) erhält man folgende gerundete Werte:

$$
\begin{aligned}
\textit{Argumente:} \qquad\quad x &= .123456 \cdot 10^5 = 12345.6 \\
y &= .987654 \cdot 10^0 = .987654
\end{aligned}
$$

$$
\begin{aligned}
\textit{Exakte Rechnung:} \qquad\quad x + y &= .123465\,87654 \cdot 10^5 \\
x - y &= .123446\,12346 \cdot 10^5 \\
x \cdot y &= .121931\,812224 \cdot 10^5 \\
x/y &= .124999\,240624 \ldots \cdot 10^5 \\
\sqrt{x} &= .111110\,755549 \ldots \cdot 10^3
\end{aligned}
$$

$$
\begin{aligned}
\textit{Rundung:} \qquad\quad \Box(x + y) &= .123466 \cdot 10^5 \\
\Box(x - y) &= .123446 \cdot 10^5 \\
\Box(x \cdot y) &= .121932 \cdot 10^5 \\
\Box(x/y) &= .124999 \cdot 10^5 \\
\Box\sqrt{x} &= .111111 \cdot 10^3
\end{aligned}
$$

Dabei bildet die Rundungsfunktion $\Box : \mathbb{R} \to \mathbb{F}$ jedes $x \in \mathbb{R}$ auf die nächstgelegene Zahl aus $\mathbb{F}$ ab. Für eine feste Wahl der Rundungsfunktion $\Box$ kann man zu einer mathematischen Definition der arithmetischen Operationen in $\mathbb{F}$ folgendermaßen kommen: Zu jeder zweistelligen arithmetischen Operation

$$\circ : \mathbb{R} \times \mathbb{R} \to \mathbb{R}$$

definiert man die *analoge Operation*

$$\boxdot \; : \mathbb{F} \times \mathbb{F} \to \mathbb{F}$$

durch

$$x \boxdot y := \Box(x \circ y). \tag{3.8}$$

Dieser Definition entspricht gedanklich eine zweistufige Vorgangsweise: Zunächst wird das exakte Ergebnis $x \circ y$ der Operation $\circ$ ermittelt, das anschließend durch eine Rundungsfunktion $\Box$ auf ein Ergebnis in $\mathbb{F}$ abgebildet wird; $x \boxdot y$ ist so stets wieder eine Zahl aus $\mathbb{F}$. Ebenso kann man Operationen mit nur einem Operanden,

z. B. die Standardfunktionen, in $\mathbb{F}$ definieren. Für eine Funktion $f : \mathbb{R} \to \mathbb{R}$ erhält man durch

$$\boxed{f}(x) := \Box f(x) \tag{3.9}$$

die analoge Funktion

$$\boxed{f} : \mathbb{F} \to \mathbb{F}.$$

Natürlich darf man die Rundungsfunktion $\Box$ nicht willkürlich wählen, wenn die sich aus den Definitionen (3.8) und (3.9) ergebende Arithmetik praktisch verwendbar sein soll. In diesem Sinn unverzichtbare Forderungen an eine Rundungsfunktion sind *Projektivität*, d. h.

$$\Box x = x \qquad \text{für} \quad x \in \mathbb{F}, \tag{3.10}$$

und *Monotonie*, also

$$x \leq y \quad \Longrightarrow \quad \Box x \leq \Box y \qquad \text{für} \quad x, y \in \mathbb{R}. \tag{3.11}$$

Aus diesen beiden Forderungen folgt bereits, daß jede solche Rundungsfunktion von den reellen Zahlen zwischen zwei benachbarten Zahlen x_1 und $x_2 \in \mathbb{F}$ diejenigen unterhalb eines bestimmten Grenzpunktes $\hat{x} \in [x_1, x_2]$ auf x_1 abrundet und die oberhalb von $\hat{x}$ auf x_2 aufrundet (vgl. Abb. 3.4). Falls $\hat{x}$ weder mit x_1 noch mit x_2 übereinstimmt, muß gesondert festgelegt werden, ob $\Box \hat{x} = x_1$ oder $\Box \hat{x} = x_2$ gelten soll. Die spezielle Situation im Bereich $\mathbb{R}_{\text{overflow}}$ wird später behandelt.

Eine Rundungsfunktion $\Box$, die (3.10) und (3.11) erfüllt, wird auf dem Intervall $[x_1, x_2]$ durch die Angabe des Grenzpunktes $\hat{x}$ und im Fall $\hat{x} \notin \{x_1, x_2\}$ durch eine zusätzliche Rundungsvorschrift für $x = \hat{x}$ eindeutig festgelegt.

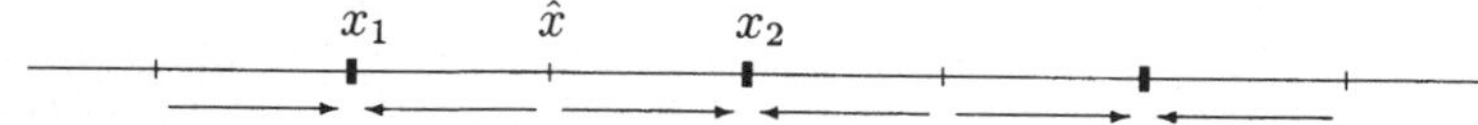

Abbildung 3.4: Definition einer Rundungsfunktion durch den Grenzpunkt $\hat{x}$. Dicke senkrechte Striche (❙) symbolisieren die Zahlen aus $\mathbb{F}$.

Rundung auf den nächstgelegenen Wert (optimale Rundung)

Diese Art der Rundung (*round to nearest*) wird von MATLAB, basierend auf der IEEE-Arithmetik, verwendet. Hier liegt der Grenzpunkt $\hat{x}$ genau in der Mitte zwischen x_1 und x_2:

$$\hat{x} := \frac{x_1 + x_2}{2}.$$

Dadurch wird $x \in \mathbb{R}_N \cup \mathbb{R}_D$ immer zur *nächstgelegenen* Zahl aus $\mathbb{F}$ gerundet. Im Sonderfall $x = \hat{x}$, d. h. bei einer Zahl mit gleichem Abstand von x_1 und

x_2, verwendet MATLAB die „Rundung zur nächsten geraden Mantisse" (*round to even*) Dabei wird im Fall $x = \hat{x}$ als Wert $\Box x$ der Rundungsfunktion jene Nachbarzahl genommen, deren letzte Mantissenziffer gerade ist.

Rundungsvorschriften lassen sich aber nur dann vernünftig auf ein $x \in \mathbb{R}\backslash\mathbb{F}$ anwenden, wenn es tatsächlich „Nachbarzahlen" aus $\mathbb{F}$ gibt.

Überlauf: Im Fall $x \in \mathbb{R}_{\text{overflow}} = (-\infty, -x_{\max}) \cup (x_{\max}, \infty)$ bleibt $\Box x$ undefiniert. Falls ein solches x das exakte Ergebnis einer Operation mit Operanden aus $\mathbb{F}$ ist, dann sagt man, daß *Überlauf* (*overflow*) – genauer: Exponentenüberlauf – eintritt.

Tritt ein Überlauf bei positiven Zahlen bei der Berechnung eines arithmetischen Ausdrucks auf, liefert MATLAB als Resultat *Inf* (*infinity*). $-Inf$ wird bei Überlauf auf der negativen Zahlengeraden als Wert geliefert.

MATLAB-Beispiel 3.6

Alle $x \in [realmax + 2^{970}, \infty]$ werden als *Inf* interpretiert. Kleinere Zahlen werden zur jeweils nächstgelegenen Maschinenzahl gerundet.

```
>> nmax = realmax;
>> nmax + 2^969, nmax + 2^970
ans =
    1.7977e+308
ans =
    Inf
```

Unterlauf: Die hier vorliegende Sondersituation heißt (Exponenten-)*Unterlauf* (*underflow*). Die kleinste positive darstellbare Computer-Zahl ist 2^{-1074}. Von $2^{-1074} \cdot (2^{52} - 1)/2^{53}$ wird noch auf diese Zahl aufgerundet, bei jeder kleineren Zahl wird mit Null weitergerechnet.

3.4.7 Rundungsfehler

Wegen der Definitionen (3.8) und (3.9) für die Arithmetik in $\mathbb{F}$ ist es offenbar von zentraler Wichtigkeit, zu erfassen, wie stark $\Box x$ von x abweichen kann: Hiervon hängt ja ab, wie gut die Arithmetik in $\mathbb{F}$ die „wirkliche" Arithmetik in $\mathbb{R}$ modelliert bzw. wie sehr sich die beiden Arithmetiken unterscheiden.

Die Abweichung des gerundeten Wertes $\Box x \in \mathbb{F}$ von der zu rundenden Zahl $x \in \mathbb{R}$ wird als (*absoluter*) *Rundungsfehler* von x bezeichnet:

$$\varepsilon(x) := \Box x - x,$$

während

$$\rho(x) := \frac{\Box x - x}{x} = \frac{\varepsilon(x)}{x} \tag{3.12}$$

relativer Rundungsfehler von x heißt.

Schranken für den absoluten Rundungsfehler

Der Betrag $|\varepsilon(x)|$ ist offenbar durch Δx, die Länge des kleinsten x einschließenden Intervalls $[x_1, x_2]$, $x_1, x_2 \in \mathbb{F}$, begrenzt, im Fall der optimalen Rundung sogar nur durch die Hälfte dieser Intervallänge. Genauer läßt sich dies so formulieren: Für jedes $x \in \mathbb{R}_N$ läßt sich $\Box x \in \mathbb{F}$ eindeutig als

$$\Box x = (-1)^v \cdot M(x) \cdot b^{e(x)}$$

darstellen, wobei $M(x)$ die Mantisse und $e(x)$ den Exponenten von $\Box x$ symbolisiert. Da die Länge des kleinsten Intervalls $[x_1, x_2]$ mit $x_1, x_2 \in \mathbb{F}_N$, das $x \in \mathbb{R}_N \setminus \mathbb{F}_N$ enthält, $\Delta x = u \cdot b^{e(x)} = b^{e(x)-p}$ ist, gilt für den absoluten Rundungsfehler eines $x \in \mathbb{R}_N$:

$$|\varepsilon(x)| \le \frac{u}{2} \cdot b^{e(x)} \quad \text{für die optimale Rundung.} \tag{3.13}$$

Bei den positiven Zahlen aus $\mathbb{F}_N(2, 3, -1, 2)$ hat der absolute Rundungsfehler bei optimaler Rundung den in Abb. 3.5 dargestellten Verlauf. Wegen des Treppenfunktioncharakters von $\Box x$ ist der absolute Rundungsfehler in beiden Fällen eine stückweise lineare Funktion.

Schranken für den relativen Rundungsfehler

Für den relativen Rundungsfehler $\rho(x)$ gibt es Schranken, die für ganz $\mathbb{R}_N$ gültig sind. Die Existenz derartiger Schranken ist auf die annähernd konstante relative Dichte der Maschinenzahlen in $\mathbb{R}_N$ zurückzuführen. Für die positiven Zahlen aus $\mathbb{F}_N(2, 3, -1, 2)$ hat der relative Rundungsfehler bei optimaler Rundung den in Abb. 3.6 dargestellten Verlauf. Die kleinste gleichmäßige Schranke für den relativen Rundungsfehler eines $x \in \mathbb{R}_N$ ergibt sich aus (3.12) und der Schranke (3.13):

$$|\rho(x)| \le \frac{u}{2|M(x)|} \le b \cdot u/2 \quad \text{für die optimale Rundung.} \tag{3.14}$$

Diese Schranke für den relativen Rundungsfehler wird mit *eps* bezeichnet und *relative Maschinengenauigkeit (machine epsilon)* genannt. Es gilt

$$eps = b \cdot u/2 = b^{1-p}/2 \quad \text{für die optimale Rundung.} \tag{3.15}$$

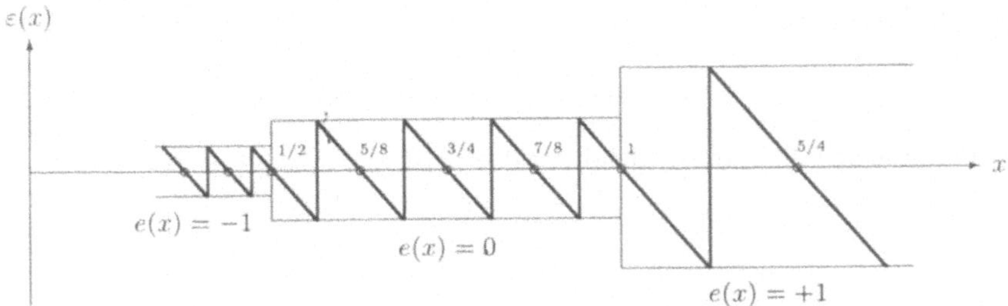

Abbildung 3.5: Absoluter Rundungsfehler bei optimaler Rundung.

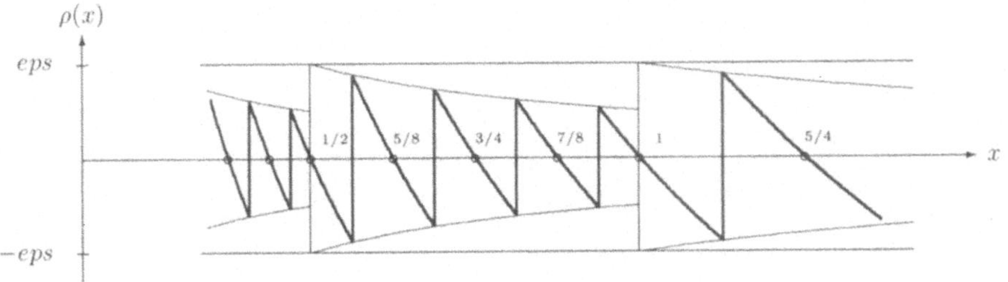

Abbildung 3.6: Relativer Rundungsfehler bei optimaler Rundung.

Mit der MATLAB-Konstanten *eps* erhält man den aktuellen Wert dieser Schranke. In MATLAB (doppelt genaue IEEE-Arithmetik) gilt die Schranke

$$eps = 2^{-52} \approx 2.22 \cdot 10^{-16},$$

die einer relativen Genauigkeit von 16 Dezimalstellen entspricht.

Eine ausführliche Darstellung der Rundungsfehlerthematik und ihrer Auswirkungen findet man in [45].

Pseudo-Arithmetik

In einer Gleitpunkt-Arithmetik gilt im allgemeinen

$$x \boxplus (y \boxplus z) \neq (x \boxplus y) \boxplus z \qquad \text{und} \qquad x \boxdot (y \boxdot z) \neq (x \boxdot y) \boxdot z.$$

Die *Assoziativität* von Addition und Multiplikation kann also von den reellen Zahlen *nicht* auf das Modell der Gleitpunktarithmetik in $\mathbb{F}$ übertragen werden. Verloren geht in $\mathbb{F}$ auch die *Distributivität* zwischen Addition und Multiplikation:

$$x \boxdot (y \boxplus z) \neq (x \boxdot y) \boxplus (x \boxdot z).$$

Dagegen bleibt wegen

$$x \boxplus y = \Box(x + y) = \Box(y + x) = y \boxplus x$$

die *Kommutativität* der Addition und ebenso der Multiplikation in $\mathbb{F}$ erhalten.

Kapitel 4

Datentypen

Datenobjekte sind *Modelle* von Größen der Erfahrungswelt, beispielsweise für Zahlen, für Texte, für Mengen oder sogar für Personen.

Ein Datenobjekt kann aus einem externen und einem internen (Teil-)Objekt bestehend gedacht werden. Das *externe Objekt* besteht aus einem oder mehreren *Bezeichnern* (*Namen*, engl. *identifiers*). Es ist das, was der Programmierer von dem Datenobjekt „sieht" und worauf er direkten Zugriff hat (z. B. durch Schreiben, d. h., Verwenden dieser Namen in einem Programm). Das *interne Objekt* ist die rechnerinterne Darstellung des Objekts, die i. allg. verborgen bleibt. Es besteht im einfachsten Fall aus einem oder mehreren Werten und einer oder mehreren *Referenzen*. Eine Referenz gibt an, *wo* die Werte des Objekts während der Programmlaufzeit im Speicher des Rechners zu finden sind, stellt also die Verbindung zwischen Namen und Wert dar (siehe Abb. 4.1).

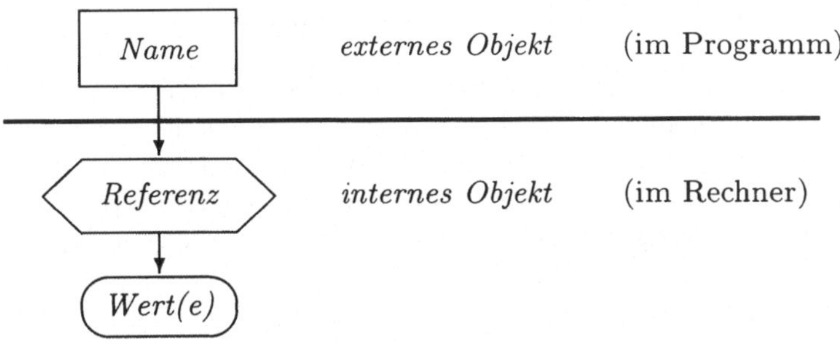

Abbildung 4.1: Modell für eine Variable.

Die Unterscheidung zwischen externem und internem Objekt ist schon deshalb notwendig, weil wegen der binären rechnerinternen Darstellung von Datenobjekten z. B. bei numerischen Variablen i. allg. der (dezimale) Wert des externen nicht mit dem (binären) Wert des internen Objekts übereinstimmt. So ist etwa der binäre Wert von 0.1_{10} ein periodischer Binärbruch $0.000\overline{1100}_2$, der in *keiner* dualen Arithmetik exakt darstellbar ist. Bei der in MATLAB verwendeten 53-stelligen Dualdarstellung (Gleitpunktzahlendarstellung durch 8 Bytes) unterscheidet sich z. B. der *Wert* von 0.1 (das interne Objekt) vom externen Objekt 0.1 um einen Differenzbetrag der Größenordnung 10^{-16}. Ob das interne Objekt größer oder kleiner als 0.1 ist, hängt von den speziellen Rundungsmechanismen ab.

Als *Variable* bezeichnet man Datenobjekte, deren Wert während des Programmablaufes verändert werden kann.[1] Variable können in MATLAB keinen unveränderbaren Wert erhalten.

Wenn im folgenden von Variablen die Rede ist, so sind – sofern nichts anderes gesagt wird – sowohl *Skalarvariablen*, deren Wert *ein* Skalar ist, als auch *Feldvariablen* (vgl. Abschnitt 4.2) gemeint. MATLAB selbst trifft eine solche Unterscheidung grundsätzlich nicht. Dieser Sprachgebrauch trägt der bemerkenswerten Eigenschaft von MATLAB Rechnung, daß auch eine Skalarvariable als 1×1-Matrix interpretiert wird. Auf diese Weise sind für viele Operationen sowohl Skalare als auch Felder ohne Notationsunterschiede als Operanden zulässig.

Speichert eine Variable ein Feld (z.B. einen eindimensionalen Vektor oder eine Matrix), so wird mit dem Variablennamen das gesamte Feld adressiert. Mit speziellen Selektionsausdrücken, die dem Variablennamen nachgestellt werden, kann auf einzelne Komponenten oder Teilfelder zugegriffen werden.

4.1 Das Konzept des Datentyps

Interne Objekte werden als Bitmuster kodiert. In Maschinen- und Assemblersprachen werden Objekte auch lediglich auf dieser niedrigen Ebene betrachtet und manipuliert; die einzigen Datenobjekte, die auf Maschinenebene zur Verfügung stehen, sind Zahlen und Zeichen. Daher kann von der angestrebten Anpassung an gegebene Problemstellungen durch Modellierung von Objekten der Wirklichkeit nur sehr eingeschränkt die Rede sein.

Viele höhere Programmiersprachen stellen daher mehrere *vordefinierte Datentypen* (*intrinsic data types*) zur Verfügung, denen die einzelnen Datenobjekte zugeordnet werden. In den meisten imperativen Programmiersprachen (wie Fortran, C oder Pascal) geschieht diese Zuordnung für benannte Datenobjekte durch Anweisungen, die *Vereinbarungen* (*Deklarationen*) genannt werden. MATLAB je-

---

[1] Eine *mathematische* Variable ist ein Zeichen für ein beliebiges – aber *festes* – Element aus einer vorgegebenen Menge. Der *informatische* (dynamische) Begriff der Variablen mit der damit verbundenen zeitlichen Veränderbarkeit des Werts hat in der Mathematik kein Gegenstück.

doch verwendet das Konzept der *impliziten Typdeklaration*. Durch die Zuweisung eines Wertes an eine Variable wird deren Typ implizit bestimmt. Weist man einer existierenden Variablen eines bestimmten Typs einen Wert anderen Typs zu, so wird der Typ der Variablen dynamisch angepaßt (also gegebenenfalls verändert). Ein und dieselbe Variable kann also nacheinander etwa einen Skalar, einen Vektor und eine Zeichenkette speichern. Existiert eine Variable vor einer Zuweisung noch nicht, so wird sie dynamisch erzeugt und ihr Typ über die Wertzuweisung ermittelt.

Meist modellieren die vordefinierten Datentypen Zahlen, Zeichen oder Wahrheitswerte der Booleschen Logik. Der Datentyp eines Objekts legt dessen interne Repräsentation und deren Interpretation fest und weist ihm bestimmte Eigenschaften zu. Zu einem Datentyp gehören (1) ein *Name*, der den Datentyp charakterisiert; (2) ein *Wertebereich* (eine Menge von Objekten); (3) eine *Notation für Konstante* dieses Typs – das impliziert, daß der Typ von Konstanten (*Literalen*) durch ihre Schreibweise eindeutig festgelegt ist – und (4) eine Menge von *Operationen und Relationen* für Objekte dieses Typs.

Von Objekten eines Datentyps, der eine bestimmte Zahlenmenge modelliert, wird man z. B. erwarten, daß sie den arithmetischen Gesetzen gehorchen und daß Literale dieses Datentyps auch optisch als solche Zahlen erkennbar sind.

Durch die Einführung von Datentypen wird eine bessere Anpassung an ein vorgegebenes Problem erreicht. So kann man beispielsweise den Namen einer Person dem Datentyp zuordnen, der Zeichenketten repräsentiert, den Umfang eines Kreises hingegen jenem, der die reellen Zahlen modelliert. Datentypen ermöglichen es dem Programmierer, auf einer höheren Abstraktionsebene zu arbeiten.

Für viele Problemstellungen reichen die elementaren Objekte der in MATLAB vordefinierten Datentypen nicht aus: Komplexere Strukturen wie z. B. die Menge der homogenen Koordinaten (die vor allem in der grafischen Datenverarbeitung Anwendung finden), geometrische Objekte oder Einträge in einer bibliographischen Datenbank mit Autor, Buchtitel, Verlag und Erscheinungsjahr sind durch sie nur mit größerem Programmieraufwand modellierbar. Deswegen ist es möglich, Datenobjekte zu größeren Strukturen (z. B. Felder und Records) zusammenzusetzen (siehe Abschnitte 4.2 und 4.3.7).

4.2 Felder

Unter einem Feld (*array*) versteht man einen Verbund von Variablen gleichen Datentyps. Man spricht daher auch davon, daß das Feld selbst vom gleichen Typ ist wie seine Komponenten. Die einzelnen *Komponenten* (*Elemente*) eines Feldes werden mit Hilfe eines *Index* identifiziert. Als Indexmenge wird ein Unterbereich (eine lückenlose Folge) oder ein kartesisches Produkt von Unterbereichen eines ganzzahligen Datentyps benutzt.

Besteht die Indexmenge nur aus *einem* Unterbereich

$$[1, ogr] \subset \mathbb{Z},$$

so wird das Feld als *eindimensional* oder als *Vektor* bezeichnet.[2] Ein eindimensionales Feld ist eine Folge der Länge ogr

$$v_1, v_2, \ldots, v_{ogr-1}, v_{ogr}.$$

Ist die Indexmenge das kartesische Produkt

$$[1, ogr_1] \times [1, ogr_2] \times \cdots \times [1, ogr_n],$$

so heißt das Feld *n-dimensional*. Zweidimensionale Felder können in Matrixform notiert werden:

$$\begin{pmatrix} a_{1,1} & a_{1,2} & \cdots & a_{1,ogr_2} \\ \vdots & \vdots & & \vdots \\ a_{ogr_1,1} & a_{ogr_1,2} & \cdots & a_{ogr_1,ogr_2} \end{pmatrix}.$$

In MATLAB werden Felder mit *eckigen Klammern* spezifiziert; die einzelnen Elemente einer Matrixzeile werden mit Leerzeichen und die Matrixzeilen selbst mit Strichpunkten getrennt:

$$[a_{1,1} \cdots a_{1,ogr_2}; \quad a_{2,1} \cdots a_{2,ogr_2}; \quad \ldots; \quad a_{ogr_1,1} \cdots a_{ogr_1,ogr_2}]$$

Die *Form (shape)* eines Feldes ist bestimmt durch die Anzahl seiner Dimensionen und die Anzahl der Elemente in den einzelnen Dimensionen (*Ausdehnung*, engl. *extent*).[3] Die *Größe (size)* eines Feldes ist die Gesamtzahl seiner Elemente, also gleich dem Produkt aller Ausdehnungen. Die Komponenten eines Feldes werden als *Elemente* bezeichnet. Feldelemente sind *Skalare* gleichen Typs.

In MATLAB muß die Form eines Feldes während des Programmablaufes nicht konstant bleiben. *Felder können dynamisch vergrößert oder verkleinert werden.* Ebenso kann die Dimension mehrdimensionaler Felder verändert werden. Diese von MATLAB verwendete dynamische Speichertechnik ist zwar sehr bequem zu handhaben, führt aber zu unvermeidbaren Laufzeitineffizienzen. Bei laufzeitkritischen Programmen sollte man daher auf compilierte Sprachen (z.B. C oder Fortran) zurückgreifen. Es existieren auch bereits Cross-Compiler, die MATLAB-Programme in C-Code konvertieren. Bei Lizensierung zusätzlicher Funktionsbibliotheken, die den MATLAB-Kernel implementieren, können dadurch MATLAB-Programme auch direkt in ausführbaren Maschinencode übersetzt werden; die Performance des MATLAB-Programms wird dadurch im allgemeinen erhöht.

---

[2] In MATLAB gilt für die Untergrenze der Indexmenge immer $ugr = 1$.

[3] Die Form eines Feldes ist in MATLAB (wie auch z.B. in Fortran oder C) nicht Bestandteil des Datentyps (im Gegensatz zu Pascal).

In MATLAB gibt es neben dem „klassischen" Feldbegriff auch sogenannte *cell arrays*; diese sind Datencontainer, die mehrere Datenobjekte, die verschiedene Typen haben können, speichern und die ebenso wie Felder durch eine Indexmenge indiziert werden (siehe Abschnitt 4.3.6).

4.3   Vordefinierte Datentypen in MATLAB

In MATLAB gibt es eine Reihe vordefinierter Datentypen: `double`, `int8`, `uint8`, `int16`, `uint16`, `int32`, `uint32`, `single`, `char`, `logical`, `cell` und `struct`. Mit jedem dieser Datentypen können prinzipiell ein- und mehrdimensionale Felder gebildet werden. Zudem besteht in MATLAB die Möglichkeit, neue Datentypen selbst zu definieren (siehe Kapitel 8).

Daten für Berechnungen: Von herausragender Bedeutung sind in MATLAB nur die Datentypen `double` und `char`, da alle numerischen Berechnungen intern in doppelt genauer Gleitpunkt-Arithmetik ausgeführt und alle Zeichenketten in `char`-Variablen gespeichert werden. Der Typ `sparse` dient zur kompakten Speicherung und effizienten Bearbeitung schwach besetzter Matrizen.

Datenspeicherung: Auf den Datentypen der Speicher-Kategorie (`int8`, `uint8`, `int16`, `uint16`, `int32`, `uint32` und `single`) sind standardmäßig keine mathematischen Operationen definiert, sie dienen lediglich zur effizienten Repräsentation numerischer Datenobjekte.

4.3.1   Der Datentyp DOUBLE

Verwendung: Der Datentyp `double` dient zur Speicherung ein- oder mehrdimensionaler Felder (oder von Skalaren, die intern auch als Spezialfälle von Feldern behandelt werden), deren Elemente aus reellen oder komplexen Zahlen bestehen. Es gibt also – im Gegensatz zu verschiedenen Programmiersprachen (z. B. Fortran) – *keinen* eigenen Datentyp für komplexe Zahlen.

Wertebereich: Der Datentyp `double` bildet eine Teilmenge der reellen oder komplexen Zahlen nach. Er hat wie diese einen Real- und optional einen Imaginärteil. Jeder Teil ist in Form einer *Gleitpunktzahl* gespeichert (siehe Kapitel 3).

Intern unterscheidet MATLAB zwischen reellen und komplexen Zahlen, um den benötigten Speicherplatz nicht unnötig zu erhöhen; diese Unterscheidung ist jedoch für den Benutzer nicht sichtbar.

Darstellung von Literalen: Skalargrößen werden als Summe eines Realteils und (optional[4]) eines Imaginärteils angegeben:

$$\textit{realteil} \quad \langle \pm \ \textit{imaginärteil} \ \text{i} \rangle$$

Die komplexe Einheit $\sqrt{-1}$ wird über die Symbole i oder j codiert. Die (reellen) Größen *realteil* und *imaginärteil* können auf zwei Arten geschrieben werden: Die erste Schreibweise entspricht der üblichen Dezimaldarstellung rationaler Zahlen; sie besteht aus zwei durch einen Dezimal*punkt* getrennten Ziffernfolgen, von denen eine fehlen kann. Die Dezimalzahl kann mit einem Vorzeichen versehen werden.

$$\langle \pm \rangle \ \langle \textit{ziff\_folge} \rangle \, . \ \textit{ziff\_folge} \tag{4.1}$$

$$\langle \pm \rangle \ \textit{ziff\_folge} \ \langle . \ \textit{ziff\_folge} \rangle \tag{4.2}$$

Die zweite Darstellungsart hat zusätzlich zu dieser Dezimalzahl – der *Mantisse* – einen Exponententeil, der aus dem Exponentenbuchstaben e oder E, einem fakultativen Vorzeichen und einer ganzzahligen Ziffernfolge besteht:

$$\textit{dezzahl} \ \text{e} \ \langle \pm \rangle \ \textit{ziff\_folge} \ \Longleftrightarrow \ \textit{dezzahl} \times 10^{\langle \pm \rangle \textit{ziff\_folge}}$$

Dabei steht *dezzahl* für eine Gleitpunktzahl der Form (4.1) oder (4.2). Zusätzlich gibt es die Konstanten *Inf* und *inf* zur Symbolisierung von Unendlich (∞) sowie *NaN* und *nan* für „not a number" (z.B. das Ergebnis von 0/0).

Eindimensionale Felder (Vektoren) werden als in eckige Klammern gesetzte und durch Leerzeichen (oder durch Beistriche) getrennte Listen skalarer **double**-Ausdrücke spezifiziert:

$$[\textit{zahl}_1 \quad \textit{zahl}_2 \quad \ldots \quad \textit{zahl}_n]$$

Zweidimensionale Felder (Matrizen) werden ähnlich angegeben. Dabei werden die (skalaren) Elemente, die in einer Zeile stehen sollen, durch Leerzeichen (oder durch Beistriche) getrennt; die einzelnen Zeilen werden durch Strichpunkte getrennt:

$$[\textit{zahl}_{1,1} \ \ldots \ \textit{zahl}_{1,n}; \quad \textit{zahl}_{2,1} \ \ldots \ \textit{zahl}_{2,n}; \quad \ldots \ ; \quad \textit{zahl}_{m,1} \ \ldots \ \textit{zahl}_{m,n}]$$

Mehrdimensionale Felder müssen durch Verkettung von zwei- oder eindimensionalen Feldern spezifiziert werden; es gibt keine eigene Schreibweise für Literale drei- und höherdimensionaler Felder (siehe Abschnitt 5.2.1).

Weiters gibt es auch das „leere Feld" [] mit der Dimension null.

---

[4]Im folgenden wird die Notation $\langle \cdot \rangle$ zur Symbolisierung optionaler Befehlsteile verwendet.

MATLAB-Beispiel 4.1

Die nebenstehenden Zeichenfolgen sind gültige **double**-Literale,
wobei in den letzten beiden Zeichenfolgen eine 3×2-Matrix und
ein dreielementiger Zeilenvektor
generiert werden.

```
1.852e6
1e-6
.9863564
88763 + 6612.4i
[377 62.3; 347 9.90; -.9 -6.2]
[1 2 3]
```

4.3.2 Der Datentyp LOGICAL

Verwendung: Der Datentyp `logical` dient der Speicherung von ein- oder mehr-
dimensionalen Feldern boolescher Variablen (d. h., Variablen, die nur die
Werte TRUE oder FALSE annehmen können). Analog zu **double** wird ein
Skalar als 1×1-Array interpretiert. Dabei wird TRUE mit der Zahl 1 und
FALSE mit der Zahl 0 codiert.

Wertebereich: Logische Variablen können nur zwei Werte annehmen: TRUE (1)
oder FALSE (0).

Darstellung von Literalen: Es gibt keine spezielle Schreibweise für Literale.
Logische Variable können entweder über die Funktionen *true* bzw. *false*,
durch Konversion von **double**-Variablen oder durch einen Vergleichsoperator erzeugt werden.

MATLAB-Beispiel 4.2

Logische $n \times m$-Felder, die den
Wert TRUE enthalten, können
durch *true(n,m)* produziert werden. Analog liefert *false(n,m)*
ein $n \times m$-Feld mit dem Wert
FALSE.
Eine **double**-Variable kann
durch **logical** in eine logische
Variable konvertiert werden.
Dabei wird jeder Eintrag ungleich null als logisch TRUE
angesehen.

```
>> true(2,3)
ans =
   1   1   1
   1   1   1

>> a = [1 0 0 1];
>> b = logical(a)
b =
   1   0   0   1
>> whos b
   Name    Size    Bytes    Class
   b       1x4     4        logical array
```

Eine logische Variable kann auch   `>> a = (sin(pi/2) < 0)`
über einen Vergleichsoperator   `a =`
erzeugt werden.   `0`

4.3.3   Die Speicher-Datentypen

Die Datentypen `int8`, `uint8`, `int16`, `uint16`, `int32` und `uint32` dienen in erster Linie der effizienten Speicherung ganzzahliger Werte, wie sie etwa in der Bildverarbeitung auftreten (siehe Tabelle 4.1). Der Datentyp `single` dient der Speicherung einfach genauer Gleitpunktzahlen.

Datentyp	Anzahl Bits	Wertebereich
int8	8	$-128, -127, \ldots, 127$
uint8	8	$0, 1, \ldots, 255$
int16	16	$-32\,768, -32\,767, \ldots, 32\,767$
uint16	16	$0, 1, \ldots, 65\,535$
int32	32	$-2\,147\,483\,648, \ldots, 2\,147\,483\,647$
uint32	32	$0, 1, \ldots, 4\,294\,967\,295$

Tabelle 4.1: Wertebereiche der (ganzzahligen) Speicher-Datentypen

Variablen vom Typ `int8`, `uint8`, `int16`, `uint16`, `int32`, `uint32` und `single` können ausschließlich durch Konversion von `double`-Variablen mittels der entsprechenden Befehle *int8*, *uint8*, *int16*, *uint16*, *int32*, *uint32* oder *single* erzeugt werden. Um Daten des Typs `int8`, `uint8`, `int16`, `uint16`, `int32`, `uint32` oder `single` verarbeiten zu können, müssen sie zuerst wieder in den Datentyp `double` mit Hilfe des Befehls *double* konvertiert werden. Es gibt weder Operationen noch Relationen, die auf diesen Datentypen definiert sind, noch eine eigene Schreibweise für Literale. Der Einsatzbereich dieser Datentypen ist daher sehr begrenzt.

4.3.4   Schwach besetzte Matrizen

Schwach besetzte Matrizen vom Datentyp `double` oder `logical` können in MATLAB effizient gespeichert werden; dabei werden nur alle Nichtnullelemente im Speicher abgelegt. Schwach besetzte Matrizen können etwa über den Befehl *sparse* erzeugt werden (siehe Abschnitt 5.6). MATLAB wendet auf schwach besetzte Matrizen speziell optimierte Algorithmen an. Die Speicherung einer schwach besetzten Matrix ist für den Benutzer „transparent", d. h., es können auf schwach besetzte Matrizen (ohne Notationsunterschied) alle Befehle angewendet werden, die auch auf (voll besetzte) Matrizen anwendbar sind.

4.3.5   Der Datentyp CHAR

Verwendung: Der Datentyp `char` dient zur Speicherung ein- oder mehrdimensionaler Felder von (ASCII-)Zeichen.

Wertebereich: Eine Zeichenkette ist eine Folge einzelner Schriftzeichen, die links beginnend mit 1, 2, 3, ..., n numeriert werden. Die Anzahl n der Zeichen heißt die *Länge* der Zeichenkette; sie ist größer oder gleich null.

Darstellung von Literalen: Zeichenketten müssen von begrenzenden Zeichen (*Begrenzern*, engl. *delimiters*) eingefaßt werden, um die Möglichkeit zu schaffen, auch signifikante Leerzeichen in Zeichenketten verwenden zu können. In MATLAB wird dazu das Hochkomma (') verwendet. Gelegentlich ist es notwendig, daß das als Begrenzer verwendete Zeichen (') innerhalb einer Zeichenkette vorkommt. In diesem Fall kann man zwei solcher Zeichen direkt hintereinanderschreiben. MATLAB interpretiert zwei Vorkommnisse dieses Zeichens als eines.

Ähnlich wie der Datentyp `double` ist auch `char` fähig, *Felder* von ASCII-Zeichen zu bilden. Ein- oder mehrdimensionale Felder von Zeichen werden analog zu (ein- oder mehrdimensionalen) `double`-Feldern spezifiziert:

$$[string_1 \quad string_2 \quad \ldots \quad string_n]$$

$$[string_{1,1} \quad \ldots \quad string_{1,n}; \quad string_{2,1} \quad \ldots \quad string_{2,n}; \quad \ldots \; ;$$
$$string_{m,1} \quad \ldots \quad string_{m,n}]$$

Dabei steht $string_{i,j}$ für eine Zeichenkette (d. h., eine in Hochkommas eingeschlossene Folge von ASCII-Zeichen). Die Zeichenketten, die in einer Zeile stehen, werden zu einer langen Zeichenkette zusammengefaßt; die so konstruierten Zeilen müssen alle die gleiche Länge aufweisen. Felder von Zeichenketten sind daher unhandlich; man sollte eher `cell`-Objekte benutzen.

MATLAB-Beispiel 4.3

Die nebenstehenden Zeichenfolgen sind gültige `char`-Literale.

Die nebenstehenden zwei Zeilen

```
'Loesungen von x**4 + y**4 = z**4'
'!%$&/()=?*'
''
```

liefern einen leeren String und einen String, der nur aus einem Leerzeichen besteht.

Soll das Begrenzungszeichen ' in einem String (hier z. B. `y' = f(t,y)`) vorkommen, so muß es wiederholt werden.

```
' '

'y'' = f(t,y)'
```

4.3.6 Der Datentyp CELL

Verwendung: Der Datentyp `cell` (oder *cell array*) ähnelt einem Feld; er besteht aus einzelnen Objekten (Komponenten), die wie bei Feldern durch eine Indexmenge identifiziert werden; die einzelnen Komponenten müssen jedoch *nicht notwendigerweise denselben Typ* besitzen.

Wertebereich: Der Wertebereich von `cell` ist das kartesische Produkt der Wertebereiche seiner Komponenten.

Darstellung von Literalen: Sei im folgenden *komponente* ein Literal eines beliebigen Datentyps (d. h., *komponente* kann selbst wieder ein Objekt vom Typ `cell` sein) oder ein gültiger MATLAB-Ausdruck beliebigen Typs. Ein eindimensionales Objekt vom Typ `cell` wird analog zu einem Feld aufgebaut. Die Elemente werden in geschwungene Klammern eingeschlossen:

$$\{komponente_1 \quad komponente_2 \quad \ldots \quad komponente_n\}$$

Zweidimensionale Objekte vom Typ `cell` können in der Form

$$\{komponente_{1,1} \quad komponente_{1,2} \quad \ldots \quad komponente_{1,n};$$
$$komponente_{2,1} \quad komponente_{2,2} \quad \ldots \quad komponente_{2,n};$$
$$\ldots \; ;$$
$$komponente_{m,1} \quad komponente_{m,2} \quad \ldots \quad komponente_{m,n}\}$$

konstruiert werden. Drei- oder mehrdimensionale Objekte des Typs `cell` werden nur durch Verkettung von ein- oder zweidimensionalen Objekten erzeugt (siehe Abschnitt 5.2.1).

MATLAB-Beispiel 4.4

Die nebenstehenden Codezeilen erzeugen drei Objekte vom Typ `cell`.

```
{[1.0 7.0] 3.0 'rot'}
{'Name' 'Titel' {'Name' 'Gruppe'}}
{10.0}
```

4.3.7   Der Datentyp STRUCT

Strukturen (Records) sind Datenverbunde einer vom Programmierer festzulegenden Anzahl von *Komponenten* (*components*, *fields*), welche – im Unterschied zu Feldern – verschiedenen Datentypen angehören können und denen – im Gegensatz zu Objekten vom Typ `cell` – ein eindeutiger *Name* zugeordnet wird. Jede Komponente wird ausschließlich über den ihr zugeordneten Namen angesprochen.

Als Datentypen für Strukturkomponenten kommen alle in MATLAB zulässigen Datentypen in Frage, d. h., einzelne Komponenten können wiederum Records, Objekte vom Typ `cell` oder Matrizen sein. Der Wertebereich eines `struct`-Objektes ist das kartesische Produkt der Wertebereiche der einzelnen Komponenten.

MATLAB verfolgt das Konzept der *dynamischen* Strukturen, d. h., die Struktur von `struct`-Objekten wird nicht explizit definiert. Durch Wertzuweisungen an Strukturkomponenten, die zur Zeit der Wertzuweisung nicht existieren, werden neue Strukturkomponenten erstellt.

Der Datentyp `struct` kann also verwendet werden, um Datenobjekte verschiedenen Typs zu kapseln. Diese Datenobjekte kann man dann als Einheit unter ihrem Namen ansprechen. Man kann aber auch ihre Komponenten einzeln manipulieren; diese Zugriffsart nennt man *Selektion*. Falls ein Record weitere Records als Komponenten enthält, kann diese Selektion über mehrere Ebenen reichen. Näheres über Records enthält der Abschnitt 5.2.2.

MATLAB-Beispiel 4.5

Durch die nebenstehenden Anweisungen werden neue Komponenten *radius*, *mittelpunkt* und *farbe* einer Struktur *kreis* definiert.

```
kreis.radius = 9.0;
kreis.mittelpunkt = [2.0 -0.1];
kreis.farbe = 'rot';
```

Durch eine nochmalige Wertzuweisung auf eine bereits definierte Komponente wird deren Inhalt geändert.

```
kreis.radius = 10.0;
```

Durch die Vergabe von Namen an die einzelnen Komponenten einer Struktur kommt die semantische Bedeutung der einzelnen Strukturkomponenten besser zum Ausdruck als durch die Verwendung von Objekten des Typs `cell`. Diese besser verständliche Strukturierung hat aber den Nachteil, daß man die einzelnen Datenobjekte einer Struktur nicht in Schleifen bearbeiten kann, da alle Strukturkomponenten ausschließlich über ihren Namen angesprochen werden.

MATLAB ermöglicht ab der Version 6.5 auch die dynamische Referenzierung von Komponenten. Dabei kann der Komponentenname in einer Selektion erst zur Laufzeit bestimmt werden (und muß daher nicht zum Zeitpunkt der Compilation feststehen); siehe Abschnitt 5.2.2.

4.4 Selbstdefinierte Datentypen

Jeder MATLAB-Benutzer kann auch eigene Datentypen definieren. Auf diese Möglichkeit, MATLAB mittels *Klassen* um neue Funktionalität zu erweitern, wird in Kapitel 8 näher eingegangen.

Kapitel 5

Vereinbarung und Belegung von Datenobjekten

Das vorige Kapitel hat gezeigt, was Datenobjekte sind und welche Datentypen in MATLAB zur Verfügung stehen. In diesem Kapitel wird erläutert, wie Datenobjekte eines bestimmten Typs erzeugt und in MATLAB-Programmen verwendet werden können.

5.1   Namen

Jedem Datenobjekt muß ein eindeutiger Name zugeordnet werden, unter dem es im weiteren Programmablauf angesprochen werden kann. Dieser Name muß mit einem Buchstaben beginnen und darf aus maximal 31 Buchstaben (ohne Umlaute), Zahlen und Unterstrichen bestehen. Ist ein Name länger, so sind nur die ersten 31 Stellen signifikant. Groß- und Kleinschreibung wird unterschieden.

MATLAB-Beispiel 5.1

Die nebenstehenden Namen sind gültige Variablennamen (dabei sind A und a verschiedene Variablen) ...

```
Determinante_von_A
A
a
```

... während diese Namen unzulässig sind (MATLAB gibt bei deren Verwendung eine Fehlermeldung aus).

```
3_D
quantil_0.05
wurzelaus-1
überbestimmt
```

5.2   Vereinbarungen (Deklarationen)

In MATLAB werden Variablen vor deren Verwendung *nicht* durch spezielle Anweisungen (*Vereinbarungen*) definiert. Durch die erste Zuweisung eines (skalaren oder feldartigen) Wertes an eine Variable wird ein entsprechend großer Speicherblock im Hauptspeicher allokiert und der angegebene Wert unter dem festgelegten Namen gespeichert. Der Typ der neu entstandenen Variablen wird implizit über den zugewiesenen Wert bestimmt.

Die Vereinbarung eines Datenobjekts geschieht daher durch eine Wertzuweisung, d. h., durch eine Anweisung der Form

$$variablenname = ausdruck$$

Dabei wird der *ausdruck* ausgewertet und sein Wert einer Variablen zugewiesen, die unter *variablenname* ansprechbar sein soll.

MATLAB-Beispiel 5.2

Mit diesem Codefragment werden drei Datenobjekte angelegt: zwei **double**-Variablen *a* und *b* sowie ein Objekt *kreis* vom Typ **cell**.

```
a = 7;
b = [1 4 7; 3 4 2];
kreis = {1.0 [0.6 1.2] 'rot'};
```

Die Gesamtheit aller zu einem Zeitpunkt definierten (und durch Anweisungen ansprechbaren) Variablen heißt *Workspace*. Während der Ausführung von MATLAB-Programmen wird der Workspace im allgemeinen vergrößert werden, indem durch Wertzuweisungen neue Variablen vereinbart werden. Ein Workspace bleibt üblicherweise – sofern er nicht manuell gelöscht wird – bis zum Ende des aktuellen *Geltungsbereiches* (siehe Abschnitt 7.6) erhalten, d. h., entweder bis MATLAB oder das aktuelle Unterprogramm beendet wird. Mit dem MATLAB-Befehl

```
clear variable
```

kann jedoch eine Variable vorzeitig aus dem Workspace entfernt werden. Wird dem *clear*-Befehl kein Parameter übergeben, so werden *alle* Variablen des aktuellen Workspace gelöscht.

Die Definition von Variablen „on demand" ist zwar äußerst praktisch, birgt jedoch die Gefahr der Unübersichtlichkeit in sich. Generell gilt: Einer Variablen muß ein Wert zugewiesen werden, bevor sie in einem Ausdruck verwendet werden darf. Vergißt man diese implizite Vereinbarung einer Variablen, so gibt MATLAB eine Fehlermeldung aus. Um solchen Fehlern vorzubeugen, kann man sich mit den Befehlen *who* und *whos* den Inhalt des Workspace anzeigen lassen; dabei liefert *whos* detailliertere Informationen bezüglich des Datentyps.

MATLAB-Beispiel 5.3

Nach der obigen Vereinbarung enthält der Workspace die Variablen *a*, *b* und *kreis*.

whos liefert zusätzliche Informationen über diese Variablen. Man beachte, daß der Skalar *a* als 1×1-Matrix betrachtet wird.

```
>> who
Your variables are:
a  b  kreis
>> whos
  Name   Size   Bytes   Class
  a      1x1        8    double array
  b      2x3       48    double array
  kreis  3x1      419    cell array
```

Den Inhalt des Workspace kann man auch interaktiv verändern. Klickt man im „Launch Pad" oder im MATLAB-Startmenü auf „MATLAB" und danach auf „Workspace", so öffnet MATLAB den „Workspace-Browser" (siehe Abb. 5.1), der die Modifikation des Workspace erlaubt.

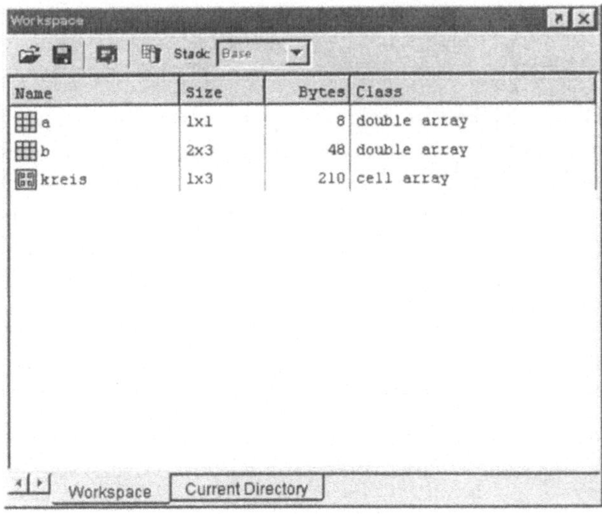

Abbildung 5.1: Workspace-Browser.

Um eine Variable zu ändern oder zu löschen, muß man sie erst durch Anklicken markieren. Mit dem dritten und vierten Symbol der Symbolleiste lassen sich markierte Variable verändern oder löschen. Bei einem Feld kann man etwa im „Array Editor" die Dimension und den Inhalt interaktiv verändern.

Wurde eine Variable vereinbart, so kann deren Wert mittels weiterer Wertzuweisungen (*variable = ausdruck*) verändert werden. Dabei besteht kein syntaktischer Unterschied zwischen einer „normalen" Wertzuweisung und einer Vereinbarung. Wird einer Variablen, die bereits vereinbart und der bereits ein Typ zugeordnet wurde, ein Wert zugewiesen, der einen anderen Typ besitzt, so wird die Wertzuweisung als neuerliche Vereinbarung betrachtet. Hierfür wird das bestehende Datenobjekt zuerst aus dem Workspace entfernt und danach unter dem gleichen Namen ein neues angelegt, das jedoch einen anderen Typ besitzt. Unter ein und demselben Namen kann daher nacheinander z. B. eine `double`-Matrix, eine Zeichenkette und ein Objekt vom Typ `cell` gespeichert werden.

MATLAB-Beispiel 5.4

Der Variablen *a* werden nacheinander eine `double`-Matrix und ein Vektor, ...

```
>> a = [1 6; 5 6; 9 1];
>> a = [1 4 78];
```

... eine Zeichenkette und ein `cell`-Objekt zugewiesen. MATLAB ändert bei jeder Zuweisung den Typ von *a* dynamisch.

```
>> a = 'ein String';
>> a = {121 "string" [12 4]};
```

Soll in einem Datenobjekt ein Feld gespeichert werden, so wird dessen Größe ebenfalls implizit über die Wertzuweisung bestimmt. Analog zur dynamischen Typumwandlung kann ein Feld in seiner Dimension und Größe während des Programmablaufes verändert werden. Durch eine neue Zuweisung wird von MATLAB ein entsprechend großer Speicherbereich reserviert und die Form des Feldes adaptiert. Alle diese Aktionen geschehen automatisch, d. h., ohne für den Benutzer in Erscheinung zu treten.

5.2.1 Mehrdimensionale Felder

Durch Zusammenfassen mehrerer ein- oder zweidimensionaler Felder ist es möglich, höherdimensionale Strukturen aufzubauen. Dies geschieht durch den *cat*-Befehl.

Ein dreidimensionales Feld besteht aus mehreren „Seiten", d. h. zweidimensionalen Feldern der gleichen Größe. Durch den Befehl *cat* können k solcher $n \times m$-Seiten zu einer dreidimensionalen $n \times m \times k$-Struktur zusammengesetzt werden. Dabei erwartet *cat* als ersten Parameter die Angabe einer Dimension, entlang der MATLAB die Felder zusammenhängen soll. Um eine dreidimensionale Struktur zu generieren, muß der Wert 3 übergeben werden. (Gibt man hier 1 oder 2 an, so generiert MATLAB ein zweidimensionales Feld; dabei werden die angegebenen Felder zu einem $kn \times m$- oder $n \times km$-Feld zusammengesetzt).

MATLAB-Beispiel 5.5

Das nebenstehende Codefragment erzeugt ein dreidimensionales Feld der Größe $3 \times 3 \times 2$ durch das Zusammensetzen von zwei 3×3-Seiten.

```
a1 = [1 2 3; 4 5 6; 7 8 9];
a2 = [10 11 12; 13 14 15; 16 17 18];
a = cat(3,a1,a2);
```

Weiters ist es möglich, dynamisch ein zweidimensionales Feld zu einem mehrdimensionalen Feld zu erweitern, indem das Feld als Seite eines mehrdimensionalen Feldes aufgefaßt wird; das obige dreidimensionale Feld könnte auch wie folgt aufgebaut werden:

```
a = [1 2 3; 4 5 6; 7 8 9];
a(:,:,2) = [10 11 12; 13 14 15; 16 17 18];
```

Die letzte Anweisung veranlaßt MATLAB, an das bestehende Feld a eine weitere Seite anzuhängen. Die Doppelpunktnotation wird in Abschnitt 5.3.8 erläutert.

Analog können mehrere n-dimensionale Felder gleicher Größe zu einer $(n+1)$-dimensionalen Struktur durch den Befehl

$$\text{cat}\,(n+1, obj_1, obj_2, \ldots, obj_m)$$

zusammengesetzt werden. Dabei bezeichnen obj_1, obj_2, ..., obj_m n-dimensionale Felder der gleichen Größe.

Mehrdimensionale Objekte vom Typ `cell` werden ebenfalls in analoger Weise mittels *cat* erzeugt. Werden dem Befehl mehrere n-dimensionale `cell`-Objekte der gleichen Größe übergeben, so wird ein $(n+1)$-dimensionales Objekt vom Typ `cell` erzeugt.

5.2.2 Records – Der Datentyp STRUCT

Objekte des Datentyps `struct` bestehen aus einzelnen Komponenten, die nicht notwendigerweise denselben Typ besitzen und denen ein Name zugeordnet ist. In MATLAB muß die Struktur eines Records *nicht* explizit definiert werden. Durch eine Wertzuweisung an eine Komponente, die nicht existiert, wird dynamisch die Struktur um diese Komponente erweitert.

MATLAB-Beispiel 5.6

Das nebenstehende Codefragment definiert eine Struktur *punkt*, die aus vier Komponenten besteht.

```
>> punkt.xpos = 7;
>> punkt.ypos = 8;
>> punkt.farbe = 'rot';
>> punkt.marker = 'o';
```

Die Komponenten eines Struktur-Objekts lassen sich mit Hilfe des Symbols „.“ (Punkt) ansprechen, und zwar in der Form

strukturname.komponentenname

Dabei bedeutet *strukturname* den Namen einer Variablen des Typs `struct` und *komponentenname* den Namen der ausgewählten Komponente. Da eine `struct`-Variable weitere Strukturen enthalten kann, kann sich die Komponentenauswahl (*component selection*) auch über mehrere Ebenen erstrecken. In solchen Fällen enthält der Selektionsausdruck mehrere Selektoren der Form *.komponentenname*.

Wertzuweisungen an Variablen des Typs *struct* können entweder komponentenweise (wiederum durch Verwendung von Selektionsausdrücken) erfolgen, oder aber durch Zuweisung einer ganzen Struktur.

MATLAB-Beispiel 5.7

Die Struktur *punkt* enthält als Komponente *option* wiederum eine Struktur.

```
>> punkt.xpos = 7;
>> punkt.ypos = 8;
>> punkt.option.farbe = 'rot';
>> punkt.option.marker = 'o';
```

Es kann auch die *gesamte* Struktur einer neuen Variablen zugewiesen werden.

```
>> punkt2 = punkt;
```

MATLAB 6.5 erlaubt die Verwendung dynamischer Feldnamen in einer Selektion. Während in den MATLAB-Beispielen 5.6 und 5.7 die Komponentennamen der Selektion statisch (d. h., zur Compilezeit) festgelegt wurden, erlaubt die Syntax

strukturname.(expression)

die Selektion einer Komponente, deren Namen erst zur Laufzeit durch Auswertung des Ausdrucks *expression* bestimmt wird. Die *expression* muß eine Zeichenkette zurückliefern (`char`-Objekt), die einen gültigen Komponentennamen enthält.

MATLAB-Beispiel 5.8

In Abhängigkeit des Wertes von x wird entweder die Komponente *negativ* oder *positiv* der Struktur *struct* selektiert.

```
>> if x < 0 then f = 'negativ'; ...
             else f = 'positiv'; end;
>> struct.(f)
```

5.3 Belegung von Datenobjekten

Die Belegung von Datenobjekten geschieht (wie bereits erwähnt) i. allg. über eine Wertzuweisung; Vereinbarung und Belegung von Datenobjekten sind syntaktisch nicht zu unterscheiden.

5.3.1 Ausdrücke

In imperativen Programmiersprachen wie MATLAB ist die Aufgabe von Programmen die zielgerichtete Manipulation von Daten, d. h. die Veränderung und Verknüpfung der Werte von Datenobjekten durch einen der Problemstellung entsprechenden Algorithmus. Die Verknüpfung von Datenobjekten geschieht in *Ausdrücken* (*expressions*). Ausdrücke sind formelartige Verarbeitungsvorschriften, deren Ausführung einen Wert liefert. Sie bestehen aus *Operanden* (das sind Konstanten, Variablen, Funktionsaufrufe oder andere Ausdrücke), *Operatoren* und *Klammern*. Ihr Resultat (ihr Wert) kann durch eine Wertzuweisung Variablen zugewiesen oder mit anderen Werten verglichen werden etc. Der Wert eines Ausdrucks hat einen Typ sowie eine Form, d. h., er kann ein Skalar oder ein Feld sein.

MATLAB-Beispiel 5.9

Die nebenstehenden Codefragmente sind gültige MATLAB-Ausdrücke.

```
2*radius*pi
sin(phi)/sqrt(2)
'nicht singulaer'
a*(1 + cos(phi))
r*cos(phi)
```

In Ausdrücken dürfen nur *definierte Variable* verwendet werden, d. h. Variable, die bereits über eine Wertzuweisung (implizit) vereinbart wurden.

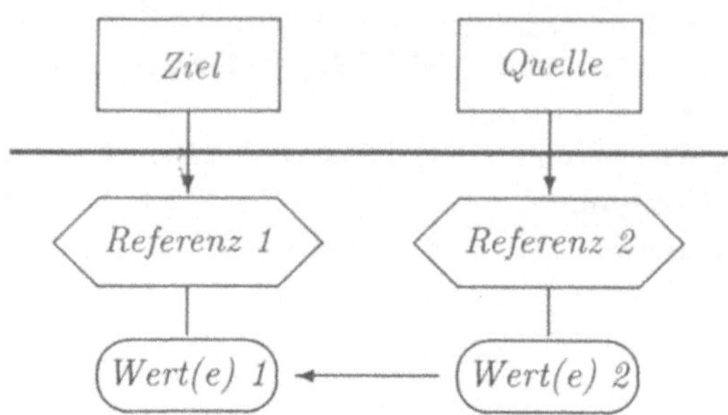

Abbildung 5.2:   Wertzuweisung

5.3.2   Wertzuweisung

Durch eine Wertzuweisung (*assignment*) wird eine Variable oder ein Teil einer
Variablen mit einem Wert belegt. Die Variable wird dadurch *definiert* oder –
wenn sie schon vorher einen gültigen Wert hatte – *redefiniert*. Die Wertzuweisung
erfolgt dadurch, daß der Wert eines (i. allg. anderen) Datenobjekts (eines Literals,
einer Variablen oder eines Ausdrucks) in den eigenen Wertebereich kopiert wird
(vgl. Abb. 5.2). Der Wert der Quelle bleibt dabei erhalten. Eine Zuweisung hat
syntaktisch die Form

$$variable = ausdruck$$

Das Gleichheitszeichen bedeutet in einer Zuweisung keineswegs mathematische
Gleichheit, sondern ist ein (Zuweisungs-)*Operator*. In einem Programm kann beispielsweise für eine numerische Variable a die – als mathematische Gleichung
sinnlose – Wertzuweisung a = a + 1 stehen. Der definierende *ausdruck* und der
links stehende Variablenname sind voneinander unabhängig. Man kann jederzeit
den Wert der Variablen durch eine neue Wertzuweisung abändern. Eine Variable,
der ein neuer Wert zugewiesen wird, kann deshalb (mit dem *alten* Wert) auch im
Ausdruck, d. h., rechts vom Zuordnungszeichen =, auftreten.

MATLAB-Beispiel 5.10

Berechnung der Summe $s = a_1 +$
$a_2 + a_3$ durch wiederholte Wertzuweisung.

```
s = a(1);
s = s + a(2);
s = s + a(3);
```

Auswertung des Polynoms
$P(x) = a_0 + a_1 x + a_2 x^2 + a_3 x^3$

```
p = a(3);
p = p*x + a(2);
```

nach dem Horner-Schema   `p = p*x + a(1);`
$P(x) = ((a_3 x + a_2)x + a_1)x + a_0.$ `p = p*x + a(0);`

Man kann sich die Wertzuweisung als einen Operator niedrigster Priorität vorstellen, der kein Ergebnis liefert. Statt dessen hat die Ausführung einer Zuweisung einen Effekt: Sie ändert den Wert einer Variablen und damit den *Zustand* eines Datenobjekts. Die Ausführung eines Programms einer imperativen Programmiersprache (wie jener von MATLAB) kann schrittweise durch die Zustandsänderungen einzelner Datenobjekte beschrieben werden.

5.3.3   Arithmetische Operatoren und Ausdrücke

Die vordefinierten Operatoren auf skalaren `double`-Ausdrücken sind in Tabelle 5.1 zusammengefaßt. Operatoren haben *Prioritäten*, die die Reihenfolge ihrer Abarbeitung bestimmen. Unter den vordefinierten numerischen Operatoren hat die Exponentiation die höchste Priorität (4); es folgen Negation (Priorität 3), Multiplikation und Division (Priorität 2) sowie mit der geringsten Priorität (1) Addition und Subtraktion.

Operator	Operation	Bedeutung	Priorität
^	`a^b`	Exponentiation: a^b	4
–	`-a`	Negation: $-a$	3
*	`a * b`	Multiplikation: ab	2
/	`a / b`	Division: a/b	2
\	`a \ b`	Division: b/a	2
+	`a + b`	Addition: $a + b$	1
–	`a - b`	Subtraktion: $a - b$	1

Tabelle 5.1: Skalare Operationen; a und b sind skalare Variablen.

Die Reihenfolge der Abarbeitung eines Ausdrucks kann durch *Klammerung* beeinflußt werden: In Klammern eingeschlossene (Teil-)Ausdrücke haben die höchste Priorität, d.h., sie werden auf jeden Fall zuerst ausgewertet. Bei verschachtelten Klammern werden die Ausdrücke im jeweils innersten Klammernpaar zuerst berechnet. Die Prioritäten sind so gewählt, daß im Normalfall möglichst wenige Klammern gesetzt werden müssen. In Zweifelsfällen oder zur Erhöhung der Lesbarkeit schadet es nie, Klammern zu verwenden, auch wenn sie eigentlich nicht notwendig sind.

MATLAB-Beispiel 5.11

Der nebenstehende Ausdruck wird als $5 \cdot 5^4 = 3125$ ausgewertet ...	`5*(2 + 3)^4`
... dieser Ausdruck jedoch als $25^4 = 390625$.	`(5*(2 + 3))^4`
Hier werden zuerst die Exponentiation und die Multiplikation ausgewertet und dann erst deren Resultate addiert.	`5*2 + 3^4`
Aufgrund der Klammerung liefern diese zwei Ausdrücke unterschiedliche Ergebnisse.	`4.1 - 3^2` `(4.1 - 3)^2`

Kommen in einem Ausdruck mehrere aufeinanderfolgende Verknüpfungen durch Operatoren mit gleicher Priorität vor, so werden sie *von links nach rechts* abgearbeitet, sofern nicht Klammern vorhanden sind, die etwas anderes vorschreiben; dies ist vor allem dann zu beachten, wenn nicht-assoziative Operatoren gleicher Priorität hintereinander folgen.

MATLAB-Beispiel 5.12

Auswertung: $((1 + 2) - 3) + 4$	`1 + 2 - 3 + 4`
Auswertung: $((1 \cdot 2) \cdot 3) \cdot 4$	`1*2*3*4`
Ist eine andere Auswertungsreihenfolge gewünscht, so müssen Klammern gesetzt werden.	`r - (s - t)` `u/(v/w)`
Auswertung: $(2^3)^4 = 4096$.	`2^3^4`
Um die Lesbarkeit des Programmes zu erhöhen, sollten auch in diesem Fall Klammern gesetzt werden.	`(2^3)^4`
Die Verwendung von überflüssigen Klammern ist zulässig.	`(3*((-1)))`

Als *Operanden* in numerischen Ausdrücken sind Literale, Variablen, Funktionsaufrufe sowie aus ihnen gebildete Ausdrücke zulässig. Jeder Operand muß einen definierten Wert besitzen und eine Verknüpfung muß im mathematischen Sinn erlaubt sein. Unzulässig ist beispielsweise eine Division durch null.

5.3.4 Konstruktion von eindimensionalen Feldern

Neben der expliziten Angabe des Feldes durch Auflistung seiner Elemente gibt es einige Befehle in MATLAB, die ein Feld einer speziellen Form konstruieren.

Arithmetische Folgen

Der Befehl

    linspace (s, e, n)

erzeugt ein eindimensionales Feld (einen Zeilenvektor) der Größe n, in dem die Differenz der benachbarten Elemente konstant ist. Das erste Element des Feldes ist s und das letzte e. Alle weiteren Elemente werden durch „lineare Interpolation" gewonnen, d. h., das j-te Element erhält den Wert

$$s + (e - s)(j - 1)/(n - 1), \quad j = 1, 2, \ldots, n.$$

Im *linspace*-Befehl wird also die Größe des gewünschten Feldes und dessen erstes und letztes Element angegeben. Mit *linspace* kann man auch Vektoren erzeugen, deren Elemente alle den gleichen Wert haben (wenn man $s = e$ wählt).

In ähnlicher Weise wird durch die „Doppelpunkt-Notation"

    $s{:}inc{:}e$

ein eindimensionales Feld erzeugt, dessen erstes Element s ist und in dem jedes Element um *inc* größer ist als sein Vorgänger (für $inc < 0$ und $e < s$ entsteht eine fallende Folge). Das Feld endet mit dem größten so konstruierbaren Element, das kleiner oder gleich e ist. Mit der „Doppelpunkt-Notation" kann man keine Felder erzeugen, deren Elemente alle den gleichen Wert haben, da $inc \neq 0$ sein muß.

Geometrische Folgen

Der Befehl

    logspace (s, e, n)

erzeugt ein Feld (einen Zeilenvektor) von n Elementen mit den Werten

$$10^{s+(e-s)(j-1)/(n-1)}, \quad j = 1, 2, \ldots, n,$$

d. h., $10^s, \ldots, 10^e$. Der Quotient benachbarter Elemente bleibt konstant.

MATLAB-Beispiel 5.13

linspace produziert ein Feld, bei dem die Differenz benachbarter Elemente konstant ist.	`>> linspace(1,9,5)`
	`ans =`
	`   1   3   5   7   9`

Auch mit der "Doppelpunkt-Notation" kann man dieses Feld erstellen.	`>> x = 1:2:9`
	`x =`
	`   1   3   5   7   9`

Mit *linspace* kann man auch Zeilenvektoren mit lauter gleichen Elementen erzeugen.	`>> y = linspace(0.1,0.1,3)`
	`y =`
	`   0.1000   0.1000   0.1000`

logspace produziert einen Vektor mit den Elementen $10^2, \ldots, 10^5$, deren Quotient konstant ist.	`>> logspace(2,5,4)`
	`ans =`
	`   100   1000   10000   100000`

Die erzeugten eindimensionalen Felder sind *Zeilen*vektoren. Mit dem *Transpositionsoperator* ' kann man aus Zeilenvektoren Spaltenvektoren generieren. Wendet man den Transpositionsoperator ' auf Vektoren mit komplexen Elementen an, so wird das Ergebnis aus den konjugiert komplexen Elementen aufgebaut. MATLAB bietet auch die Möglichkeit, einen komplexen Vektor *ohne* Bildung der konjugiert komplexen Elemente zu transponieren. Wendet man den Operator . ' (*dot transpose operator*) auf einen Vektor an, so erhält man einen transponierten Vektor, der aus den gleichen Elementen aufgebaut ist wie der ursprüngliche Vektor. Beide Operatoren können auch auf Matrizen (und höherdimensionale Felder) angewendet werden.

MATLAB-Beispiel 5.14

Mit dem Transpostionsoperator und dem Befehl *linspace* (oder mit der Doppelpunkt-Notation) kann man Spaltenvektoren produzieren.	`>> (1:2:9)'`
	`ans =`
	`   1`
	`   3`
	`   5`
	`   7`
	`   9`

Ein Nullvektor der Dimension 100 wird generiert.	`>> linspace(0,0,100)'`
	`ans =`
	`   0`
	`   ⋮`
	`   0`

Sind in dem Vektor komplexe Zahlen enthalten, so wird das Ergebnis aus den konjugiert komplexen Zahlen aufgebaut.	```
	≫ [1+i 8-i]'
	ans =
	   1 - i
	   8 + i
	``

Dieses Verhalten kann durch die Verwendung des Operators .' verhindert werden.	```
	≫ [1+i 8-i].'
	ans =
	   1 + i
	   8 - i
	``

Verbindung von Feldern

Eine weitere Möglichkeit der Konstruktion von Feldern ist die Zusammensetzung bereits bestehender Felder zu größeren Strukturen. Kommt in der Konstruktion eines Feldes ein Variablenname vor, werden die Elemente, die unter diesem Namen gespeichert sind, anstelle der Variablen eingesetzt. Es ist natürlich auch möglich, ein größeres Feld aus Teilfeldern bestehender Felder zusammenzusetzen (siehe Abschnitt 5.3.8).

MATLAB-Beispiel 5.15

Durch c = [a b 7 8 9] wird ein Feld erzeugt, bei dem anstelle von a und b alle Elemente der entsprechenden Felder eingefügt werden.	``` ≫ a = [1 2 3]; b = [4 5 6]; ≫ c = [a b 7 8 9] c = 1 2 3 4 5 6 7 8 9 ```

Zudem stellt MATLAB Befehle zur Erzeugung spezieller Matrizen zur Verfügung: Die Befehle $ones(n,m)$ und $zeros(n,m)$ generieren $n \times m$-Matrizen, deren Elemente alle 1 oder 0 sind. Die $n \times n$-Einheitsmatrix wird durch $eye(n)$ generiert.

5.3.5   Arithmetische Ausdrücke mit Feldern

Eine herausragende Eigenschaft von MATLAB ist die einfache Möglichkeit der Verarbeitung ganzer Felder durch eine einzige Anweisung. Ähnlich wie in modernen Programmiersprachen (z. B. in C++) Operatoren überladen werden können, um ohne Notationsunterschied Variablen verschiedenen Datentyps zu verarbeiten, lassen sich die meisten Operatoren und vordefinierten mathematischen Funktionen in MATLAB ohne Notationsunterschied auch auf (ein- oder mehrdimensionale) Felder anwenden. Tabelle 5.2 enthält die vordefinierten Operatoren für Vektoren (eindimensionale `double`-Felder).

Operator	Operation	Bedeutung	Priorität
.^	a .^ b	$[a_1{}^{b_1} \quad a_2{}^{b_2} \quad \ldots \quad a_n{}^{b_n}]$	3
.*	a .* b	$[a_1 \cdot b_1 \quad a_2 \cdot b_2 \quad \ldots \quad a_n \cdot b_n]$	2
./	a ./ b	$[a_1/b_1 \quad a_2/b_2 \quad \ldots \quad a_n/b_n]$	2
+	a + b	$[a_1 + b_1 \quad a_2 + b_2 \quad \ldots \quad a_n + b_n]$	1
−	a − b	$[a_1 - b_1 \quad a_2 - b_2 \quad \ldots \quad a_n - b_n]$	1

Tabelle 5.2: Vektor-Vektor-Operationen; dabei sind a und b Zeilenvektoren der Länge n, d. h., $a = [a_1 \quad a_2 \quad \ldots \quad a_n]$, $b = [b_1 \quad b_2 \quad \ldots \quad b_n]$.

Alle Operatoren, die mit einem Punkt beginnen, werden *komponentenweise* auf Felder übertragen; alle anderen Operatoren haben unter Umständen bei Feldern eine *andere Bedeutung*.

MATLAB-Beispiel 5.16

Falls a, b und c Vektoren der Länge n sind, wird durch die nebenstehende Zuweisung der Ausdruck $a_i \cdot (a_i + b_i)^{c_i}$ für $i = 1, 2, \ldots, n$ ausgewertet und das Ergebnis auf dem Vektor *resultat* abgespeichert.

```
resultat = a.*(a + b).^c
```

Durch den Einsatz von Vektoroperatoren kann auf die Verwendung von Schleifenkonstrukten (wie sie etwa in C oder Fortran notwendig wären) sehr oft verzichtet werden, was die Lesbarkeit von MATLAB-Programmen fördert.

MATLAB-Beispiel 5.17

Der Mittelwert der Elemente eines Zufalls-Spaltenvektors der Länge 100 wird berechnet.

```
>> x = rand(100,1);
>> mittel = sum(x)/length(x)
mittel =
    0.5286
```

Die Anzahl der Werte größer 1/2 wird ermittelt.

```
>> mdn = length(find(x > 0.5))
mdn =
    53
```

Alle Operatoren in Tabelle 5.2 können auch dazu verwendet werden, zweidimensionale `double`-Felder (Matrizen) gleicher Größe miteinander zu verknüpfen. Dabei werden die Operationen analog komponentenweise auf die Matrizen übertragen.

Weiters kann eine $n \times k$-Matrix mit einer $k \times m$-Matrix mit Hilfe des Operators * multipliziert werden: Es entsteht eine $n \times m$-Matrix mit den Elementen $c_{ij} = \sum_{l=1}^{k} a_{il} b_{lj}$. Man beachte den Unterschied der Operatoren * und .*; der erstere bewirkt die „normale" Matrizenmultiplikation (Abbildungsverknüpfung im Sinne der Linearen Algebra), letzterer multipliziert zwei Matrizen gleicher Form elementweise miteinander (Hadamard-Produkt).

Für die Berechnung des inneren Produktes zweier Vektoren gibt es keine eigene Operation. Ein inneres Produkt kann aber durch `x*y'`, also mit Hilfe des Transpositionsoperators und der Matrizenmultiplikation ausgedrückt werden, falls x und y Zeilenvektoren gleicher Länge sind.

MATLAB-Beispiel 5.18

Das nebenstehende Codefragment multipliziert zwei Matrizen miteinander. Man beachte, daß beide Matrizen passende Dimensionen besitzen müssen!

```
>> a = [1 2 3; 2 3 5];
>> b = [1 3; 4 5; 7 8];
>> c = a*b
c =
      30   37
      49   61
```

MATLAB stellt auch Operatoren zur Verfügung, die Vektoren und Matrizen mit Skalarausdrücken verknüpfen. In Tabelle 5.3 findet man die vordefinierten Operatoren zur komponentenweisen Verknüpfung von Feldern mit Skalaren.

MATLAB-Beispiel 5.19

Das nebenstehende Codefragment erzeugt einen Vektor d der Länge 10 mit den Elementen $d_i = 1.01^{1.5^{ab_i} + b_i c_i}$. Dabei ist a ein Skalar und b_i und c_i sind eindimensionale Felder der Länge 10.

```
>> a = 0.981;
>> b = 1:10;
>> c = linspace(1/3,2/3,10);
>> d = 1.01.^(1.5.^(a*b) + b.*c);
```

Die meisten in MATLAB vordefinierten mathematischen Funktionen (wie *sin*, *cos* etc.) lassen sich auch auf ein- oder mehrdimensionale Felder ohne Notationsun-

Operator	Operation	Bedeutung	Priorität
.^	a .^ c	$[a_1^c \quad a_2^c \quad \ldots \quad a_n^c]$	3
.^	c .^ a	$[c^{a_1} \quad c^{a_2} \quad \ldots \quad c^{a_n}]$	3
*	a * c	$[a_1 \cdot c \quad a_2 \cdot c \quad \ldots \quad a_n \cdot c]$	2
./	a ./ c	$[a_1/c \quad a_2/c \quad \ldots \quad a_n/c]$	2
./	c ./ a	$[c/a_1 \quad c/a_2 \quad \ldots \quad c/a_n]$	2
+	a + c	$[a_1 + c \quad a_2 + c \quad \ldots \quad a_n + c]$	1
−	a − c	$[a_1 - c \quad a_2 - c \quad \ldots \quad a_n - c]$	1

Tabelle 5.3: Skalar-Vektor-Operationen; dabei ist c ein Skalar und a ein Zeilenvektor der Länge n, d. h., $a = [a_1 \quad a_2 \quad \ldots \quad a_n]$.

terschied anwenden. Dabei wird die Operation komponentenweise auf die Feldelemente angewendet (siehe Kapitel 11). Eine Zusammenfassung der wichtigsten MATLAB-Funktionen für Matrizen (z. B. Berechnung von Normen, Inversen etc.) enthält Abschnitt 11.5.

MATLAB stellt eine eigene Operation zur Lösung linearer Gleichungssysteme bereit; ist A eine (reguläre) $n \times n$-Matrix und b ein Spaltenvektor der Länge n, so ermittelt `A\b` die Lösung des Gleichungssystems $Ax = b$ (siehe Abschnitt 10.1). Die Operation `A\b` kann jedoch auch auf über- und unterbestimmte Gleichungssysteme angewendet werden. Im Fall eines überbestimmten Systems ermittelt MATLAB eine Lösung des Minimierungsproblems $\|Ax - b\|_2 \to$ min. Ist das gegebene Gleichungssystem unterbestimmt (d. h., ist A eine $m \times n$-Matrix mit $m < n$), so berechnet MATLAB eine Lösung mit höchstens m von null verschiedenen Komponenten. Ist A singulär, so gibt MATLAB eine Fehlermeldung aus.

MATLAB-Beispiel 5.20

Durch die nebenstehenden Anweisungen wird das System bestehend aus den Gleichungen $x + 4y = 1$ und $4x + 2y = 3$ gelöst.

```
>> A = [1 4; 4 2]; b = [1; 3];
>> x = A\b
x =
    0.7143
    0.0714
```

Läßt man im obigen Gleichungssystem die zweite Gleichung weg, so erhält man ein unterbestimmtes System.

```
>> A = [1 4]; b = [1];
>> x = A\b
x =
    0
    0.2500
```

Fügt man jedoch als dritte Gleichung $5x + 9y = 4$ hinzu, wird das resultierende Gleichungssystem überbestimmt; MATLAB ermittelt in diesem Fall jenen Vektor, der $\|Ax - b\|_2$ minimiert.	```
	>> A = [1 4; 4 2; 5 9];
	>> b = [1; 3; 4];
	>> x = A\b
	x =
	    0.7160
	    0.0514
	``

5.3.6 Polynome

MATLAB kennt keinen speziellen Datentyp zur Speicherung von Polynomen. Polynome können jedoch als Vektoren ihrer Koeffizienten dargestellt werden. Dabei wird die Konvention verwendet, die Koeffizienten in *absteigender* Reihenfolge in einem `double`-Datenobjekt zu speichern. Das Polynom

$$a_0 + a_1 x + \cdots + a_{n-1} x^{n-1} + a_n x^n$$

wird in MATLAB somit durch

$$[a_n \quad a_{n-1} \quad \cdots \quad a_0]$$

dargestellt. MATLAB stellt keine eigenen Funktionen zur Addition und Subtraktion von Polynomen bereit. Es können jedoch die Operationen $+$ und $-$ auf die Koeffizientenvektoren angewendet werden, falls beide Polynome den gleichen Grad besitzen; andernfalls muß der kürzere Vektor mit Nullen aufgefüllt werden.

Es gibt in MATLAB eine Reihe von vordefinierten Funktionen, mit denen sich die Koeffizientenvektoren von Polynomen bearbeiten lassen: *conv* und *deconv* dienen etwa der Multiplikation und Division von Polynomen (siehe Abschnitt 11.8). Mit *polyval* kann ein Polynom an einer bestimmten Stelle ausgewertet werden. Weiters ist es in MATLAB möglich, mit *polyder* die Ableitung eines Polynoms (die ja wieder ein Polynom ist) zu erhalten; *polyder* liefert den Koeffizientenvektor des Ableitungspolynoms.

MATLAB-Beispiel 5.21

In den Variablen a und b werden die Koeffizienten der Polynome $x^2 + 1$ und $x^4 - 3$ gespeichert.	``` >> a = [1 0 1]; >> b = [1 0 0 0 -3]; ```
Die Polynome können mit Hilfe der Funktion *conv* multipliziert werden. Das Ergebnis lautet $x^6 + x^4 - 3x^2 - 3$.	``` >> conv(a,b) ans = 1 0 1 0 -3 0 -3 ```

Zur Addition muß der Koeffizientenvektor von $x^2 + 1$ durch $a_3 = 0$ und $a_4 = 0$ erweitert werden.

```
>> b + [0 0 a]
ans =
    1 0 1 0 -2
```

$polyval(a, x)$ wertet das Polynom mit dem Koeffizientenvektor a an der Stelle x (hier speziell $x = 1.5$) aus.

```
>> polyval(a, 1.5)
ans =
    3.2500
```

$polyder$ liefert die Koeffizienten der Ableitung eines Polynoms.

```
>> polyder(b);
ans =
    4 0 0 0
```

Die Nullstellen eines Polynoms können mittels *roots* ermittelt werden. MATLAB liefert dabei einen *Spalten*vektor zurück, der alle Nullstellen des Polynoms enthält. Analog kann ein Spaltenvektor, der die Nullstellen eines Polynoms enthält, mittels *poly* in den Koeffizientenvektor dieses Polynoms umgewandelt werden.

MATLAB-Beispiel 5.22

Das Polynom p hat die Nullstellen $1, 2, \ldots, 25$.

```
>> p = poly(1:25);
```

Ermittelt man nun mit *roots* wiederum die Nullstellen des erhaltenen Polynoms, so ergeben sich – bedingt durch numerische Phänomene – signifikante Unterschiede zu den ursprünglich vorgegebenen ganzzahligen Nullstellen $1, 2, \ldots, 25$.

```
>> roots(p)
ans =
    25.2091
    24.2386 + 1.0681i
    24.2386 - 1.0681i
    22.3254 + 2.2466i
        :
     1.0000
```

5.3.7   Zugriff auf Felder und Objekte vom Typ CELL

Man kann in MATLAB auf ganze Felder, auf Teilfelder oder auf einzelne Feldelemente zugreifen. Ein Zugriff auf das ganze Feld erfolgt durch den Feldnamen. Ein einzelnes Element eines Feldes (eine *indizierte Variable*) wird durch Angabe des Feldnamens, gefolgt von einem Index, ausgewählt. Der Index eines Elements eines n-dimensionalen Feldes wird als n-Tupel

$$(i_1, \ldots, i_n)$$

geschrieben. Feldelemente werden durch die Angabe ihres Index eindeutig identifiziert. Das Element mit dem Index $(i_1, \ldots, i_n)$ des Feldes *feld* kann somit durch

$$feld(i_1, \ldots, i_n)$$

spezifiziert werden.

MATLAB-Beispiel 5.23

In diesem Beispiel bezeichnet v ein eindimensionales und A ein zweidimensionales **double**-Datenobjekt.

```
>> j = 4;
>> v(10) = v(15) + A(j,j+1);
>> v(1) = sin(A(j,j))/3;
```

Es kann auch auf ganze Felder zugegriffen werden (die Addition wird komponentenweise durchgeführt).

```
>> A = A + 1;
```

In analoger Weise kann auf die Elemente eines Objekts vom Typ `cell` zugegriffen
werden. In diesem Fall wird als Index ein Ausdruck der Form

$$\{i_1, \ldots, i_n\}$$

verwendet. Auf das Element $(3,2)$ eines `cell`-Objektes *test* wird z. B. durch
`test{3,2}` zugegriffen. Enthält ein Objekt des Typs `cell` ein weiteres, so müssen
mehrere Selektionsausdrücke hintereinander verwendet werden; enthält z. B. das
Element $(3,2)$ eines `cell`-Objektes ein weiteres, so kann auf das Element $(1,1)$
des inneren Objektes durch `test{3,2}{1,1}` zugegriffen werden.

5.3.8   Teilfelder

Ein *Teilfeld* (*array section*) ist ein rechteckiger (oder speziell: ein quadratischer)
Ausschnitt eines Feldes und daher selbst wieder ein Feld. Während zur Bestimmung eines einzelnen Feldelements in jeder Dimension nur die Angabe eines einzelnen skalaren Indexwertes nötig ist, muß, um ein Teilfeld zu bilden, in mindestens einer der n Dimensionen ein *Indexbereich* angegeben werden, so daß mehrere
Feldelemente ausgewählt werden:

$$feldname(bereich_1, \ldots, bereich_n)$$

$bereich_i$ kann im einfachsten Fall (so wie für die Auswahl eines Elementes) ein
ganzzahliger skalarer Ausdruck sein. Ein Indexbereich im eigentlichen Sinn kann

zunächst durch Angeben einer Bereichsober- und -untergrenze in der jeweiligen Dimension festgelegt werden, was bedeutet, daß alle Elemente, die in dieser Dimension einen Indexwert aus dem ausgewählten Bereich aufweisen, zum angesprochenen Teilfeld gehören. Man kann zusätzlich eine Schrittweite festlegen, was bewirkt, daß nicht alle Indexwerte im Bereich berücksichtigt werden, sondern nur jene, deren Differenz zur Indexuntergrenze ein Vielfaches der Schrittweite beträgt. Die allgemeine Form von $bereich_i$ sieht folgendermaßen aus:

$$(\langle ugrenze_i \rangle : \langle schritt_i \rangle \, \langle : ogrenze_i \rangle)$$

Läßt man sowohl die Obergrenze als auch die Untergrenze (und dann natürlich auch die Schrittweite) weg, dann bleibt ein einzelner Doppelpunkt stehen. Damit wird der gesamte Indexbereich des Feldes in der betreffenden Dimension angesprochen. Als Obergrenze kann auch der symbolische Ausdruck *end* verwendet werden, falls der Bereich mit dem letzten Element in der angegebenen Dimension enden soll.

MATLAB-Beispiel 5.24

```
>> A = [11 12 13 14 15; ...
        21 22 23 24 25; ...
        31 32 33 34 35];
```

Die erste Zeile erhält man mit der Selektionsanweisung (1,:).

```
>> A(1, :)
ans =
     11    12    13    14    15
```

Aus der ersten Zeile können die letzten vier Elemente selektiert werden.

```
>> A(1, 2:end)
ans =
     12    13    14    15
```

Hier wird jede zweite Spalte und jede zweite Zeile entfernt.

```
>> A(1:2:3, 1:2:5)
ans =
     11    13    15
     31    33    35
```

Mit dem Selektor (:,1) wird die erste Spalte ausgewählt.

```
>> A(:, 1)
ans =
     13
     23
     33
```

Wird keine Schrittweite angegeben, so wird *schritt* = 1 angenommen; in der betreffenden Dimension werden die Elemente des Feldes zwischen *ugrenze* und *ogrenze* angesprochen. Die Schrittweite darf auch negativ sein, aber nicht null.

MATLAB-Beispiel 5.25

Durch die Schrittweite −1 kann
die Reihenfolge der Elemente eines Feldes geändert („gestürzt")
werden.

```
>> v = [1 2 3 4 5 6];
>> v(6:-1:1)
ans =
    6   5   4   3   2   1
```

Analog können auch Teilfelder von mehrdimensionalen Feldern erzeugt werden; dabei ist das Ergebnis jedoch i. allg. wieder ein mehrdimensionales Feld.

MATLAB-Beispiel 5.26

```
>> D = cat(3,[1 2; 3 4],[5 6; 7 8])
```

Die nebenstehende Anweisung extrahiert die erste Seite des dreidimensionalen Feldes D.

```
>> D(:,:,1)
ans =
    1    2
    3    4
```

Nun wird in allen Seiten die erste Zeile selektiert (man beachte,
daß das Resultat wiederum ein
dreidimensionales Feld ist).

```
>> D(1,:,:)
ans(:,:,1) =
    1    2
ans(:,:,2) =
    5    6
```

Mit (1,1,:) werden alle Elemente selektiert, die in allen Seiten an Position (1,1) stehen; wiederum ist das Resultat ein mehrdimensionales Feld.

```
>> D(1,1,:)
ans(:,:,1) =
    1
ans(:,:,2) =
    5
```

Eine weitere Möglichkeit zur Angabe eines Indexbereichs ist der *Vektorindex* (*vector subscript*). Er besteht aus einem eindimensionalen, feldförmigen, ganzzahligen Ausdruck. Durch einen Vektorindex *bereich$_i$*

$$[\textit{wert} \ \langle \ \textit{wert} \ldots \rangle]$$

werden aus einem eindimensionalen Feld jene Elemente selektiert, deren Index in der betreffenden Dimension gleich dem Wert eines Elementes im Vektorindex ist.

MATLAB-Beispiel 5.27

Durch die Verwendung eines Vektorindex können z. B. die Elemente eines Vektors beliebig vertauscht werden.

```
>> v = [10 20 30 40 50 60 70 80 90];
>> v([5 2 5 6 3 2 1 9])
ans =
   50 20 50 60 30 20 10 90
```

Ein Vektorindex wird oft zusammen mit dem Befehl *find* verwendet, um Teilfelder zu selektieren, die eine bestimmte Bedingung erfüllen; `find(v)` liefert einen Vektor, der den Index aller Elemente ungleich null in v zurückliefert. Verwendet man logische Operatoren auf Feldern (siehe Abschnitt 5.4), so lassen sich Selektionsanweisungen sehr elegant realisiern.

MATLAB-Beispiel 5.28

Es werden all jene Elemente aus v selektiert, die durch 20 teilbar sind.

```
>> v(find(mod(v,20) == 0))
ans =
   20 40 60 80
```

In analoger Weise können Teile von Objekten des Typs `cell` erzeugt werden, indem man die runden Klammern, die bei der Selektion von Feldelementen verwendet werden, durch geschwungene Klammern ersetzt.

5.3.9   Wertzuweisung an Teilfelder

In vielen numerischen Algorithmen sind Elemente eines Feldes zu verändern. Dies kann natürlich über einzelne Wertzuweisungen an alle betreffenden Elemente erreicht werden. Hierzu werden die Elemente einzeln über einen Selektionsausdruck ausgewählt und ihnen neue Werte zugewiesen:

$$variablenname\,(index) \;=\; ausdruck$$

Dabei ist *index* ein Ausdruck der Form $(i_1, \ldots, i_n)$. Oftmals sollen jedoch die Werte mehrerer Elemente auf einmal verändert werden. Hierzu ermöglicht MATLAB die Wertzuweisung an Teilfelder. Mit den Methoden aus Abschnitt 5.3.8 muß zuerst das gewünschte Teilfeld ausgewählt werden; die Wertzuweisung erfolgt dann in der Form *variablenname(teilfeldindex) = ausdruck*. Dabei ist *ausdruck* entweder ein Feld der gleichen Dimension wie das ausgewählte Teilfeld oder ein Skalarausdruck. Im letzteren Fall wird jedes ausgewählte Element des Teilfeldes mit dem Skalarausdruck belegt.

Wird einem Teilfeld die „leere" Matrix [] zugewiesen, so wird das angegebene Teilfeld aus der Matrix entfernt. Dabei können nur ganze Zeilen oder Spalten gelöscht werden, damit das resultierende Feld rechteckig (oder quadratisch) bleibt.

MATLAB-Beispiel 5.29

Die Matrix A wird schrittweise manipuliert; zuerst wird dem Element $a_{1,1}$ der Wert 6 zugewiesen.

```
>> A = [1 2 3 4 5 6; 7 8 9 10 11 12];
>> A(1,1) = 6
A =
     6     2     3     4     5     6
     7     8     9    10    11    12
```

Nun wird die erste Spalte durch den Vektor $(3,3)^T$ ersetzt.

```
>> A(:,1) = [3; 3]
A =
     3     2     3     4     5     6
     3     8     9    10    11    12
```

Nun wird allen Elementen, die in ungeraden Spalten stehen, der Wert 9 zugewiesen.

```
>> A(:,1:2:6) = 9
A =
     9     2     9     4     9     6
     9     8     9    10     9    12
```

Alle Elemente >8 werden durch null ersetzt.

```
>> A(find(A > 8)) = 0
A =
     0     2     0     4     0     6
     0     8     0     0     0     0
```

Zuletzt wird die gesamte zweite Zeile gelöscht, indem ihr die „leere Matrix" zugewiesen wird.

```
>> A(:,2) = []
A =
     0     2     0     4     0     6
```

5.4   Logische Operationen

MATLAB speichert logische Werte im Datentyp `logical`; Variablen dieses Typs können nur zwei Werte annehmen: TRUE (1) oder FALSE (0). Logische Variablen entstehen etwa durch die Befehle *true* bzw. *false*, durch Konversion oder über einen Vergleichsoperator (siehe MATLAB-Beispiel 4.2).

Die Vergleichsoperatoren (siehe Tabelle 5.4) liefern, angewendet auf skalare `double`-Datenobjekte, ein skalares `logical`-Datenobjekt zurück, das entweder den Wert 0 (FALSE) oder 1 (TRUE) enthält. Werden die Operatoren auf ein-

Operator	Bedeutung
<	kleiner als
<=	kleiner oder gleich
>	größer als
>=	größer oder gleich
==	gleich
~=	ungleich

Tabelle 5.4: Vergleichsoperatoren.

oder mehrdimensionale Felder der gleichen Dimension und Größe angewendet, so vergleicht MATLAB die Elemente der Felder komponentenweise und liefert ein „logisches" Feld der gleichen Dimension und Größe. Meist ist man jedoch nur daran interessiert, ob es *ein* Element des Feldes gibt, das die angegebene Relation erfüllt oder ob *alle* Elemente dieses Feldes diese Relation erfüllen.

Mit Hilfe der MATLAB-Befehle *any* und *all* kann man ein „logisches" Feld auf einen skalaren logischen Wert reduzieren. Die Funktion *any* liefert den Wert TRUE, falls es ein Element des übergebenen (eindimensionalen) logischen Feldes gibt, das ungleich 0 (FALSE) ist; *all* liefert TRUE, falls alle Elemente des (eindimensionalen) Feldes ungleich 0 sind. Wendet man *all* oder *any* auf Matrizen an, so wird die entsprechende Relation spaltenweise auf die Matrix angewendet und ein „logischer" Zeilenvektor zurückgeliefert, dessen i-te Komponente 1 ist, falls die i-te Spalte der Matrix die Relation *all* oder *any* erfüllt.

MATLAB-Beispiel 5.30

Das nebenstehende Codefragment illustriert die Verwendung von Vergleichsoperatoren, angewendet auf Skalare und Felder. Zuerst wird verglichen, welche Elemente größer sind.

```
>> a = [1 2 3 4 5 6];
>> b = [1 2 4 4 4 4];
>> a > b
ans =
     0   0   0   0   1   1
```

Will man feststellen, ob die beiden Vektoren identisch sind, kann man dies durch die Verwendung von *all* erzielen.

```
>> all(a == b)
ans =
     0
```

any liefert TRUE, falls mindestens ein Element in beiden Vektoren gleich ist.	```» any(a == b)```
	```ans =```
	        ```1```

Wird *all* auf Matrizen angewendet, so wird die Relation spaltenweise ausgewertet.	```» a = [1 2; 1 3; 1 4];```
	```» b = [1 1; 1 2; 1 4];```
	```» all(a == b)```
	```ans =```
	        ```1 0```

ACHTUNG: Die in der Mathematik gebräuchlichen Kurzformen wie z. B.

$$a \leq x \leq b, \quad x_1 < x_2 < x_3 < x_4, \quad \cdots$$

sind in MATLAB *nicht* zugelassen. Es müssen die einzelnen Vergleiche mit & (logischem *Und*) verknüpft werden:

$$a \leq x \ \& \ x \leq b, \qquad x_1 < x_2 \ \& \ x_2 < x_3 \ \& \ x_3 < x_4, \qquad \cdots$$

Der Vergleich zweier `double`-Datenobjekte mit dem Operator `==` sollte vermieden werden. Zwei Gleitpunkt-Operanden sollten nur auf jenen Grad von Übereinstimmung geprüft werden, der unter den gegebenen Umständen (Art der Berechnungen, Größe der Rundungsfehler, Größe der Datenfehler etc.) als „Gleichheit" zu werten ist.

Logische Variablen können durch die Verwendung von logischen Operatoren verknüpft werden (siehe Tabelle 5.5). Dabei hat die Negation die höchste Priorität. Die Wahrheitstafeln der logischen Operatoren (*Wahrheitsfunktionen*) Negation, Konjunktion und Disjunktion sind in Tabelle 5.6 angegeben.

Operator	Bedeutung	Priorität
~	Negation ($\neg$, NOT)	2
&	Konjunktion ($\wedge$, AND)	1
|	Disjunktion ($\vee$, OR)	1

Tabelle 5.5: Logische Operatoren.

5.5 Zeichenketten

Der MATLAB-Datentyp `char` dient zur Speicherung von (ein- und mehrdimensionalen Feldern von) ASCII-Zeichen. Dabei besteht jedoch die Einschränkung, daß

a	b	~a	a & b	a | b
TRUE	TRUE	FALSE	TRUE	TRUE
TRUE	FALSE	FALSE	FALSE	TRUE
FALSE	TRUE	TRUE	FALSE	TRUE
FALSE	FALSE	TRUE	FALSE	FALSE

Tabelle 5.6: Wahrheitstafel der logischen Operatoren.

alle Zeilen die gleiche Zahl von Zeichen enthalten müssen, ähnlich wie alle Zeilen einer Matrix die gleiche Anzahl an Elementen aufweisen müssen.

MATLAB-Beispiel 5.31

Die nebenstehenden Ausdrücke sind gültige MATLAB-char-Datenobjekte.

```
>> x = 'Transformation';
>> y = ['diskrete Fourier-' x]
y =
   diskrete Fourier-Transformation
```

Werden mehrzeilige Zeichenketten (Spaltenvektoren) benötigt, so empfiehlt sich die Verwendung des Befehls *char*:

$$\text{char}\,(string_1, string_2, \ldots, string_n)$$

Der Befehl erzeugt einen Spaltenvektor, der aus $string_i$, $i = 1, 2, \ldots, n$, besteht; dabei werden die einzelnen Strings mit Leerzeichen aufgefüllt, damit alle die gleiche Länge besitzen. Ist diese Eigenschaft nicht erwünscht, sollte man auf die Verwendung von Objekten des Typs `cell` zurückgreifen.

MATLAB-Beispiel 5.32

Mehrzeilige Zeichenketten kann man einfach in `cell`-Objekten speichern.

```
>> z = {'erste Zeile', ...
        'zweite Zeile'}
```

Die Vergleichsoperatoren aus Abschnitt 5.4 können auch auf Strings gleicher Länge angewendet werden. Da MATLAB Strings als Felder von (ASCII-)Zeichen ansieht, vergleicht es die ASCII-Werte der einzelnen Zeichen und liefert ein „logisches Feld" zurück. Der in anderen Programmiersprachen (z. B. in Fortran) mögliche lexikalische Vergleich zweier Zeichenketten mit einem Vergleichsoperator ist in MATLAB nicht möglich.

5.6 Schwach besetzte Matrizen

Enthält eine zu speichernde Matrix sehr viele Elemente (Koeffizienten) mit dem Wert null, so wäre eine vollständige Speicherung der gesamten Matrix äußerst ineffizient. Bei vollständiger Speicherung benötigt eine $n \times n$-Matrix in MATLAB $8n^2$ Bytes an Speicherplatz, was bei sehr großem n und vielen Nullelementen inakzeptabel hoch sein kann.

Matrizen, die nur wenige von null verschiedene Elemente enthalten, nennt man schwach besetzt (*sparse matrices*). MATLAB verwendet zur komprimierten Speicherung solcher Matrizen ein spezielles (effizientes) Format. Der Befehl *sparse* erlaubt es, komprimiert gespeicherte schwach besetzte Matrizen zu erstellen:

sparse (*zeilen-index, spalten-index, elemente, n, m*)

erzeugt eine komprimiert gespeicherte schwach besetzte $n \times m$-Matrix, deren von null verschiedenen Elemente im eindimensionalen Feld *elemente* gespeichert sind. Die Felder *spalten-index* und *zeilen-index* legen die Spalten- und Zeilenindizes dieser Elemente fest; d. h., der Wert *elemente*(i) wird der Position (*spalten-index*(i), *zeilen-index*(i)) zugeordnet. Durch Wertzuweisungen können nach der Erstellung der Matrix weitere Elemente hinzugefügt werden.

Weiters erlaubt es MATLAB, aus einer vollständig (mit allen Nullelementen) gespeicherten schwach besetzten Matrix mit dem Befehl *sparse* durch Konversion eine komprimiert gespeicherte Matrix zu erzeugen. In diesem Fall wird *sparse* als einziger Parameter eine vollständig gespeicherte Matrix übergeben; das Resultat ist eine zu dieser Matrix äquivalente komprimiert gespeicherte Matrix. Umgekehrt konvertiert *full*(A) die schwach besetzte Matrix A in eine vollständig gespeicherte Matrix.

MATLAB-Beispiel 5.33

Es soll die Tridiagonalmatrix

$$T = \begin{pmatrix} 2 & 1 & & & & 0 \\ 1 & 2 & 1 & & & \\ & 1 & 2 & 1 & & \\ & & 1 & 2 & 1 & \\ & & & 1 & 2 & 1 \\ 0 & & & & 1 & 2 \end{pmatrix}$$

in MATLAB erstellt werden.

Zuerst wird eine schwach besetzte Matrix, in der nur die Hauptdiagonale besetzt ist, erzeugt ...

```
>> D = sparse(1:6, 1:6, ...
               2*ones(1,6), 6, 6);
```

... danach zwei schwach besetzte Matrizen, die jeweils eine der Nebendiagonalen enthalten ...

```
>> U = sparse(2:6, 1:5, ...
               ones(1,5), 6, 6);
>> L = sparse(1:5, 2:6, ...
               ones(1,5), 6, 6);
```

... und schließlich wird die gewünschte Matrix zusammengesetzt. Da diese als Summe von komprimiert gespeicherten schwach besetzten Matrizen entstanden ist, ist T wiederum effizient gespeichert.

```
>> T = L + D + U;
```

Für Testzwecke kann mittels *sprand* (n,m,p), wobei $0 \leq p \leq 1$, eine schwach besetzte $n \times m$-Matrix mit $m \cdot n \cdot p$ von null verschiedenen auf $[0, 1]$ gleichverteilten Zufallszahlen[1] generiert werden. Analog liefert *sprandn* (n,m,p) eine schwach besetzte Matrix mit normalverteilten Elementen. Eine symmetrische Matrix wird durch *sprandsym* (n, p) generiert; MATLAB erstellt eine symmetrische Matrix mit n^2p gleichverteilten Zufallszahlen. Zudem kann mittels *speye(n)* die $n \times n$-Einheitsmatrix erzeugt werden, die als schwach besetzte Matrix gespeichert ist. Die Besetztheitsstruktur einer schwach besetzten Matrix kann mittels *spy* als Grafik angezeigt werden.(siehe z. B. Abb. 5.3); *nnz* liefert die Zahl der Nichtnullelemente.

Die komprimierte Speicherung schwach besetzter Matrizen geschieht für den Benutzer „transparent", d. h., es können ohne Notationsunterschiede alle MATLAB-Funktionen, die Matrizen als Parameter akzeptieren, auch auf schwach besetzte Matrizen angewendet werden. Insbesondere liefern Funktionen wie *chol, lu* etc. komprimiert gespeicherte schwach besetzte Matrizen als Resultat, falls derartige Matrizen als Parameter übergeben wurden. MATLAB verwendet zur Berechnung dieser Funktionen spezielle, für schwach besetzte Matrizen optimierte Algorithmen. Binäre Operatoren wie +, .* etc. liefern komprimiert gespeicherte schwach besetzte Matrizen als Resultat, falls beide Operanden solche Matrizen sind.

---

[1] Die exakte Anzahl der erzeugten Nichtnullelemente $(nnz(matrix))$ kann geringfügig vom gewünschten Wert abweichen.

5.6.1　Speicherung schwach besetzter Matrizen

MATLAB verwendet zur internen Speicherung von schwach besetzten Matrizen ausschließlich das CCS-Format (*compressed column storage format, Harwell-Boeing-Format*; siehe Überhuber [46]).

Beim CCS-Format werden spaltenweise aufeinanderfolgende Nichtnullelemente der Matrix A auf benachbarte Elemente eines eindimensionalen Feldes wert der Länge $nnz(A)$ gespeichert. Das Feld row_index der Länge $nnz(A)$ enthält die Zeilenindizes dieser Elemente, d. h., für wert(k) $= a_{i,j}$ ist row_index(k) $= i$. Der Vektor col_pointer schließlich speichert die Position im Feld wert, an der eine neue Spalte von A beginnt, d. h., ist wert(k) $= a_{i,j}$, dann gilt col_pointer(j) $\leq k \leq$ col_pointer(j $+$ 1). Zusätzlich definiert man col_pointer(n $+$ 1) $:= nnz(A)+1$.

Die Ersparnis an Speicheraufwand ist signifikant: Es sind nur $2 \cdot nnz(A)+n+1$ Speicherplätze notwendig. Der Zugriff auf die Daten erfolgt dafür nach einem etwas komplizierteren Schema.

Andere Speicherformate

Neben dem in MATLAB intern verwendeten CCS-Format gibt es noch verschiedene andere Speicherformate für schwach besetzte Matrizen.

Das COO-Format (das Koordinatenformat) ist das einfachste Speicherformat für schwach besetzte Systeme. Dabei wird ein dreispaltiges (zweidimensionales) Feld generiert, das in den Zeilen für jedes Matrixelement ungleich null dessen Wert, Zeilen- und Spaltenindex enthält. Der Speicherplatzgewinn ist geringer als beim CCS-Format, trotzdem wird das Format wegen seiner Einfachheit (z. B. in der MATLAB-Funktion *sparse*) verwendet.

Das CRS-Format (komprimierte Zeilenspeicherung) – das Gegenstück zum CCS-Format – speichert alle Nichtnullelemente in einem Zeilenvektor und in einem zweiten Vektor den Spaltenindex der einzelnen Elemente. In einem dritten (etwas kürzeren) Vektor werden zusätzlich jene Indizes des zweiten Vektors gespeichert, bei denen in der Originalmatrix eine neue Zeile beginnt.

Das CDS-Format (komprimiertes Diagonalenformat) ist nur für Bandmatrizen mit weitgehend konstanter Bandbreite geeignet. Dabei wird der Spaltenvektor (oder Zeilenvektor) eingespart und auch eine effiziente Berechnung von Matrix-Vektor-Produkten gewährleistet. Für eine Bandmatrix mit linker und rechter Bandbreite p und q wird ein Feld $wert(1 : n, 1 : p + q - 1)$ zur Speicherung der Nichtnullelemente angelegt.

Das BND- oder LAPACK-Format ist ebenfalls zur effizienten Speicherung von Bandmatrizen mit kleiner Bandbreite gedacht.

Beim JDS-Format (verschobenes Diagonalenformat) werden zuerst alle Null-Elemente aus der Matrix eliminiert und die verbleibenden Elemente in ihrer Zeile nach links verschoben. Dabei verringert sich die Breite der Matrix, soferne nicht

Zeilen ohne Nullelemente vorhanden waren. Anschließend werden die Werte in einem zweidimensionalen Feld reduzierter Breite gespeichert. In einem zweiten Feld werden die ursprünglichen Spaltenindizes vor dem Verschieben abgelegt.

CODE   **MATLAB-Beispiel 5.34**

Speicherformate für schwach besetzte Matrizen: Die Funktionen *fcoo*, *fcrs*, *fcds*, *fbnd* und *fjds* konvertieren jeweils eine vollständig gespeicherte schwach besetzte Matrix in das COO, CRS, CDS, BND und das JDS-Format. Beispielhaft soll hier die Implementierung von *fcoo* vorgestellt werden.

Die Funktion *fcoo* liefert drei Vektoren: *wert* enthält die Nichtnullelemente der Matrix *A*, *row_index* und *col_index* die Zeilen- und Spaltenindizes dieser Elemente.

```
function [wert, row_index, ...
                col_index] = fcoo(A)
```

Zuerst wird die Größe der Matrix bestimmt, dann werden die Ergebnisvektoren mit der „leeren" Matrix [] initialisiert.

Die Matrix *A* wird nun sequentiell nach Nichtnullelementen durchsucht. Wird ein solches Element gefunden, so wird sein Wert dem Vektor *wert* und sein Zeilen- und Spaltenindex den Vektoren *row_index* und *col_index* hinzugefügt.

```
[m,n] = size(A);
wert = [];
row_index = [];
col_index = [];
for i = 1:m
  for j = 1:n
    if A(i,j) ~= 0
      wert = [wert A(i,j)];
      row_index = [row_index i];
      col_index = [col_index j];
    end
  end
end
```

CODE   **MATLAB-Beispiel 5.35**

Matrix-Vektor-Produkt: Die Grundoperationen aller effizienten iterativen Verfahren zur Lösung linearer Gleichungssysteme sind die Matrix-Vektor-Produke

$$y = Ax \qquad \text{und} \qquad y = A^T x.$$

Für das CRS-Format und das CDS-Format gibt es zur Berechnung dieser Produkte speziell angepaßte Algorithmen; diese wurden als MATLAB-Funktionen unter *mv_crs* und *mv_cds* implementiert.

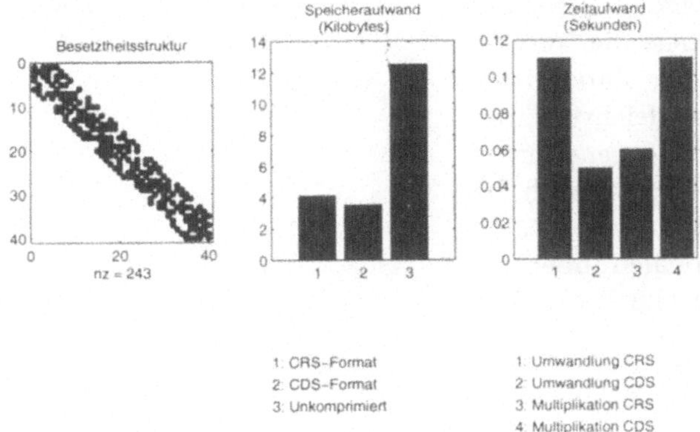

Abbildung 5.3: Vergleich des Matrix-Vektor-Produkts angewendet auf schwach besetzte Matrizen im CRS- und CDS-Format.

Eine Matrix im CCS-Format wird mit einem Vektor v multipliziert.

```
function y = mv_crs(wert, ...
            col_index, row_pointer, v);

y = [];
e = 0;
n = length(v);
```

Um den Aufwand zu reduzieren, werden nur die Nichtnullelemente in die Berechnung einbezogen.

```
for i = 1 : n
  for j = row_pointer(i):
          row_pointer(i+1)-1
      e = e+wert(j)*v(col_index(j));
  end
  y = [y; e];
  e = 0;
end
```

Ein Vergleich der Algorithmen zur Bildung des Matrix-Vektor-Produkts kann mit der Funktion *mv_vgl* durchgeführt werden. Diese Funktion konvertiert eine übergebene Matrix in das CRS- und CDS-Format und multipliziert diese mit einem Vektor mittels *mv_crs* und *mv_cds*. Dabei wird eine Grafik des Speicher- und Zeitaufwandes ausgegeben; Abb. 5.3 zeigt die von MATLAB erzeugte Grafik. Links ist die Besetztheitsstruktur der Matrix dargestellt; rechts daneben wird der Speicherbedarf und die Ausführungszeit der Konvertierungsroutinen bzw. des Matrixproduktes angegeben.

Die nebenstehende Befehlssequenz demonstriert die Verwendung von *mv_vgl*; dabei ist *v* ein Vektor aus gleichverteilten Zufallszahlen. *band* generiert in diesem Aufruf eine schwach besetzte Bandmatrix mit 5 besetzten Nebendiagonalen über der Hauptdiagonale und 5 darunter (siehe Abb. 5.3).

```
>> v = sprand(40,1,0.6);
>> A = band(40,0.9,5,5);
>> mv_vgl(A, v);
```

Kapitel 6

Steuerkonstrukte

6.1 Allgemeines

Ein *Programm* ist die Formulierung eines Algorithmus (und der dazugehörigen
Datenstrukturen) in einer bestimmten Programmiersprache. Es definiert eine
Funktion f_P, die die Menge der Eingabedaten[1] E auf die Menge der Ausgabedaten A abbildet: $f_P : E \to A$.

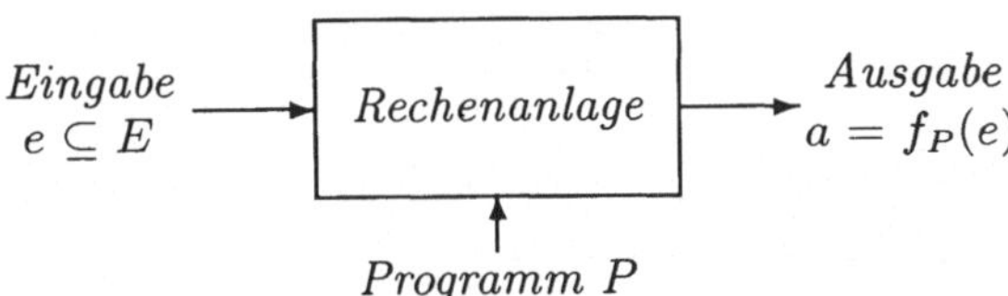

Ein *Algorithmus* löst i. allg. eine *Klasse* von Problemen. Die Spezifikation eines
einzelnen Problems erfolgt durch die Eingabedaten e. Innerhalb ein und desselben physischen (geschriebenen) Programms, das die Lösung einer Problemklasse
ermöglicht, muß daher i. allg. die Möglichkeit für verschiedene Programmabläufe
(entsprechend den Einzelproblemen) bestehen.

Ein Algorithmus kann auch verlangen, eine Folge von Anweisungen mehrfach zu wiederholen. Es wäre mühsam, die Anweisungen ebensooft untereinander
schreiben zu müssen, ganz abgesehen davon, daß sich auch die Anzahl der Wiederholungen in Abhängigkeit von den Eingabedaten ändern kann.

Von einer höheren Programmiersprache werden also Sprachelemente verlangt,
die es gestatten, den Programmablauf je nach den Erfordernissen zu ändern,

---

[1] Eingabedaten können aus dem internen Speicher des Rechners, von externen Speichern
(Diskette, CD etc.) oder von speziellen Eingabegeräten (Tastatur, Meßwerterfassungs- und Umwandlungseinrichtungen usw.) stammen.

d. h., in Abhängigkeit von den Eingabedaten einerseits bestimmte Anweisungen auszuführen und andere nicht sowie andererseits Anweisungsfolgen wiederholt auszuführen. Solche Befehle nennt man *Steueranweisungen* (*control statements*).

Eine Anweisungsfolge, über deren Ausführung in einer Steueranweisung entschieden wird, heißt *Verbundanweisung* (*compound statement*). Verbundanweisungen werden als syntaktische Einheit angesehen. Sie werden im folgenden auch *Anweisungsblöcke* oder kurz *Blöcke* genannt.

Verbundanweisungen werden durch Schlüsselwörter eingerahmt, die für die jeweilige Steueranweisung charakteristisch sind. Man nennt diese Schlüsselwörter daher *Anweisungsklammern* (*statement brackets*).

MATLAB-Beispiel 6.1

<table>
<tr>
<td style="vertical-align:top; width:50%">

Um zu kennzeichnen, daß die Verbundanweisung für die Ausführung des Euklidischen Algorithmus wiederholt werden muß, wird sie in die – später erläuterten – Anweisungsklammern *while* und *end* eingeschlossen.

</td>
<td style="vertical-align:top; width:50%">

```
r = mod(a, b);
while (r > 0)
    a = b;
    b = r;
    r = mod(a, b);
end
```

</td>
</tr>
</table>

Im folgenden werden die wichtigsten Steuerkonstrukte und ihre konkrete Umsetzung in MATLAB besprochen.

6.2   Aneinanderreihung (Sequenz)

Die einfachste Steuerstruktur, die jedoch nicht durch Steueranweisungen gebildet wird, ist die Aneinanderreihung von Teilalgorithmen (Strukturblöcken). Durch die Aneinanderreihung wird die zeitlich *sequentielle* Abarbeitung von Strukturblöcken $S_1, S_2, \dots, S_n$ in der Reihenfolge der Niederschrift festgelegt.

6.3   Auswahl (Selektion)

Bedingte Anweisungen ermöglichen es, Anweisungen in Abhängigkeit von den Werten logischer Ausdrücke auszuführen oder zu überspringen. Diese logischen Ausdrücke, welche die Abarbeitungsreihenfolge in einem Programm direkt beeinflussen, nennt man *Bedingungen*.

6.3.1　Einseitig bedingte Anweisungen

Die einfachste Form der bedingten Anweisung ist die *einseitig bedingte Anweisung*. Der IF-Block (*block if*) erlaubt die bedingte Ausführung eines Anweisungsblocks:

```
if bedingung
    anweisung
end
```

Wenn der logische Ausdruck *bedingung*, der die Ausführungsbedingung darstellt, den Wert 1 (TRUE) hat, wird der Anweisungsblock *anweisung* ausgeführt, andernfalls hat die IF-Anweisung (außer der Auswertung des logischen Ausdrucks) keinen Effekt; die Programmausführung wird mit der auf den *end*-Befehl folgenden Anweisung fortgesetzt. Beim IF-Block ist es, wie bei den noch folgenden Blöcken, ratsam, den Anweisungsblock etwas einzurücken, um die Lesbarkeit des Programms zu verbessern.

MATLAB-Beispiel 6.2

Das nebenstehende Beispiel zeigt die Möglichkeit, IF-Anweisungen zu schachteln. Dabei wird in der Variablen *sj* gespeichert, ob das angegebene Jahr ein Schaltjahr war.

Ähnlich wie in C kann in der Bedingung auch nur eine Variable *x* stehen; MATLAB interpretiert dies dann als `all(x(:))`.

```
sj = 0;
tage_jahr = 365;
tage_februar = 28;
if jahr > 1582
    if mod(jahr,   4) == 0 sj=1; end
    if mod(jahr, 100) == 0 sj=0; end
    if mod(jahr, 400) == 0 sj=1; end
    if sj
        tage_jahr = 366;
        tage_februar = 29;
    end
end
```

6.3.2　Der zweiseitige IF-Block

Häufig tritt in Algorithmen der Fall auf, daß abhängig von den Daten verschiedene Programmabschnitte ausgeführt werden sollen. Die *Auswahl* zwischen diesen *Alternativen* erfolgt aufgrund einer Bedingung.

Der zweiseitig bedingte IF-Block ist eine Erweiterung des einseitigen. Er gestattet es, in Abhängigkeit von einer Bedingung einen von zwei Anweisungsblöcken abzuarbeiten.

```
if bedingung
    anweisungsblock 1
else
    anweisungsblock 2
end
```

Wenn der Wert des logischen Ausdrucks *bedingung* den Wert 1 (TRUE) ergibt, wird die Anweisungssequenz *anweisungsblock 1* ausgeführt, sonst der *anweisungsblock 2*. In beiden Fällen setzt der Programmablauf nach der Abarbeitung des entsprechenden Blocks mit der dem *end*-Befehl folgenden Anweisung fort.

Die beiden alternativen Abschnitte (Anweisungsblöcke) werden häufig in Anlehnung an die Fortran-Notation THEN-Teil (oder THEN-Zweig) und ELSE-Teil (oder ELSE-Zweig) genannt.

MATLAB-Beispiel 6.3

Durch den nebenstehenden IF-Block wird ein – vom Parameter a abhängendes – robustes Abstandsmaß berechnet.

```
if abs(u - v) < a
    dist_a = (u - v)^2;
else
    dist_a = a*(2*abs(u - v) - a);
end
```

6.3.3   Der mehrseitige IF-Block

Eine weitere Variante der Auswahl unterscheidet zwischen mehreren Alternativen. Jede ist durch eine Bedingung gekennzeichnet. Die mehrseitig bedingte Anweisung arbeitet in Abhängigkeit von mehreren Bedingungen einen der zugehörigen Anweisungsblöcke ab. Sie hat die Form

```
if bedingung 1
    anweisungsblock 1
⟨elseif bedingung 2
    anweisungsblock 2⟩
 ...
⟨else
    anweisungsblock n⟩
end
```

Bei der Ausführung des mehrseitigen IF-Blocks werden die logischen Ausdrücke *bedingung i* nacheinander ausgewertet, bis eine davon den Wert 1 (TRUE) ergibt.

Der zu diesem Ausdruck gehörende Anweisungsblock wird abgearbeitet. Sollte keiner der logischen Ausdrücke TRUE ergeben, wird der Anweisungsblock einer allenfalls vorhandenen *else*-Anweisung ausgeführt. Hierauf wird die Programmausführung mit jener Anweisung fortgesetzt, die dem *end*-Befehl folgt. Von einem mehrseitigen IF-Block wird also höchstens ein Anweisungsblock ausgeführt. Man nennt diese Form der Auswahl auch *Abfragekette* oder *Auswahlkette*. Die Alternativen einer Auswahlkette müssen einander nicht ausschließen, da ihre Bedingungen *nacheinander* überprüft werden.

MATLAB-Beispiel 6.4

Ein Meßwert der SO_2-Konzentration in der Luft soll nach den SO_2-Immissionsgrenzen eingestuft werden. Man beachte, daß einander *nicht* ausschließende Bedingungen auftreten.

```
if so_2 > 0.2
  ausgabe = 'Schädigung';
elseif so_2 > 0.07
  ausgabe = 'Pflanzen-Schädigung';
elseif so_2 >= 0
  ausgabe = 'keine Schäden';
end
```

6.3.4   Die Auswahlanweisung

Die Auswahlanweisung ist der mehrseitig bedingten Anweisung von der Funktion her sehr ähnlich. So wie beim IF-Block wird auch hier höchstens einer von mehreren (möglichen) Anweisungsblöcken ausgeführt. Es bestehen jedoch zwei Unterschiede. Während beim mehrseitigen IF-Block mehrere voneinander unabhängige *Bedingungen* ausgewertet, werden, richtet sich die Abarbeitung einer Auswahlanweisung nach dem Wert eines einzigen *Ausdrucks*. Zudem können sich die Bedingungen eines IF-Blocks überschneiden; die Alternativen einer Auswahlanweisung müssen jedoch disjunkt sein. Die Auswahlanweisung (im folgenden auch *switch*-Block genannt) hat die Form

```
switch case-ausdruck
case fall 1
      anweisungsblock 1
⟨case fall 2
      anweisungsblock 2⟩
  ...
⟨otherwise
      anweisungsblock n⟩
end
```

Der *case-ausdruck* muß ein Skalar oder eine Zeichenkette sein. Er wird ausgewertet und seine Werte werden anschließend mit den Selektoren *fall i* verglichen. Liegt der Wert von *case-ausdruck* in einem der von den Selektoren angegebenen Wertebereiche, so wird der zu diesem Selektor gehörende Anweisungsblock abgearbeitet. Ein Selektor kann einen einzelnen Wert oder eine Liste von Werten und Wertebereichen angeben.

Ein Selektor, der einen Einzelwert abdeckt, besteht aus einem Wert, den *case-ausdruck* annehmen kann. Selektoren können jedoch auch die Form von Listen haben. Die Elemente einer Liste werden durch Beistriche voneinander getrennt und in geschwungene Klammern eingeschlossen:

$$\{wert_1, wert_2, \ldots, wert_n\}$$

Alle jene Fälle, die von den Selektoren nicht erfaßt werden, können durch die (optionale) *otherwise*-Anweisung abgedeckt werden. Sie entspricht dem *else*-Befehl des IF-Blocks: Wenn keine der von den Selektoren abgedeckten Bedingungen zutrifft und somit keiner der entsprechenden Anweisungsblöcke abgearbeitet wurde, wird der Anweisungsblock der *otherwise*-Anweisung ausgeführt.

MATLAB-Beispiel 6.5

Das nebenstehende Codefragment weist der Variablen *tage* die Anzahl der Tage des Monats *monat* zu.

```
switch monat
    case {4, 6, 9, 11}
        tage = 30;
    case {1, 3, 5, 7, 8, 10, 12}
        tage = 31;
    case 2
        tage = 28;
        if schaltjahr
          tage = tage + 1;
        end
    otherwise
        tage = 0; % FEHLER
end
```

6.4 Wiederholung (Repetition)

Eines der wichtigsten Konstruktionsmittel, das es in imperativen Programmiersprachen zur Formulierung von Algorithmen gibt, ist die *Wiederholung*. Sie erlaubt die wiederholte Ausführung einer Anweisungsfolge, ohne daß man gezwungen ist, die entsprechenden Anweisungen mehrmals zu schreiben.

Die *Wiederholungsanweisung* (*Iteration, Schleife*, engl. *loop*) dient dazu, einen Anweisungsblock, der *Schleifenrumpf* (*loop body*) oder *Laufbereich* genannt wird, mehrere Male zu wiederholen. Die Anzahl der Wiederholungen wird durch den *Schleifenkopf* bestimmt. Je nach Art der Wiederholungssteuerung unterscheidet man *Zählschleifen* und *bedingte Schleifen*.

6.4.1   Die Zählschleife, der Befehl BREAK

Bei dieser Form der Wiederholungsanweisung kann man explizit angeben, wie oft ein Anweisungsblock ausgeführt werden soll. Die Zählschleife hat die Form

> for *schleifensteuerung*
>   *anweisungsblock*
> end

Die Anzahl der Wiederholungen wird durch die Schleifensteuerung bestimmt. Die Schleifensteuerung besteht aus einer Variablen, genannt Laufvariable (Zählvariable, Schleifenvariable), und einem meist eindimensionalen Feld (zur Konstruktion von Feldern siehe 5.3.4):

> *laufvariable* $=$ *feld*

Der Laufvariablen werden nacheinander alle Elemente des Feldes zugewiesen; für jede Belegung der Laufvariablen wird der *anweisungsblock* ausgeführt. Das *feld* kann mit allen MATLAB-Befehlen zur Konstruktion von Feldern erzeugt werden. Nach diesen Durchläufen wird die Kontrolle an die dem abschließenden *end* folgende Anweisung übergeben.

MATLAB-Beispiel 6.6

Durch die nebenstehende Zählschleife wird **summe** um 25 ($= 1 + 3 + 5 + 7 + 9$) erhöht.

```
for i = 1:2:10
    summe = summe + i;
end
```

Man kann sich an diesem einfachen Beispiel eine wichtige Eigenschaft der Steuerstruktur Wiederholung klarmachen: Im Rumpf der Wiederholung wird zwar immer derselbe Anweisungsblock ausgeführt, aber jedesmal mit anderen Werten. Bei jeder Iteration werden zwar die gleichen Zustands*änderungen* vorgenommen; das heißt aber *nicht*, daß die jeweiligen Zustände nach jeder Iteration in dem Sinn gleich sind, daß alle Objekte immer den gleichen Wert haben. Es ist ein wichtiges Prinzip für den Aufbau korrekt arbeitender Schleifen, daß im Rumpf Anweisungen stehen, die die nächste Iteration vorbereiten.

MATLAB-Beispiel 6.7

Die nebenstehenden Anweisungen bringen die n Elemente des eindimensionalen Feldes *zahl* in aufsteigende Reihenfolge, indem wiederholt je zwei benachbarte Elemente vertauscht werden, wenn das erste der beiden größer als das zweite ist.

```
for i = 1:n-1
    for j = 1:n-i
        if (zahl(j) > zahl(j+1))
            speicher   = zahl(j);
            zahl(j)    = zahl(j+1);
            zahl(j+1) = speicher;
        end
    end
end
```

Die Sortiermethode dieses Beispiels beruht auf einem sehr ineffizienten Sortieralgorithmus (Aufwand: $O(n^2)$). Es gibt wesentlich effizientere, aber auch kompliziertere Sortieralgorithmen (Aufwand: $O(n \log n)$).

Eine Zählschleife wird beendet, falls die Anweisungen des *anweisungsblockes* mit jedem Wert, den die Laufvariablen annehmen soll, je ein Mal ausgeführt wurden. Zusätzlich kann die Abarbeitung der Zählschleife mit dem *break*-Befehl vorzeitig beendet werden. Der Befehl *break* bewirkt eine Verzweigung zur *end*-Anweisung der innersten Schleife. Alle weiteren Anweisungen des Schleifenrumpfes und alle weiteren Schleifendurchläufe werden damit nicht mehr ausgeführt.

MATLAB-Beispiel 6.8

Im Feld `kenn_nr` wird nach dem ersten Auftreten eines bestimmten Wertes gesucht. Tritt der gesuchte Wert bei einem der Feldelemente auf, so wird die Schleife verlassen.

```
for i = 1:length(kenn_nr)
    if kenn_nr(i) == wert_gesucht
        index = i;
        break;
    end
end
```

Die Variable `index` enthält nach der Schleife jenen Index, an dem `wert_gesucht` das erste Mal im Feld `kenn_nr` aufgetreten ist.

Die *Laufvariable* einer Zählschleife muß ebenso wie andere Variable nicht explizit deklariert werden. Sie behält nach Abarbeitung der Schleife ihren definierten Wert (insbesondere behält sie *den letzten ihr zugewiesenen Wert*). Dadurch läßt sich etwa feststellen, ob die Schleife durch den Befehl *break* vorzeitig beendet wurde.

6.4.2   Die bedingte Schleife

Bei der bedingten Schleife (*while*-Schleife) hängt die Anzahl der Durchläufe von einer logischen Bedingung im Schleifenkopf ab. Die Bedingung wird bei jedem Schleifendurchlauf neu ausgewertet. Solange („*while*") die Auswertung des logischen Ausdrucks den Wert 1 (TRUE) ergibt, wird der Schleifenrumpf ausgeführt. Sobald die Bedingung den Wert 0 (FALSE) liefert, wird der Schleifenrumpf übersprungen, und die Abarbeitung des Programms setzt beim nächsten auf die Schleife folgenden Befehl fort. Falls die Bedingung bereits bei der Initialisierung der Schleife nicht erfüllt ist, so wird der Rumpf überhaupt nicht durchlaufen. Man nennt die *while*-Schleife daher auch *abweisende Schleife*. Sie hat die Form

```
while bedingung
    anweisungsblock
end
```

Dabei ist es wichtig, daß im *anweisungsblock* Anweisungen enthalten sind, die den Wert der Bedingung so verändern, daß ein Abbruch der Schleife möglich wird. Das über die Abarbeitung der Zählschleife Gesagte gilt sinngemäß auch für die *while*-Schleife; insbesondere kann sie mit der *break*-Anweisung abgebrochen werden.

MATLAB-Beispiel 6.9

Die nebenstehenden Anweisungen berechnen den größten gemeinsamen Teiler von *a* und *b*. Nach Abarbeitung der Schleife ist das Ergebnis in der Variablen *b* enthalten.

```
r = mod(a, b);
while r > 0
    a = b;
    b = r;
    r = mod(a, b);
end
```

Die in manchen Programmiersprachen (z. B. in Pascal) vorhandene *nichtabweisende* Schleife (UNTIL-Schleife) gibt es in MATLAB *nicht*. Einen derartigen Schleifentyp kann man jedoch mit Hilfe einer „Endlosschleife" und einer *break*-Anweisung realisieren:

```
while 1     % == TRUE
    anweisungsblock
    if bedingung break; end
end
```

Bei der nichtabweisenden Schleife wird die Bedingung, die über die weitere Abarbeitung der Schleife entscheidet, am Ende des Schleifenrumpfes geprüft. Die

Schleife wird abgebrochen, wenn die Bedingung (die deswegen *Abbruchbedingung* heißt) erfüllt ist. Die Schleife hat ihren Namen von der Eigenschaft, daß ihr Rumpf mindestens einmal durchlaufen wird. Mit der *break*-Anweisung können auch Mischformen (Wiederholung mit Abbruch in der Mitte) realisiert werden:

```
while 1     %  ==  TRUE
    anweisungsblock 1
    if bedingung break; end
    anweisungsblock 2
end
```

CODE   **MATLAB-Beispiel 6.10**

Funktionsapproximation: Eine Menge $M = \{(x_1, y_1), (x_2, y_2), \ldots, (x_N, y_N)\}$ von Datenpunkten soll durch eine Modellfunktion $f(x; p)$, wobei p einen Vektor von Parametern bezeichnet, derart approximiert werden, daß

$$g(p) := \sum_{i=1}^{N} \Big(f(x_i; p) - y_i \Big)^2$$

minimal wird. Meist wird aus einer Klasse von Funktionen $f(x; p)$, die durch einen oder mehrere Parameter bestimmt wird, jene ausgewählt, die im obigen Sinne bestapproximierend ist.

Sei als Beispiel die Funktionenklasse $f(x; a, b) = e^{ax} + e^{bx}$ (mit Parametern $a, b \in \mathbb{R}$) vorgegeben. Um die Parameter a und b zu bestimmen, unterwirft man die Funktion $g(a, b)$ einem Minimierungsverfahren; z. B. versucht man stationäre Stellen zu finden, indem man das Gleichungssystem

$$(\partial g/\partial a, \; \partial g/\partial b)^T = 0$$

mit Hilfe des Newtonschen Verfahrens löst. Die MATLAB-Funktion `expfit` macht genau dies. Mit *expmod* kann die Funktion *expfit* getestet werden. Das Skript wertet die Funktion

$$f(x) = e^{-2x} + e^x$$

an 70 Stellen im Intervall $[-2, 5]$ aus und stört die Daten mit (gleichverteilten) Zufallszahlen. Diese Zufallszahlen wurden mit einem Skalierungsfaktor multipliziert. Danach wird mit *expfit* versucht, die bestapproximierende Funktion der Form $f(x) = e^{ax} + e^{bx}$ zu bestimmen, d. h., die Parameter $a = -2.0$ und $b = 1.0$ zu „rekonstruieren"; siehe Abb. 6.1.

Die „Güte" der Approximation kann durch die Werte MSD und MAD bestimmt werden. MAD $:= \frac{1}{N} \sum_{i=1}^{N} |f(x_i) - y_i|$ (*mean absolute distance*) ist der

mittlere absolute Abstand zwischen den Datenpunkten und der Funktion f, und
$\mathrm{MSD} := \frac{1}{N} \sum_{i=1}^{N} (f(x_i) - y_i)^2$ (*mean squared distance*) der mittlere quadratische
Abstand.

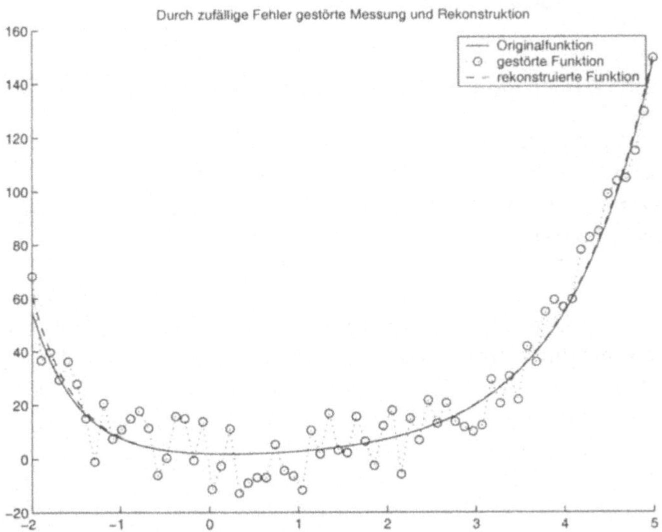

Abbildung 6.1: Bestimmung der bestapproximierenden Funktion. Die rekonstruierte Funktion
stimmt in weiten Bereichen auf Darstellungsgenauigkeit mit der Originalfunktion überein.

Mit der *Spline-Toolbox* und der *Curve-Fitting-Toolbox* können viele Aufgaben der
Datenapproximation sehr effizient gelöst werden.

6.4.3 Bedingte Zählschleifen

Bedingte Schleifen werden benötigt, wenn die genaue Anzahl der Wiederholungen
nicht bekannt ist. In vielen Fällen kann die Programmqualität erhöht werden,
wenn man sich zusätzlich zur Abbruchbedingung eine sinnvolle Obergrenze für
die Anzahl der Wiederholungen überlegt und eine *Zählschleife* in Verbindung mit
einer *break*-Anweisung verwendet. Bei der Summation von Reihen ist es etwa oft
aus numerischer Sicht nicht sinnvoll, eine beliebige (a priori nicht abschätzbare)
Anzahl von Termen zuzulassen.

MATLAB-Beispiel 6.11

Eine Schleife wie z. B.

```
while abs(term) > eps*abs(summe)
    term = % Berechnung eines Reihenterms
    summe = summe + term;
end
```

sollte durch eine Zählschleife mit Abbruchbedingung

```
for i = 1:max_term
    if abs(term) < eps*abs(summe) break; end
    term = % Berechnung eines Reihenterms
    summe = summe + term;
end
```

ersetzt werden. Die Obergrenze `max_term` muß in Abhängigkeit von den Charakteristika der zu summierenden Reihe sorgfältig festgelegt werden. Ein Erreichen dieser Obergrenze, d. h. ein vollständiges Abarbeiten der Schleife, hat die Bedeutung *numerischer* Nicht-Konvergenz und muß als Sonderfall behandelt werden.

6.4.4   Geschachtelte Schleifen

Eine Schleifenschachtelung liegt vor, wenn eine Schleife im Anweisungsblock einer anderen enthalten ist.

MATLAB-Beispiel 6.12

Beim Zahlenlotto muß man aus 45 Zahlen 6 richtige auswählen. Die Anzahl der Möglichkeiten beträgt

$$\binom{45}{6} = \frac{45 \cdot 44 \cdot 43 \cdot 42 \cdot 41 \cdot 40}{1 \cdot 2 \cdot 3 \cdot 4 \cdot 5 \cdot 6} = 8\,145\,060.$$

Um alle zu erzeugen (jede Möglichkeit genau einmal), kann folgende Schleifenschachtelung verwendet werden:

```
for i = 1:40
    for j = i+1:41
        for k = j+1:42
            for l = k+1:43
```

```
        for m = l+1:44
            for n = m+1:45
                disp([i j k l m n]);
            end
        end
    end
  end
end
```

Dieses Beispiel zeigt, daß man mit Hilfe geschachtelter Schleifen durch kurze Programmabschnitte riesige Mengen von Daten verarbeiten und produzieren kann. Schreibt man jeweils 1 000 Möglichkeiten auf eine Seite (dies entspricht ungefähr der „Druckdichte" des Wiener Telefonbuchs), so entsteht ein Druckwerk mit einem Umfang von über 8 000 Seiten (es hätte damit ungefähr die doppelte Dicke des Wiener Telefonbuchs).

Kapitel 7

Programmeinheiten und Unterprogramme

7.1   Allgemeines

Bereits in früheren Kapiteln wurde die Zusammensetzung von Datenverbunden (Felder, selbstdefinierte Datenobjekte) aus einfachen Datenobjekten beschrieben. So wie Datenverbunde in bestimmten Anweisungen als Einheit auftreten können (und so eine „Datenabstraktion" darstellen), ist es auch möglich, mehrere Anweisungen zu einer Einheit – einem *Unterprogramm* (einer *Prozedur*) – zusammenzufassen, die von außen als eine neue Anweisung verwendbar ist und damit eine „algorithmische Abstraktion" ermöglicht. Das Unterprogrammkonzept – eines der wichtigsten Konzepte imperativer Programmiersprachen – wird vor allem verwendet, wenn

- ein Programmteil (Teilalgorithmus) benannt und als *Black-Box* verwendet werden soll: der Programmierer kann diesen Teilalgorithmus einsetzen, ohne sich um seinen inneren Aufbau kümmern zu müssen;

- ein bis auf eventuelle Parameter identischer Programmteil an verschiedenen Stellen im Programm auftritt: der Programmierer spart Schreibarbeit und reduziert die Fehlerwahrscheinlichkeit;

- (lokale) Datenobjekte nur für die Dauer der Ausführung des Unterprogramms angesprochen und benutzt werden sollen;

- Programmteile rekursiv sein sollen.

Um ein ausführbares Programm zu erhalten, werden Unterprogramme quasi im „Baukastenprinzip" zu einem *Hauptprogramm* zusammengesetzt. Das Hauptprogramm ruft in einer gewissen zeitlichen Abfolge Unterprogramme auf, die ihrerseits natürlich weitere Unterprogrammaufrufe enthalten können.

Da MATLAB ein interaktives System ist, gibt es – entgegen dem Konzept herkömmlicher Programmiersprachen – *keine* speziellen *Hauptprogramme*.

Unterprogramme

Es gibt in MATLAB zwei Typen von Unterprogrammen: Skripts und Funktionen (FUNCTION-Unterprogramme).

Skripts enthalten lediglich eine Liste von MATLAB-Befehlen, die hintereinander ausgeführt werden; sie sind daher mit Makros vergleichbar.

FUNCTION-Unterprogramme entsprechen den Prozeduren (oder Funktionen) imperativer Programmiersprachen; sie bieten syntaktische Möglichkeiten zur Übergabe von Parametern und zur Rückgabe von Ergebnissen an.

7.2　Unterprogrammkonzept

Unterprogramme sind ein sehr mächtiges Hilfsmittel zur Komplexitätsbewältigung. Die Komplexität größerer Softwareprojekte überfordert sehr rasch die Fähigkeiten eines menschlichen Bearbeiters. Das Grundprinzip der Komplexitätsbewältigung besteht in der *Zerlegung* des Gesamtproblems in Teilaufgaben geringerer Komplexität. Obwohl sich dadurch die Gesamtkomplexität selbstverständlich nicht verringern läßt, erhält man bewältigbare Teilaufgaben, die zusammen die gewünschte Gesamtlösung ergeben.

Daß die Aufgliederung eines Programms in Unterprogramme vorteilhaft ist, gilt bereits für relativ kleine Programme; sie wird aber bei umfangreicheren Programmen, die aus mehreren zigtausend Zeilen bestehen können, zur absoluten Notwendigkeit. Das Konzept von MATLAB begünstigt solch eine Realisierung eines Programms als Sammlung in sich abgeschlossener Unterprogramme, aus denen sich das Gesamtprogramm wie aus Bausteinen zusammensetzt.

Die Problemzerlegung durch Definition und Verwendung von Unterprogrammen sollte folgende Gesichtspunkte berücksichtigen:

- Die einzelnen Unterprogramme sollte man *unabhängig* voneinander entwickeln können, sonst wird das Ziel der Reduktion der Gesamtkomplexität nicht erreicht.

- Unterprogramme sollten nach Möglichkeit so konzipiert werden, daß nachträgliche Änderungen oder Erweiterungen der Funktionalität einfach durchführbar sind.

- Für den Anwender eines Unterprogramms sollte es nicht erforderlich sein, dessen interne Struktur zu kennen (*information hiding*).

- Die „Beziehungskomplexität", die durch gegenseitige Aufrufe von Unterprogrammen gegeben ist, sollte so gering wie möglich gehalten werden.

- *Schnittstellen* (alle von außen sichtbaren Informationen, die von außen benötigten und abrufbaren Größen von Unterprogrammen) sollten möglichst einfach sein.

- Die *Größe* eines Unterprogramms sollte so gewählt werden, daß die beabsichtigte Komplexitätsreduktion erreicht wird (als Richtwert für eine obere Grenze können etwa 100–200 Anweisungen angenommen werden).

Bei einem Unterprogramm ist zwischen Deklaration und Aufruf zu unterscheiden:

Deklaration (*Vereinbarung*, *Definition*) ist der (statische) Programmtext, der eine Formulierung des entsprechenden Algorithmus in einer höheren Programmiersprache darstellt. In der Deklaration wird ein Name (Bezeichner) mit dem Unterprogramm identifiziert.

Aufruf eines Unterprogramms ist eine Anweisung (i. allg. außerhalb des Unterprogramms), welche die Ausführung des in der Deklaration festgelegten Algorithmus bewirkt. Beim Aufruf eines Unterprogramms müssen neben dem Namen des Unterprogramms auch Werte für die Parameter des Algorithmus angegeben werden.

Ein Unterprogramm, das ein anderes Unterprogramm aufruft, wird als *aufrufendes* (*Unter-*)*Programm* bezeichnet, während das andere Unterprogramm *aufgerufenes Unterprogramm* genannt wird. Das aufrufende Programm und das aufgerufene Unterprogramm können Daten miteinander austauschen. Das aufrufende Programm kann über Parameter (vgl. Abschnitt 7.2.3) und/oder über gemeinsame Speicherbereiche Daten an das aufgerufene Unterprogramm übergeben. Diese Daten können im aufgerufenen Unterprogramm verarbeitet werden. Das aufgerufene Unterprogramm kann auf denselben Wegen Ergebnisse der dort stattgefundenen Berechnungen an das aufrufende Unterprogramm zurückliefern.

<table>
<tr><td>aufrufendes
Programm</td><td>Eingangsdaten →

← Ausgangsdaten</td><td>aufgerufenes
Programm</td></tr>
</table>

MATLAB-Beispiel 7.1

Für verschiedene technische Anwendungen (z. B. im Flugzeugbau) verwendet man den folgenden Zusammenhang zwischen Höhe h [km] und Luftdruck p [bar]:

$$p = 1.0536 \left(\frac{288 - 6.5h}{288} \right)^{5.255} .$$

Das mit der nebenstehenden Deklaration spezifizierte Unterprogramm liefert für die Eingangsgröße h den Ausgangswert p.

```
function p = norm_druck (h)
    p = 1.0536* ...
        ((288 - 6.5*h)/288)^5.255;
```

Durch einen Aufruf dieses Unterprogramms wird der berechnete Wert, in diesem Fall der Luftdruck am Flughafen von Lhasa (0.6663 bar), an die Variable `druck_lhasa` geliefert.

```
>> druck_lhasa = norm_druck(3.7)
druck_lhasa =
    0.6663
```

7.2.1 Kommentare

Um die Klarheit und Wartbarkeit eines Programms zu fördern, sind Kommentare im Programmcode unerläßlich. Kommentare können an eine Programmzeile angefügt werden oder in einer eigenen Zeile stehen und werden in MATLAB (analog zu TEX und LATEX) mit einem Prozentzeichen eingeleitet. MATLAB ignoriert in diesem Fall das Kommentarzeichen % und den Rest der Programmzeile.

In einem MATLAB-Unterprogramm haben bestimmte Kommentarzeilen direkt nach einer Funktionsvereinbarung eine besondere Bedeutung: sie implementieren die Online-Hilfe; siehe Abschnitt 7.4.4.

7.2.2 Programmablauf

Ein Programm, das Unterprogramme verwendet, wird in folgender Weise abgearbeitet:

1. Die Abarbeitung beginnt mit der ersten ausführbaren Anweisung des Programms und wird bis zum ersten Aufruf eines Unterprogramms den Steuerstrukturen entsprechend fortgesetzt.

2. Der Aufruf eines Unterprogramms bewirkt, daß die Abarbeitung der Anweisungen des aufrufenden Programms vorübergehend unterbrochen wird.

3. Die Anweisungsfolge des Unterprogramms wird ausgeführt.

4. Ist die Anweisungsfolge des Unterprogramms beendet, so wird der Ablauf des aufrufenden Programmteils mit dem auf den Unterprogrammaufruf folgenden Befehl oder Befehlsteil fortgesetzt. Dabei versteht man unter der Beendigung des Unterprogramms das Erreichen des logischen Endes. Das logische Ende eines Unterprogramms kann nach der Ausführung der statisch letzten Anweisung erreicht sein, es ist aber auch eine Rückkehr ins aufrufende Programm an früheren Stellen möglich.

Unterprogramme können ihrerseits weitere Unterprogramme aufrufen. Ein derartig geschachtelter Aufruf von Unterprogrammen bringt für den Programmierer keine neuen Gesichtspunkte, da sich das Verhältnis zwischen rufendem und gerufenem Programm nicht ändert.

Ruft ein Unterprogramm sich selbst direkt oder indirekt, d. h. auf dem Umweg über andere Unterprogramme, auf, so spricht man von einer *Rekursion*.

Dasselbe Unterprogramm kann von verschiedenen Stellen aus aufgerufen werden.

7.2.3   Parameter

Die Wiederverwendbarkeit von Unterprogrammen hängt stark von ihrer Flexibilität ab. Hierzu gehört insbesondere die Fähigkeit, nicht nur *ein* Problem, sondern eine ganze Klasse von Problemen lösen zu können, von denen jedes durch Parameter eindeutig charakterisierbar ist: Ein flexibles Unterprogramm muß die Eigenschaft besitzen, daß der implementierte Algorithmus mit unterschiedlichen Daten in modifizierter Art ablaufen kann. Diese Daten brauchen erst zum Zeitpunkt des Aufrufs (bei der Verwendung) des Unterprogramms endgültig festgelegt zu werden. Bei der Deklaration des Unterprogramms muß der Platz für jene Größen (Datenobjekte) freigehalten werden, die dann beim Aufruf eingesetzt werden. Man verwendet dazu in der Deklaration des Unterprogramms Platzhaltegrößen, die zunächst keinem konkreten Datenobjekt zugeordnet sind. Diese Platzhaltegrößen nennt man *formale Parameter* oder *Formalparameter* (*dummy arguments*), die beim Prozedur-Aufruf einzusetzenden korrespondierenden Elemente nennt man *aktuelle Parameter* (oder *Aktualparameter*).

Bei der Vereinbarung des Unterprogramms werden die formalen Parameter, beim Aufruf des Unterprogramms die aktuellen Parameter in einer *Parameterliste* zusammengestellt. Die Zuordnung der aktuellen zu den formalen Parametern ergibt sich aus der Position der Parameter in der Parameterliste.

In den meisten imperativen Programmiersprachen müssen die für die Formalparameter eingesetzten Aktualparameter bezüglich ihres Typs bestimmte Kriterien erfüllen (z. B. wird es nicht sinnvoll sein, einem Unterprogramm, das ein cell array als Parameter erwartet, eine Matrix übergeben zu wollen). Daher wird meist in der Deklaration des Unterprogramms den Formalparametern ein Typ zugeordnet. Der Compiler oder Interpreter kann mit dieser Information überprüfen, ob der Typ der Formal- und Aktualparameter übereinstimmt und gegebenenfalls eine Fehlermeldung ausgeben. MATLAB kennt diese Einschränkung nicht. Bei der Deklaration einer FUNCTION wird der Typ der formalen Parameter nicht spezifiziert. Ein Test, ob Formalparameter und Aktualparameter typkompatibel sind, kann daher von MATLAB zur Laufzeit nicht vorgenommen werden. Es obliegt dem Programmierer, entsprechende Sicherheitsabfragen durchzuführen.

Als (formale und aktuelle) Parameter eines Unterprogramms kommen auch die Namen von Unterprogrammen in Betracht. Im folgenden wird zunächst nur der einfachere Fall – Variable als formale Parameter – behandelt.

Parameter können in verschiedener Art mit dem Ablauf ihres Unterprogramms verbunden sein:

Eingangsparameter (*Argumente*) liefern einem Unterprogramm Werte oder Ausdrücke und können innerhalb des Unterprogramms nur lokal verändert werden. Etwaige Änderungen wirken sich *nicht* auf das aufrufende Programm aus.

Ausgangsparameter (*Resultate*) dienen dazu, Werte, die innerhalb des Unterprogramms ermittelt wurden, an den aufrufenden Programmteil zu übergeben. Sie sind zu Beginn der Ausführung des Unterprogramms undefiniert und erhalten erst während dessen Ausführung einen Wert.

Transiente Parameter besitzen sowohl Argument- als auch Resultatcharakter. Sie treten z. B. in Unterprogrammen auf, bei denen sehr viele Eingangs- und Ausgangsparameter, vor allem in Form von Datenverbunden, vorkommen. Sie übermitteln dem Unterprogramm Information und können durch dieses verändert (redefiniert) werden. *Dies ist in* MATLAB *allerdings nur in Form von globalen Variablen möglich* (vgl. Abschnitt 7.6). Da dabei jedoch unerwartete Seiteneffekte auftreten können, sollte auf die Verwendung von globalen Variablen zur Parameterübergabe in FUNCTION-Unterprogrammen gänzlich verzichtet werden.

7.3 Skripts

Skripts stellen die einfachste Variante von Unterprogrammen dar. Ein Skript besteht aus einer Liste von MATLAB-Befehlen, die nach dem Aufruf des Unterprogramms nacheinander abgearbeitet werden. Der MATLAB-Interpreter „ersetzt" quasi den Aufruf eines Skripts durch alle Anweisungen, die in ihm enthalten sind. Skripts können daher mit TEX-Makros oder Präprozessor-#defines in C verglichen werden. Anwendung finden sie im interaktiven MATLAB-Environment besonders zur Automatisierung wiederkehrender Arbeitsabläufe.

7.3.1 Deklaration eines Skripts

Die Deklaration eines Skripts erfordert keine speziellen syntaktischen Konstrukte. Jede Datei, die eine Folge von MATLAB-Befehlen enthält und die Erweiterung .m trägt, kann als Skript betrachtet werden. Skript-Dateien können entweder mit der MATLAB-Entwicklungsumgebung oder mit einem beliebigen Texteditor (der den eingegebenenen Text ohne Steuerzeichen abspeichert) erstellt werden.

MATLAB-Beispiel 7.2

Mit den nebenstehenden Anweisungen, die in der Datei epig.m gespeichert sind, wird ein einfaches Skript vereinbart.

```
% Wichtige Zahlen
e = 193/71;
p = 355/113;
g = 9.80665;
```

7.3.2 Aufruf eines Skripts

Der Aufruf eines Skripts erfolgt über die Angabe des Dateinamens (ohne Erweiterung). Bei einem Aufruf wird die Abarbeitung des aufrufenden Programmteils unterbrochen und statt dessen werden die Befehle des Skripts ausgeführt. Die Abarbeitung des Unterprogramms wird mit der Ausführung des letzten Befehls, der im Skript steht, beendet; anschließend wird mit der Abarbeitung des aufrufenden Programms fortgesetzt.

Der Aufruf des Skripts kann entweder direkt vom Prompt der interaktiven MATLAB-Umgebung erfolgen oder aber innerhalb eines anderen MATLAB-Unterprogrammes.

MATLAB-Beispiel 7.3

Ein Skript kann direkt in der MATLAB-Umgebung ausgeführt ...

```
» epig
» sin(p)
ans =
    -2.6676e-007
```

... oder aber in einem anderen Skript verwendet werden.	```% Skript test.m
spi = sin(pi);
epig % Aufruf des Skripts
sp = sin(p); ea = sp - spi;```

7.3.3 Eingangs- und Ausgangsparameter

Es gibt in Skripts keine speziellen syntaktischen Konstrukte, mit denen Parameter übergeben und Rückgabewerte an das aufrufende Programm zurückgeliefert werden können. Ein Skript kann jedoch (da es quasi nur eine „Ersetzung" darstellt) auf alle Variablen des aufrufenden Programms sowie auf alle globalen Variablen zugreifen. Diese fungieren somit sowohl als Eingabe- wie auch als Ausgabeparameter. Weiters ist zu beachten, daß in Skripts angelegte Variable auch nach der Terminierung des Skripts erhalten bleiben und sich Änderungen in der Variablenbelegung auf das aufrufende Programm auswirken (vgl. Abschnitt 7.6).

Skripts eignen sich nicht zur Modularisierung von Programmen; sie sollten nur für die Automatisierung wiederkehrender Aufgaben im interaktiven MATLAB*-Environment verwendet werden.*

7.4 FUNCTION-Unterprogramme

In imperativen Programmiersprachen (wie MATLAB) wird der Funktionsbegriff in einem *dynamischen* Sinn verwendet[1]. Hier wird in zeitlicher Abfolge eine Funktion zunächst mit Argumenten (aktuellen Parametern) versorgt, dann werden algorithmische Berechnungen durchgeführt, und das Resultat dieser Berechnungen wird als Funktionswert geliefert.

In imperativen Programmiersprachen bezeichnet man als *Funktionen* (*Funktionsprozeduren*) meist Unterprogramme, die nach ihrer Abarbeitung einen Wert liefern, und als *Prozeduren* Unterprogramme, die keine Rückgabewerte liefern. MATLAB kennt (wie etwa auch C) diese Unterscheidung nicht; es versteht unter Funktionen abgekapselte Codestücke, die in einem eigenen „Workspace" (siehe Abschnitt 5.2) ablaufen und daher (sieht man von wenigen Ausnahmen ab) die Variablen des aufrufenden Programms nicht ansprechen können. Die Verwendung von Funktionen stellt somit einen entscheidenden Schritt in Richtung Modularisierung des Programmaufbaus dar. FUNCTION-Unterprogramme liefern meist einen Wert an das aufrufende Programm zurück, müssen dies jedoch nicht.

---

[1]Der Funktionsbegriff in der Mathematik ist ein *statischer*, er bezeichnet eine Teil*menge* des kartesischen Produkts $M_1 \times M_2$ von zwei Mengen, die die Eigenschaft einer rechtseindeutigen Relation besitzt.

7.4.1 Deklaration eines FUNCTION-Unterprogramms

Die Deklaration eines FUNCTION-Unterprogrammes erfolgt mittels der Anweisung `function`:

$$\text{function } \langle \textit{ausgangsparameter} =\rangle \; \textit{funkt\_name} \; \langle(\textit{formalparameterliste})\rangle$$

In einem *Funktionskopf* werden neben dem Namen *funkt_name* der Funktion auch – sofern vorhanden – Listen der Formalparameter für Eingangs- und Ausgangsgrößen angegeben. Der *Funktionsrumpf* enthält die Implementierung der Funktion. Jede Funktion, die von außen sichtbar sein soll (siehe Abschnitt 7.6), muß in einer eigenen Datei stehen, deren Namen mit dem Namen der Funktion übereinstimmt und die Erweiterung .m trägt, also *funkt_name.m*.

MATLAB läßt die Verwendung eines oder mehrerer Ausgangsparameter zu. Im Fall eines einzigen Ausgangsparameters besteht die Angabe *ausgangsparameter* lediglich aus dem Namen eines Formalparameters, über den das Funktionsergebnis zurückgeliefert wird. Werden jedoch mehrere Ausgangsparameter verwendet, so ist *ausgangsparameter* eine mit eckigen Klammern umschlossene und durch Beistriche getrennte Liste von Formalparametern:

$$[\textit{parameter}_1, \textit{parameter}_2, \ldots, \textit{parameter}_n]$$

Der Typ der Formalparameter wird (wie bereits erwähnt) zur Zeit der Vereinbarung des Unterprogramms nicht explizit spezifiziert.

Zusammenfassend hat die Vereinbarung eines FUNCTION-Unterprogramms die folgende Struktur:

$$\begin{aligned}
&\text{function } \langle \textit{ausgangsparameter} =\rangle \; \textit{funkt_name} \; \langle(\textit{formalparameterliste})\rangle \\
&\quad \% \; \textit{Programmbeschreibung für Online-Hilfe} \\
&\quad \textit{ausfuehrbare_anweisungen} \\
&\quad \langle \; \textit{ausgangsparameter} = \textit{berechneter_Wert} \\
&\quad \text{return} \rangle \\
&\quad \textit{ausfuehrbare_anweisungen} \\
&\quad \textit{ausgangsparameter} = \textit{berechneter_Wert}
\end{aligned}$$

Dabei werden die ersten aneinanderfolgenden Kommentarzeilen als Hilfetext für die Online-Hilfe verwendet (siehe Abschnitt 7.4.4). Das Ende einer Funktion wird nicht gesondert gekennzeichnet. Trifft MATLAB auf das Ende der Datei (oder auf eine weitere *function*-Anweisung), so wird die Funktionsvereinbarung als beendet angesehen. Durch den Befehl *return* kann die Abarbeitung eines FUNCTION-Unterprogramms explizit vorzeitig abgebrochen werden. Zudem sei nochmals darauf hingewiesen, daß die einzelnen MATLAB-Befehle, die den Block *ausfuehrbare_anweisungen* bilden, jeweils durch einen Strichpunkt abgeschlossen sein sollten.

Andernfalls produziert jeder (!) im Unterprogramm ausgeführte Befehl ein Echo, d. h., er gibt das aktuelle Berechnungsergebnis am Bildschirm aus.

Alle Variablen, die in einer Funktion deklariert werden, sind nur während der Abarbeitung dieser Funktion gültig (siehe Abschnitt 7.6), mit anderen Worten: MATLAB erstellt bei jedem Funktionsaufruf einen neuen lokalen Workspace, in dem anfänglich nur die Funktionsparameter definiert sind. So können z. B. die Eingangs- und Ausgangsparameter auch als temporäre Variable verwendet werden; diese Änderungen wirken sich nicht auf das aufrufende Programm aus. „Nach außen sichtbar" sind nur die nach Abarbeitung der Funktion zurückgegebenen Werte der Ausgangsparameter.

MATLAB-Beispiel 7.4

Um ein System gewöhnlicher Differentialgleichungen $y' = f(y)$, $f : \mathbb{R}^n \to \mathbb{R}^n$ zu lösen, muß die rechte Seite als Unterprogramm implementiert werden. Für

$$
y' = \begin{pmatrix} y_1' \\ y_2' \\ y_3' \end{pmatrix} = \begin{pmatrix} y_2 \cdot y_3 \\ -y_1 \cdot y_3 \\ -0.51 \cdot y_1 \cdot y_2 \end{pmatrix} = f(y)
$$

kann folgendes FUNCTION-Unterprogramm `f.m` verwendet werden:

```
function dy =  f(t, y)
   % Differentialgleichung fuer sn(x), cn(x), dn(x)
   dy = [      y(2)*y(3); ...
              -y(1)*y(3); ...
        -0.51*y(1)*y(2)];
```

7.4.2 Resultat einer Funktion

Das Resultat einer Funktion ist – sofern es existiert – durch den Wert der Ausgangsparameter der Funktion gegeben. Diese können innerhalb des Funktionsrumpfes durch gewöhnliche Wertzuweisungen definiert werden; der Typ dieser Parameter wird wiederum implizit über die Wertzuweisungen bestimmt.

Der Wert der Ausgangsparameter wird dem aufrufenden Programm übergeben, wenn der Programmablauf an das Ende der Funktion oder an ein *return*-Statement trifft. Er wird an jener Stelle, von der aus die Funktion aufgerufen wurde, also dort, wo der Name der Funktion in einem Ausdruck aufscheint, eingesetzt.

7.4.3 Aufruf einer Funktion

Der Aufruf einer Funktion geschieht durch Angabe ihres Namens *funkt_name* in einem Ausdruck (etwa einer Wertzuweisung). Die zugehörige Funktionsprozedur wird im Zuge der Auswertung des Ausdruckes aufgerufen.

Der Aufruf unterbricht die Ausführung des aufrufenden Programmteils und bewirkt die Ausführung der Anweisungen des Unterprogramms. Anschließend wird die Abarbeitung des aufrufenden Programmteils fortgesetzt. Liefert eine Funktion mehrere Werte zurück, so erfolgt ihr Aufruf durch

$$[parameter_1, parameter_2, \ldots, parameter_n] = funkt\_name\langle(parameter)\rangle$$

MATLAB-Beispiel 7.5

Das obige Unterprogramm *f* kann z. B. in einem Programm zur Lösung von Anfangswertaufgaben aufgerufen werden.

```
[t,y] = ode45('f',[0,10],[0;1;1]);
plot(t,y);
```

7.4.4 Eigenschaften von FUNCTION-Unterprogrammen

Bei der Vereinbarung und Verwendung von FUNCTION-Unterprogrammen müssen einige Eigenschaften beachtet werden:

- Jede Funktion, die von außen aufrufbar sein soll, muß in einer eigenen M-Datei abgespeichert werden. Der Dateiname muß dabei mit dem Funktionsnamen übereinstimmen.

  Eine Datei kann jedoch auch mehrere FUNCTION-Unterprogramme enthalten. Dabei werden alle weiteren Funktionen (d. h. all jene, deren Namen nicht mit dem Dateinamen übereinstimmen) als Unterfunktionen (*subfunctions*) bezeichnet. Diese Funktionen sind nur lokal gültig und können somit nur von den Funktionen in der gleichen M-Datei aufgerufen werden. Unterfunktionen werden in der gleichen Art vereinbart und aufgerufen wie Funktionen. Die von außen aufrufbare Funktion heißt Primärfunktion (*primary function*).

- MATLAB unterstützt einen Online-Hilfe-Mechanismus. Zu jeder Funktion kann mit dem Befehl *help*, gefolgt von dem Funktionsnamen, Hilfe angefordert werden. Der Hilfetext wird in Form eines Blockes von Kommentarzeilen nach dem Funktionskopf definiert. Beispielsweise wird bei Eingabe von

```
» help f
```

der Text `Differentialgleichung fuer sn(x), cn(x), dn(x)` am Bildschirm ausgegeben.

- Jede Funktion hat ihren eigenen Workspace, welcher vom MATLAB-Workspace getrennt ist. Die einzige Verbindung zwischen den Variablen innerhalb einer Funktion und dem MATLAB-Workspace sind die Ein- und Ausgangsparameter. Wenn innerhalb einer Funktion die Werte der Eingangsparameter verändert werden, so wirken sich diese Änderungen nur innerhalb der Funktion aus, nicht aber auf die Variablen, denen die Eingangsparameter bei Aufruf der Funktion zugewiesen wurden. Variable, die innerhalb der Funktion angelegt werden, existieren nur temporär während der Funktionsausführung. Es ist daher nicht möglich, in einer Funktion Werte in einer Variablen statisch zwischen zwei Funktionsaufrufen zu speichern (sieht man von globalen Variablen ab; siehe Abschnitt 7.6.2).

- Die Anzahl der Formalparameter muß nicht notwendigerweise mit der Anzahl der Aktualparameter übereinstimmen (vgl. Abschnitt 7.4.6). Dies erlaubt die Verwendung von „optionalen Parametern". Die Anzahl der Eingabe- und Ausgabeparameter, die beim Funktionsaufruf verwendet werden, ist innerhalb der Funktion über die Variablen *nargin* und *nargout* zugänglich.

MATLAB-Beispiel 7.6

Wenn die Funktion *ellipse* mit nur einem Parameter aufgerufen wird (also z. B. *ellipse*(5)), so wird angenommen, daß es sich um einen Kreis mit dem Radius a handelt. Dementsprechend wird $b = a$ gesetzt.

```
function flaeche = ellipse(a,b)

if nargin == 1
    b = a;
end
flaeche = pi*a*b;
```

- Funktionen können Variable ihres Workspace explizit als global definieren, um anderen Funktionen deren Wert zugänglich zu machen (vgl. Abschnitt 7.6.2).

- Die MATLAB-Funktion *error* zeigt einen Textstring im Kommandofenster an, bricht die Funktionsausführung ab und übergibt die Kontrolle der interaktiven Umgebung. Diese Funktion kann beispielsweise dazu verwendet werden, einen ungültigen Funktionsaufruf anzuzeigen.

```
if wert < 0
    error('WERT muss positiv sein.')
end
```

Analog erzeugt *warning* eine Warnung. Im Unterschied zu einer Fehlermeldung wird die Programmausführung bei einer Warnung nicht abgebrochen. Sowohl *error* als auch *warning* erlauben die Verwendung von Formatsymbolen (siehe Abschnitt 9.2). Die Syntax von *error* und *warning* ist daher mit der Syntax von *fprintf* äquivalent.

Mit FUNCTION-Unterprogrammen kann somit sehr leicht die Funktionalität von MATLAB erweitert werden. Viele der Standardfunktionen von MATLAB sind genau in dieser Weise, also in Form von M-Dateien, implementiert.

7.4.5 FUNCTION-Unterprogramme als Parameter

Bisher wurden lediglich Datenobjekte als Parameter eines Unterprogramms betrachtet. Man kann jedoch genauso Unterprogramme als Parameter an ein weiteres Unterprogramm übergeben. In diesem Fall wird dem aufgerufenen Unterprogramm ein `char`-Datenobjekt übergeben, das den Namen des auszuführenden Unterprogrammes enthält. Ein Funktionskopf, in dem ein Formalparameter vorkommt, der auf ein Unterprogramm verweisen soll, unterscheidet sich syntaktisch nicht von den bisher behandelten.

MATLAB-Beispiel 7.7

In der nebenstehenden Funktionsdefinition ist es nicht offensichtlich, daß *f* ein Unterprogramm-Name ist.

```
function min = minimum(f, a, b)
```

Um z. B. das Minimum der Funktion *peaks3* im Intervall [5, 6] zu suchen, könnte der nebenstehende Aufruf verwendet werden.

```
>> minimum('peaks3', 5, 6);
```

Der Aufruf eines so übergebenen Unterprogramms muß jedoch über eine spezielle Funktion geschehen. Die Funktion feval ($funct\_name$ $\langle, parameterliste \rangle$)

ruft die Funktion mit Namen $funct\_name$ und der angegebenen *parameterliste* auf.
Die *parameterliste* muß mit der Formalparameterliste der auszuwertenden Funktion – bis auf optionale Parameter – übereinstimmen. Es gibt in MATLAB jedoch keinerlei Mechanismen, dies zur Zeit der Vereinbarung des Unterprogramms zu garantieren. Diesbezügliche Fehler werden erst zur Laufzeit erkannt.

MATLAB-Beispiel 7.8

Eine Funktion f wird dem nebenstehenden Unterprogramm zur numerischen Minimumsbestimmung als Parameter übergeben.

```
function min = minimum(f, a, b)
   ⋮
wert = feval(f,x);
   ⋮
```

7.4.6   Optionale Parameter und Rückgabewerte

Oft werden aus der Menge der Bestimmungsstücke eines Problems nur Teilmengen zur Lösung benötigt, so daß das Problem durch die Angabe aller Parameter überbestimmt wäre. Oft wird durch eine Prozedur eine große Klasse von Problemen gelöst, die in Teilklassen zerfällt, in denen die Probleme durch jeweils andere Parameter spezifiziert werden.

MATLAB unterstützt die Möglichkeit, Formalparameter eines Unterprogramms *optional* zu verwenden. Wie bereits erwähnt, muß die Zahl der Formalparameter nicht notwendigerweise mit der Zahl der Aktualparameter einer Funktion übereinstimmen. Bei dem Aufruf eines FUNCTION-Unterprogrammes werden die Aktualparameter von links nach rechts mit Formalparametern assoziiert. Wurden im Aufruf einer Funktion weniger Aktualparameter angegeben als Formalparameter im Funktionskopf der entsprechenden Funktion definiert sind, so bleiben alle weiteren Formalparameter ohne Wert. Wird im Prozedurrumpf auf einen solchen nicht definierten Parameter zugegriffen, so erzeugt MATLAB eine Fehlermeldung. Um eine richtige Programmausführung zu gewährleisten, sollte daher der Programmierer jenen undefinierten Variablen Default-Werte zuweisen. Die Zahl der definierten Parameter kann über die Variable *nargin* abgefragt werden.

Man beachte, daß MATLAB potentiell jeden Parameter als optional ansieht. Sind für die Ausführung eines Unterprogramms eine bestimmte Anzahl von Parametern unbedingt notwendig, so muß dies vom Programmierer (durch Abfrage der *nargin*-Variablen) explizit sichergestellt werden. Wurden zu wenige Parameter angegeben, so kann man die Funktion z. B. mit dem *error*-Kommando abbrechen.

Weiters definiert MATLAB die Variable *nargout*, die spezifiziert, wie viele Rückgabeparameter der Funktion bei einem konkreten Aufruf (siehe Abschnitt 7.4.3) verwendet werden. Diese Möglichkeit ist vor allem dann von Interesse, wenn der Rechenaufwand für die ohnehin nicht benötigten Parameter erheblich wäre. In diesem Fall braucht die Berechnung dieser Rückgabewerte erst gar nicht vorgenommen werden, was zu einer deutlichen Performancesteigerung führen kann.

MATLAB-Beispiel 7.9

Eine Funktion soll Volumen und Oberfläche eines (Hohl)zylinders berechnen.

Für den Fall des *vollen* Zylinders (mit Radius r_a) braucht der innere Radius r_i des Hohlzylinders nicht spezifiziert zu werden.

```
function [vol,ob] = zyl(h, r_a, r_i)
    if nargin == 2
        r_i = 0;
    end
    vol = % Berechne Volumen
    if nargout == 2
        ob = % Berechne Oberfläche
    end
end
```

Wird nur das Volumen gewünscht (d. h., wird nur der erste Rückgabewert wirklich verwendet), so kann auf die Berechnung der Oberfläche verzichtet werden.

Mögliche Aufrufe für den Fall des *Voll*zylinders sind z. B.

```
vol = zyl(29.8, 31.54, 0.);
vol = zyl(29.8, 31.54);
[vol, ob] = zyl(29.8, 31.54);
```

MATLAB-Beispiel 7.10

Der Wert eines bestimmten Integrals $If = \int_a^b f(t)dt$ soll für eine gegebene Funktion $f : [a, b] \to \mathbb{R}$ und ein gegebenes Intervall $[a, b] \subset \mathbb{R}$ bestimmt werden. Das numerische Problem besteht in der Bestimmung einer Näherungslösung $Qf \approx If$, die eine gegebene Toleranz $|\, Qf - If\, | \leq \tau$ erfüllt. In den meisten Programmen zur numerischen Quadratur wird eine der folgenden Varianten verwendet:

$$\tau := \epsilon_{\text{abs}} + \epsilon_{\text{rel}} \cdot |\, Qf\, |$$
$$\tau := \max\{\epsilon_{\text{abs}}, \epsilon_{\text{rel}} \cdot |\, Qf\, |\}$$
$$\tau := \max\{\epsilon_{\text{abs}}, \epsilon_{\text{rel}} \cdot |\, Q_{\text{abs}}f\, |\} \quad \text{mit} \quad Q_{\text{abs}}f := Q(|\, f\, |; a, b).$$

Im nebenstehenden Unterprogramm wird die dritte Variante in einer Weise implementiert, die den Fall fehlender Problemparameter abdeckt.

```
function r = integral(f, a, b, ...
            eps_rel, eps_abs)
  if nargin < 5
    eps_abs = 0;
    if nargin < 4
      eps_rel = 0;
    end
  end
  if eps_abs < 0
    eps_abs = 0;
  end
  if eps_rel < 0
    eps_rel = 0;
  end
  if ((eps_abs == 0) & ...
      (eps_rel == 0))
    eps_rel = 1 + eps;
  end
  ...
```

Diese Funktion kann z. B. auf nebenstehende Arten aufgerufen werden.

```
r = integral(f, a, b)
r = integral(f, a, b, 1e-3)
r = integral(f, a, b, 1e-3, 1e-5)
```

7.5   Steigerung der Gleitpunktleistung

MATLAB-Funktionen erreichen zwar eine sehr gute Gleitpunktleistung (Mflop/s), aber bei selbstgeschriebenen M-Dateien (Funktionen oder Skripts) steht MATLAB Programmiersprachen wie C oder Fortran bei der Gleitpunktleistung deutlich nach. In MATLAB 6.5 ist daher eine „Performance Acceleration" implementiert, die die Ausführung von M-Dateien beschleunigt. Beschleunigt werden vor allem Skripts und Funktionen, die Schleifen enthalten und die keine Aufrufe zu weiteren M-Dateien haben. Im folgenden wird erläutert, wie man MATLAB-Programme schreibt, die größtmögliche Gleitpunktleistung erzielen.

7.5.1   Beschleunigbare Konstrukte

Die Performance-Erweiterungen unterstützen nur einen Teil des MATLAB-Sprachumfangs. In diesem Abschnitt werden die unterstützten Datentypen, Felder und Operationen beschrieben. Bei Programmen, die ausschließlich diese Konstrukte enthalten, wird die höchste Gleitpunktleistung erreicht.

Datentypen: MATLAB beschleunigt Code, der folgende Datentypen verwendet:
`logical`, `char`, `int8`, `uint8`, `int16`, `uint16`, `int32`, `uint32` und `double`
(sowohl real als auch komplex). Es wird nur Code mit voll besetzten Feldern
beschleunigt. Code mit schwach besetzten Felder (sparse arrays) wird *nicht*
beschleunigt.

Mehrdimensionale Felder: Die Leistungssteigerung erfolgt nur für Code mit
Feldern mit höchstens drei Dimensionen.

Schleifen: `for`-Schleifen werden schneller ausgeführt, wenn

- der Laufvariablen der `for`-Schleife nur skalare Werte zugewiesen werden,

- der Code in der `for`-Schleife nur die unterstützten (oben erwähnten)
Datentypen enthält und

- ausschließlich interne MATLAB-Funktionen aufgerufen werden.

Die beste Gleitpunktleistung wird erzielt, wenn alle drei Eigenschaften in
jeder Zeile der Schleife erfüllt sind. Falls das nicht der Fall ist, wird die Beschleunigung bei jeder Zeile, die eine der drei Bedingungen verletzt, kurzfristig angehalten, die Zeile normal ausgeführt und dann die beschleunigte
Ausführung fortgesetzt.

Steuerkonstrukte: Die Anweisungen `if`, `elseif`, `while` und `switch` werden
schneller ausgeführt, falls die Auswertung der Bedingung einen Skalar ergibt.

Feldgröße: Beim Bearbeiten von Feldern entsteht in MATLAB ein Overhead. Für
große Felder ist dieser Zusatzaufwand im Vergleich zur Feldgröße gering.
Bei kleinen Matrizen nimmt dieser Zusatzaufwand einen größeren Prozent-
satz in Anspruch und kann deshalb von Bedeutung sein. Die Performance-
Steigerung reduziert den Overhead bei kleinen Feldern.

7.5.2   Nicht beschleunigbare Konstrukte

Die folgenden Programmelemente und Programmiermethoden können MATLAB-
Code verlangsamen und sollten daher vermieden werden. Immer, wenn MATLAB
auf eine Codezeile stößt, die es nicht beschleunigen kann, wird die Beschleunigung
kurzfristig angehalten.

Datentypen und mehrdimensionale Felder: MATLAB-Code mit den Datentypen `cell` und `struct` sowie selbstdefinierten Klassen wird nicht beschleunigt. Felder mit mehr als drei Dimensionen verhindern ebenfalls eine Beschleunigung.

Funktionsaufrufe: Aufrufe von anderen Funktionen (M-Dateien oder MEX-Dateien) oder Unterfunktionen verhindern die Optimierung dieser Code-Zeile. Die aufgerufene Funktion wird möglicherweise beschleunigt, aber der Zeitaufwand für den Aufrufmechanismus kann diesen Gewinn wieder reduzieren.

Überladene Funktionen: Da überladene MATLAB-Funktionen meist Aufrufe zu selbstgeschriebenen M-Dateien oder MEX-Dateien beinhalten, verlangsamt das deren Ausführung.

Mehr als ein Befehl pro Zeile: Unter gewissen Umständen können mehrere Operationen in einer Zeile deren Ausführung verlangsamen. Im folgenden Beispiel verwendet die erste Operation eine Struktur, die eine Beschleunigung verhindert:

```
x = a.name;   for k = 1:10000, sin(A(k)), end;
```

Da MATLAB den Code sequentiell Zeile für Zeile bearbeitet, werden alle Operationen einer Zeile, die (mindestens) eine nicht beschleunigbare Operation enthält, ebenfalls nicht beschleunigt. Im obigen Beispiel könnte die `for`-Schleife beschleunigt werden, wenn sie in einer eigenen Zeile steht.

Verändern des Datentyps oder der Dimension einer Variablen: Wenn in einer Code-Zeile der Datentyp oder die Dimension einer Variablen verändert wird, so beschleunigt MATLAB diese Zeile nicht. Beispielsweise wird in folgendem Code der Typ der Variablen `X` von `double` nach `char` verändert und damit eine Beschleunigung verhindert:

```
X = 23;

  ⋮

X = 'A'; % diese Zeile wird nicht beschleunigt.

  ⋮
```

Es ist zu beachten, daß die Beschleunigung der Gleitpunktleistung ausgeschaltet wird, wenn im Debug-Modus gearbeitet oder wenn die Funktion `echo` verwendet wird.

7.6   Sichtbarkeit von Datenobjekten

In mathematischen Publikationen ist es üblich, örtlich begrenzte Definitionen zu verwenden, um die Bedeutung einzelner Symbole festzulegen. „*Es sei f eine stetige periodische Funktion mit der Periode 2π*" legt z. B. in einem bestimmten Abschnitt eines Buches die Bedeutung des Symbols f fest. An anderen Stellen kann f durchaus andere Bedeutungen besitzen. Obwohl es für die örtliche Bedeutung einer solchen Festlegung keine formalen Regeln gibt, bereitet es bei gut geschriebenen Publikationen keine Schwierigkeiten, den Gültigkeitsbereich einer solchen Definition zu erkennen. Bei Programmiersprachen ist dies anders: Da Compiler keine Intuition besitzen, muß der Gültigkeitsbereich von Bezeichnern, die in einem Programm verwendet werden, formal festgelegt werden. Damit wird eine zentrale Frage aufgeworfen:

> *Welche Objekte (Datenobjekte, Unterprogramme) kann ein Programmierer von einem bestimmten Punkt des Programms aus ansprechen?*

Nicht jedes Datenobjekt ist von jedem Punkt eines Programms aus ansprechbar. Das ist eine Konsequenz der Modularität: Könnte jeder Programmteil auf die Datenobjekte jeder anderen Programmeinheit zugreifen, würden daraus Unübersichtlichkeit und Fehleranfälligkeit resultieren.

Die Gesamtheit jener Teile des Programms, in denen ein bestimmtes Datenobjekt „bekannt" ist, also angesprochen werden kann, heißt *Sichtbarkeitsbereich* oder *Gültigkeitsbereich* (*scope*) des Datenobjekts.

7.6.1   Lokale Größen

In den meisten imperativen Programmiersprachen haben jede Programmeinheit und jedes Unterprogramm einen Vereinbarungsteil, in dem die darin verwendeten Datenobjekte (und deren Typ) deklariert werden. Die so vereinbarten Datenobjekte sind innerhalb des betreffenden Programmteils bekannt und können dort verwendet werden. Datenobjekte, die in einer Programmeinheit oder in einem Unterprogramm vereinbart sind, heißen *lokal* bezüglich dieses Programmteils. Man nennt Programmeinheiten und Unterprogramme daher *Geltungseinheiten* (auch *Sichtbarkeits-* oder *Gültigkeitsbereiche*, engl. *scoping units*). In Ermangelung einer expliziten Deklaration von Variablen spricht man in MATLAB von dem Geltungsbereich eines ganzen Workspace.

In MATLAB bilden Skripts keine Geltungseinheiten, da diese zur Gänze im Workspace des aufrufenden Programms (oder in der interaktiven Umgebung) ablaufen. Im Gegensatz dazu bilden FUNCTION-Unterprogramme Geltungsbereiche; d. h., alle Variablen, welche implizit innerhalb einer Funktion erzeugt werden, sind nur lokal in der Funktion gültig. Zufällige Namensgleichheiten bei lokalen

Variablen in verschiedenen FUNCTION-Unterprogrammen spielen daher keine
Rolle.

MATLAB-Beispiel 7.11

Eine Funktion *f1* verweist ...
```
function res = f1(x,y,z)
    u = 4;
    t = f2(y);
    ...
```

... auf eine Funktion *f2*.
```
function res = f2(x)
    u = 6;
    ...
```

Die Variable t ist in der Funktion *f1* lokal definiert und kann daher auch nur
innerhalb dieser Funktion angesprochen werden. Die Variable u ist zwar sowohl in
Funktion *f1* als auch in Funktion *f2* definiert, jedoch gehört sie jeweils zum lokalen
Workspace der entsprechenden Funktion; d. h., Zuweisungen auf die Variable u
in *f1* ändern den Wert von u in *f2* nicht.

Die Namen von primären Funktionen sind in allen anderen Programmeinheiten sichtbar, sofern die Pfadeinstellung von MATLAB auch auf jenes Verzeichnis
verweist, in dem die entsprechende M-Datei enthalten ist. Primäre Funktionen
können daher von anderen Programmeinheiten aufgerufen werden.

7.6.2   Globale Größen

Jene Datenobjekte, die außerhalb einer Geltungseinheit liegen, aber durch sie
angesprochen werden können, heißen *global* für die betreffende Geltungseinheit.

Bei Skripts sind grundsätzlich alle Datenobjekte, die im Skript erzeugt wurden, global für den aufrufenden Programmteil, da Skripts im gleichen Workspace
ablaufen. Damit sind aber auch alle Objekte des aufrufenden Programmteils global innerhalb des Skripts. Diese Tatsache kann zu unangenehmen *Seiteneffekten* führen: Unterprogramme können Variablen des aufrufenden Programmteils
verändern, ohne daß diese dem Unterprogramm als Parameter übergeben wurden.

MATLAB-Beispiel 7.12

Die Variablen x und z der Funktion *quadrat* sind auch im Skript
tscript ansprechbar, wie auch die
```
function y = quadrat(x)
    z = 1;
    tscript;
```

Variable *res* des Skripts *tscript* innerhalb der Funktion *quadrat* verwendbar ist.	`y = res + z;`

Die Funktion *quadrat* liefert den falschen Wert $x^2 + 2$ anstelle $x^2 + 1$, da z im Skript *tscript* verändert wurde.	Skript *tscript.m*:
	 `res = x*x;`
	 `z = 2;`

FUNCTION-Unterprogramme bilden Geltungseinheiten. Datenobjekte, die innerhalb einer Funktion implizit erzeugt werden, sind immer nur lokal im jeweils gültigen Workspace definiert.

Es besteht jedoch die Möglichkeit, daß sich mehrere Funktionen Variable ihres Workspace „teilen". Definieren mehrere Funktionen eine Variable gleichen Namens unter Verwendung des Schlüsselwortes *global*, so greifen all diese Funktionen auf ein und dieselbe Variable zu. Die so definierte Variable wird also global für alle Funktionen, die ihrerseits eine entsprechende *global*-Deklaration enthalten.

MATLAB-Beispiel 7.13

Die Funktionen *f1* und *f3* enthalten beide einen Verweis auf die globale Variable *b*, sprechen also denselben Speicherplatz an.	```function u = f1(x)```

```
function u = f1(x)
   global b
   b = 7;
   u = f2(x) + f3(x);

function v = f2(y)
   b = 5;
   v = b*y;

function w = f3(z)
   global b
   w = b + z;
```

Die Funktionen *f1* und *f3* enthalten beide einen Verweis auf die globale Variable *b*, sprechen also denselben Speicherplatz an.

Die Variable *b* in *f2* referenziert jedoch eine lokale Variable, da sie nicht als **global** definiert wurde.

Sobald MATLAB auf eine *global*-Deklaration stößt, wird die entsprechende Variable in einem Workspace der globalen Variablen erzeugt; bei allen weiteren *global*-Deklarationen wird im lokalen Workspace einer Funktion nur eine Referenz auf die globale Variable abgelegt.

Mit dem Befehl *delete global* kann eine globale Variable wieder gelöscht werden.

Die Definition globaler Variablen in FUNCTION-Unterprogrammen sollte aber nicht zur Parameterübergabe verwendet werden, da dies nicht dem Prinzip der Modularisierung entspricht und die Gefahr von Seiteneffekten mit sich bringt.

7.7 Rekursion

Allgemein spricht man von *Rekursion*, wenn ein Problem, eine Funktion oder ein Algorithmus „durch sich selbst" definiert ist. Algorithmen oder Programme bezeichnet man als *rekursiv*, wenn sie Funktionen oder Prozeduren enthalten, die sich direkt oder indirekt selbst aufrufen.

Beispielsweise ist die Fakultät $n!$ einer natürlichen Zahl n ohne Rekursion definiert als das Produkt aller natürlichen Zahlen i, $1 \leq i \leq n$. Rekursiv definiert ist die Fakultät einer natürlichen Zahl n als das Produkt der Zahl mit der Fakultät ihres Vorgängers, wobei die Fakultät von 1 den Wert 1 hat:

$$
n! = \begin{cases} 1 & \text{für} \quad n = 1 \\ n \cdot (n-1)! & \text{für} \quad n > 1. \end{cases}
$$

FUNCTION-Unterprogramme dürfen sich selbst aufrufen, und zwar entweder direkt (wenn z. B. die Funktion a die Funktion a aufruft) oder indirekt (wenn z. B. a die Funktion b aufruft und diese wiederum a).

Bei direkt rekursiven Funktionen müssen eventuelle Ausgangsparameter einen anderen Namen als den Funktionsnamen tragen, da sonst in der Programmausführung unklar wäre, ob es sich beim Auftreten des Funktionsnamens um den Bezeichner eines Ausgangsparameters oder um einen rekursiven Funktionsaufruf handelt.

MATLAB-Beispiel 7.14

Die folgende Funktion berechnet die Fakultät einer natürlichen Zahl durch rekursiven Aufruf:

```
function fakt_resultat = fakultaet(n)
    if n == 1
        fakt_resultat = 1;
    else
        fakt_resultat = n * fakultaet(n - 1);
    end
```

Einem Aufruf `fakultaet(4)` entsprechen geschachtelte Aufrufe

	Rekursionstiefe
Aufruf: `fakultaet(4)`	0
↓	
Aufruf: `fakultaet(3)`	1
↓	
Aufruf: `fakultaet(2)`	2
↓	
Aufruf: `fakultaet(1)`	3

Die Anzahl der geschachtelten Aufrufe wird als *Rekursionstiefe* des Unterprogramms bezeichnet. In einem Algorithmus oder einem Programm darf nur mit einer *begrenzten Rekursion*, d. h., einer endlichen Rekursionstiefe, gearbeitet werden. Jeder rekursive Unterprogrammaufruf muß daher in einer bedingten Anweisung stehen, so daß er in Spezialfällen *nicht* ausgeführt wird und ein *Abbruch der Rekursion* erfolgt.

Bei der Vereinbarung von rekursiven Unterprogrammen ist es nicht immer so offensichtlich wie bei dem obigen Beispiel der Fakultätsfunktion, daß es sich um eine begrenzte Rekursion handelt, die noch dazu den gewünschten Wert liefert. Korrektheitseigenschaften von rekursiven Unterprogrammen können im Zweifelsfall nur durch formale Beweise präzise sichergestellt werden (vgl. z.B. Bauer, Goos [4], Kröger [29]).

MATLAB-Beispiel 7.15

Ändert man die Definition von $n!$ etwas ab (siehe Kröger [29]) auf

$$n_i = \begin{cases} 1 & \text{für} \quad n = 1 \\ n \cdot (n+1)_i & \text{für} \quad n > 1 \end{cases},$$

so wird dadurch *keine* Funktion $n_i : \mathbb{N} \to \mathbb{N}$ definiert.

```
function endlos_resultat = endlos(n)
    if n == 1
        endlos_resultat = 1;
    else
        endlos_resultat = n * endlos(n + 1);
    end
```

Das FUNCTION-Unterprogramm `endlos` liefert zwar für `endlos(1)` das Ergebnis 1, ist aber für $n > 1$ nicht auswertbar, weil kein Abbruch der Rekursion erfolgt. Der Selbstaufruf von `endlos` ist in einen *circulus vitiosus* geraten:

	Rekursionstiefe
Aufruf: `endlos(3)`	0
↓	
Aufruf: `endlos(4)`	1
↓	
Aufruf: `endlos(5)`	2
⋮	⋮

Ähnlich problematisch ist der Fall der *unklaren Terminierung*. Es gibt Rekursionen, von denen nicht bekannt ist, ob sie terminieren oder nicht.

MATLAB-Beispiel 7.16

Bei folgendem FUNCTION-Unterprogramm ist der Abbruch der Rekursion – die Frage nach der *Terminierung* – nicht trivial (und bisher ungelöst; Kröger [29]):

```
function unklar_resultat = unklar(n)
   if n == 1
      unklar_resultat = 1;
   elseif rem(n,2) == 1
      unklar_resultat = unklar(3*n + 1);
   else
      unklar_resultat = unklar(n/2);
   end
```

Für $n = 7$ terminiert diese Rekursion (mit der Rekursionstiefe 16) über die Argumentfolge

7, 22, 11, 34, 17, 52, 26, 13, 40, 20, 10, 5, 16, 8, 4, 2, 1.

Es ist jedoch ein offenes Problem, ob das Unterprogamm `unklar_resultat` für *jedes* $n \in \mathbb{N}$ terminiert.

Ein weiteres Beispiel einer rekursiven Funktion ist die Ackermann-Funktion. Sie ist ein Beispiel einer berechenbaren Funktion, die *nicht* primitiv-rekursiv ist, d. h., die Ackermann-Funktion kann *nicht* durch eine Prozedur berechnet werden, die als Wiederholungsanweisungen ausschließlich Zählschleifen enthält.

MATLAB-Beispiel 7.17

Die Ackermann-Funktion $a : \mathbb{N}_0 \times \mathbb{N}_0 \to \mathbb{N}_0$ ist rekursiv definiert:

$$a(m,n) = \begin{cases} n+1 & \text{für} \quad m = 0, \\ a(m-1,1) & \text{für} \quad n = 0, \\ a(m-1, a(m,n-1)) & \text{sonst.} \end{cases}$$

Sie wächst sehr rasch und kann von keiner primitiv-rekursiven Funktion nach oben beschränkt werden. Es gilt

$$a(1,n) = n+2$$
$$a(2,n) = 2n+3$$
$$a(3,n) = 2^{n+3} - 3$$
$$a(4,n) = 2^p - 3 \quad \text{mit} \quad p = \underbrace{2 \uparrow 2 \uparrow 2 \uparrow \ldots 2}_{(n+2)\text{-mal}},$$

wobei das Symbol $\uparrow$ der Exponentiation entspricht. $a(4,3)$ ist bereits größer als 10^{21000}.

```
function a = ackermann(m,n)
   if m == 0
      a = n + 1;
   elseif n == 0
      a = ackermann(m-1,1);
   else
      a = ackermann(m-1, ackermann(m,n-1) );
   end
```

Rekursive Algorithmen können in passenden Anwendungsfällen zu übersichtlichen und effizienten Programmen führen. In manchen Fällen kann die rekursive Problemlösung aber extrem ineffizient sein.

MATLAB-Beispiel 7.18

Die Lösung der Differenzengleichung

$$a_n = a_{n-1} + a_{n-2}$$

mit der Anfangsbedingung $a_0 = a_1 = 1$ heißt *Fibonacci-Folge*. Implementiert man diese Differenzengleichung in eleganter Weise in Form eines rekursiven

FUNCTION-Unterprogramms, so erhält man für große Werte von n außerordentlich hohe Rechenzeiten.

```
function a_n = fibonacci(n)
   if n <= 2
      a_n = 1;
   else
      a_n = fibonacci(n-1) + fibonacci(n-2);
   end
```

Die schlechte Effizienz ist auf das exponentielle Ansteigen der Anrufe von `fibonacci` und damit auf das exponentielle Ansteigen der Rechenzeit zurückzuführen: Jedem Aufruf von `fibonacci` entsprechen *zwei* weitere Aufrufe! Löst man die Differenzengleichung *iterativ* und nicht rekursiv, so erhält man ein wesentlich effizienteres (aber auch weniger elegantes) Unterprogramm. Der Aufwand steigt in diesem Fall nur linear mit n.

Mit jedem Aufruf eines Unterprogramms wird ein neuer Workspace erzeugt. Sichtbar – also veränderbar – ist bei rekursiven Aufrufen jedoch jeweils nur der zuletzt erzeugte; die Variablen des vorangegangenen Workspace werden daher erst durch die Beendigung des aktuellen Unterprogrammes „aufgedeckt".

Kapitel 8

Selbstdefinierte Datentypen

In imperativen Programmiersprachen gibt es meist eine klare Trennung zwischen
Daten und Programmen: Prozeduren und Funktionen werden dazu verwendet,
Daten aus dem Speicher zu holen und zu verändern. Funktionen und Daten-
strukturen sind daher die „Grundbausteine" imperativer Programmiersprachen.
Objektorientierte Sprachen vermeiden diese strikte Trennung: Zusammengehöri-
ge Operationen und Daten werden in modularen Einheiten, in sogenannten *Objekten*, zusammengefaßt. Jedes Objekt hat einen internen *Zustand* (die Werte
der Variablen des Objektes) und Funktionen, die sogenannten *Methoden*, die auf
Variable des Objektes zugreifen können (also den internen Zustand verändern).
Da für andere Objekte die internen Variablen eines Objektes normalerweise nicht
„sichtbar" sind, eignen sich objektorientierte Programmiersprachen besonders gut
zur Modularisierung von Programmen. Ein objektorientiertes Programm besteht
letztlich aus einer Vielzahl von Objekten, die miteinander interagieren, um das
gewünschte Endergebnis zu produzieren.

8.1 Klassen und Instanzen

Um ein neues Objekt zu erzeugen, muß zuerst eine neue *Klasse* definiert wer-
den. Eine Klasse kann als eine Art „Schablone" betrachtet werden, mit der die
Struktur des Objekts spezifiziert wird: Neben der Zahl und dem Typ der internen
Variablen wird auch festgelegt, welche Methoden letztlich in den zu erzeugenden
Objekten vorhanden sein werden. Beispielsweise besteht eine Klasse, die Polyno-
me repräsentiert, aus einem Vektor der Polynom-Koeffizienten und einigen Me-
thoden, die z. B. Polynomaddition, Polynommultiplikation und die Bildung des
Ableitungspolynoms implementieren.

Eine Klassendefinition gibt also lediglich die Struktur späterer Objekte vor.
Durch *Instantiierung* werden aus dieser Information konkrete Objekte, die auch
Instanzen der Klasse genannt werden, erzeugt. Jede Instanz bekommt dabei einen

eigenen Speicherbereich für ihre internen Variablen (*Instanzvariablen*) zugewiesen; die Instanz kann als eine konkrete Ausprägung einer Klasse angesehen werden. So speichert z. B. eine Instanz der Polynomklasse *ein konkretes* Polynom, während die Klasse selbst nur Strukturen definiert, die die Speicherung beliebiger Polynome erlauben.

MATLAB folgt in der Struktur der einzelnen Datentypen den Konzepten einer objektorientierten Programmiersprache; den 12 Basistypen (siehe Kapitel 4) entsprechen 12 Klassen, denen ein eindeutiger Name zugeordnet ist. Jede Wertzuweisung erzeugt eine Instanz jener Klasse, deren Typ über die Wertzuweisung festgelegt ist; diese neue Instanz wird dann mit den angegebenen Werten initialisiert. Bei der Instantiierung wird das neu generierte Objekt über eine spezielle Methode, genannt Konstruktor, initialisiert. Dieser allokiert den benötigten Speicher und belegt alle Instanzvariablen des Objektes, die den durch die Instanz repräsentierten Wert speichern.

Standardmäßig sind in den Basisklassen die wichtigsten Operationen implementiert; auf dem Datenobjekt `double` sind beispielsweise auch Methoden für die Addition, Multiplikation etc. von Matrizen definiert.

8.2 Vererbung

Eine wichtige Eigenschaft objektorientierter Sprachen ist die Möglichkeit des Aufbaus einer „Klassenhierarchie". Eine hierarchische Strukturierung bietet die Möglichkeit der „Vererbung" bestimmter Eigenschaften von in der Hierarchie höherliegenden zu tieferliegenden Klassen, um Ähnlichkeiten in der Objektstruktur Rechnung zu tragen. Als Beispiel sei eine Klasse genannt, die Polynome beliebigen Grades speichert und auf der alle gängigen Methoden (wie Addition, Multiplikation etc.) definiert sind. Eine weitere Klasse soll Tschebyscheff-Polynome[1] speichern. Da Tschebyscheff-Polynome eine spezielle Klasse von Polynomen sind, können alle Operationen, die auf Polynome anwendbar sind, auch auf Tschebyscheffpolynome angewendet werden. Es wäre nicht ökonomisch, in dieser Klasse alle Methoden der Polynomklasse nochmals zu definieren, da große Teile des Codes unverändert übernommen werden können.

Objektorientierte Programmiersprachen bieten eine elegante Möglichkeit an, eine Klasse als „Spezialfall" einer anderen zu definieren: *Vererbung*. Bei der Vererbung *erbt* eine Klasse (*Subklasse*) alle Methoden (und meist auch alle Variablen) einer anderen Klasse (genannt *Superklasse*). Eine Subklasse kann jedoch auch neue Methoden definieren und Methoden der Superklasse neu implementieren (*Polymorphismus*). Die Vererbung kann auch über mehrere Ebenen reichen. Klas-

---

[1]Tschebyscheff-Polynome spielen eine wichtige Rolle bei der Interpolation und Approximation (siehe Überhuber [45]).

sen, von denen keine Instanzen erzeugt werden können und die nur zum Zweck der Vererbung von Methoden an Subklassen vorhanden sind, heißen abstrakt[2].

In MATLAB stammen alle Basisdatentypen von der abstrakten Klasse `array` ab; diese Klasse definiert lediglich Methoden, um auf mehrdimensionale Felder zuzugreifen. Der numerische Datentyp `double` und die Speicher-Typen stammen von einer weiteren abstrakten Klasse `numeric` ab, die wiederum `array` als Superklasse besitzt:

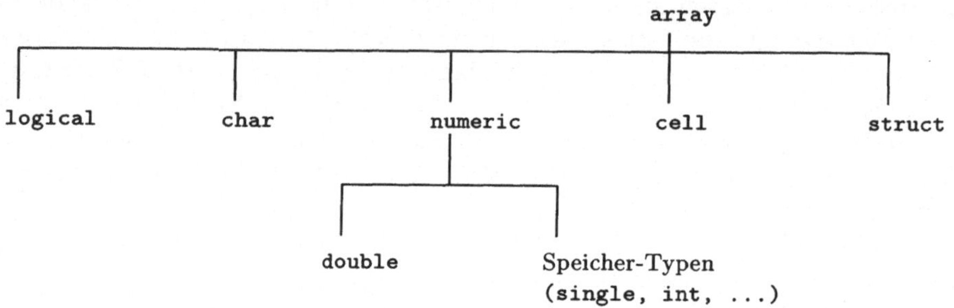

Durch den MATLAB-Befehl *class* kann der Klassenname eines Objektes ermittelt werden. Ist z. B. das Datenobjekt *a* vom Typ `double`, so gibt *class*(*a*) den String `'double'` zurück. Zudem kann der Klassenname eines Objektes durch *isa* mit einem vorgegebenen Namen verglichen werden. Der Befehl *isa*(*object,name*) liefert 1 (TRUE), falls das Datenobjekt *object* vom Typ *name* ist.

Neue Datentypen werden in MATLAB prinzipiell durch Implementierung einer neuen Klasse definiert. Dies geschieht durch Erstellung von MATLAB-Funktionen (siehe Kapitel 7.4), die in einem Verzeichnis abgelegt werden müssen, dessen Namen aus dem Klassennamen und einem führenden @ besteht (das Verzeichnis muß Unterverzeichnis eines Verzeichnisses sein, das im MATLAB-Suchpfad enthalten ist). Abschnitt 8.5 enthält ein ausführliches Beispiel zur Definition neuer Datentypen. Jede Klasse muß mindestens einen Konstruktor implementieren. Eine Instanz einer neu definierten Klasse wird ausschließlich über den Aufruf eines Konstruktors erzeugt.

8.3   Konstruktoren

Ein Konstruktor ist eine spezielle Methode, deren Namen mit dem Klassennamen übereinstimmt und die bei der Instantiierung eines Objektes verwendet wird; der

---

[2]Im MATLAB-Handbuch [35] wird eine solche Klasse (oder ein solcher Datentyp) als *virtuell* bezeichnet. Da dies aber keineswegs dem gängigen Gebrauch des Wortes „virtuell" entspricht, wird im folgenden diese Bezeichnung nicht verwendet.

Konstruktor dient dabei der Initialisierung des Objekts.

Ein Konstruktor muß mittels des MATLAB-Befehls *class* eine neue Instanz eines Objektes erzeugen, die Instanzvariablen initialisieren und das neu erstellte Objekt als Funktionsergebnis zurückliefern. Ein Konstruktor kann eine beliebige Anzahl von Parametern besitzen; in bestimmten Situationen ruft MATLAB den Konstruktor jedoch ohne Parameter oder mit einem bereits initialisierten Datenobjekt des gleichen Typs als Parameter auf. Im ersten Fall soll ein neues Objekt, initialisiert mit Defaultwerten, zurückgegeben werden, im anderen Fall lediglich der übergebene Parameter.

Der MATLAB-Befehl *class* erhält mindestens zwei Parameter: ein Datenobjekt vom Typ `struct`, das die Instanzvariablen enthält (dabei entspricht jeder Strukturkomponente eine Instanzvariable), und den Klassennamen des neu zu erstellenden Objekts als `char`-Datenobjekt. Zurückgeliefert wird eine (initialisierte) Instanz eines Objekts vom angegebenen Typ.

MATLAB-Beispiel 8.1

Die folgende MATLAB-Funktion ist ein Konstruktor für die Klasse *polynom*, die Polynome beliebigen Grades speichern soll. Hierzu wird ein Vektor der Koeffizienten als Instanzvariable *coeff* und der Grad des Polynoms als Instanzvariable n gespeichert. Das Objekt wird durch den Aufruf des Konstruktors, dem ein Feld von Koeffizienten übergeben wird, initialisiert.

Wird kein Parameter übergeben, so gibt der Konstruktor die Konstante null zurück. In einem neuen Datenobjekt *vars* vom Typ `struct` werden alle Instanzvariablen gespeichert.

Wird der Konstruktor mit einem bereits initialisierten Polynom aufgerufen, so wird eine Kopie zurückgegeben.

Sonst wird ein neues Polynomobjekt erstellt, wobei die Koeffizienten des Polynoms dem Vektor *c* entnommen werden.

```
function cl = polynom(c)

if nargin == 0
    vars.coeff = [0];
    vars.n = 0;
    cl = class(vars, 'polynom');
elseif isa(c, 'polynom');
    cl = c;


else
    vars.coeff = c;
    vars.n = size(c);
    cl = class(vars, 'polynom');
end
```

Der Benutzer kann nun etwa über den Aufruf `polynom([3 2 1])` ein neues `polynom`-Datenobjekt erzeugen, das das Polynom $3x^2 + 2x + 1$ repräsentiert.

MATLAB unterstützt sowohl einfache als auch mehrfache Vererbung. Im Fall einfacher Vererbung besitzt eine Klasse höchstens einen Vorgänger, im Fall mehrfacher Vererbung sind mehrere Vorgänger möglich.

Werden im *class*-Befehl als optionale Parameter zusätzlich Namen von Klassen angegeben, so kann man MATLAB anweisen, die zu erstellende Klasse als Nachkomme der angegebenen Klassen anzusehen:

class (*struct, classname* $\langle ,obj_1,\ldots,obj_n\rangle$)

erstellt eine neue Instanz der Klasse *classname* mit Instanzvariablen *struct*, die von den Objekten obj_1 bis obj_n abstammt. Eine abgeleitete Klasse erbt alle Methoden ihrer Vorgänger (auf Variablen der Superklasse kann jedoch von der Subklasse nicht zugegriffen werden).

Bei Verwendung von Vererbung ist bezüglich der internen Variablen einer Klasse folgendes zu beachten: jede Subklasse *muß* alle Variablen der Superklassen enthalten, kann jedoch auch zusätzliche Variable definieren. Dies stellt sicher, daß Methoden der Superklassen auch auf Instanzvariable der Subklasse operieren können. Wird nämlich eine Methode eines Objekts aufgerufen, die nicht im Objekt selbst definiert ist, jedoch in einer der Superklassen, so wird die entsprechende Methode der Superklasse ausgeführt; diese Methode operiert jedoch auf den Instanzvariablen des ursprünglich angegebenen Objekts.

MATLAB-Beispiel 8.2

Das folgende Fragment eines Konstruktors zur Initialisierung einer Klasse *tscheb*, die Tschebyscheff-Polynome speichern soll, illustriert die Verwendung von Vererbung in MATLAB. Im Konstruktor werden die Koeffizienten des i-ten Tschebyscheff-Polynoms ermittelt und in der Variablen *coeff* gespeichert, damit alle Methoden, die in der Superklasse *polynom* definiert wurden, auf Objekte des Typs *tscheb* angewendet werden können. Natürlich muß auch die Art der Koeffizientenspeicherung übereinstimmen.

```
function cl = tscheb(i)
```

Wiederum wird ein Objekt, initialisiert mit einem Default-Wert, zurückgegeben, falls kein Parameter übergeben wurde und der Parameter einfach kopiert, falls er bereits eine Instanz der Klasse ist.

```
if nargin == 0
   v.coeff = [];
   v.n = 0;
```

Da die neu definierte Klasse *tscheb* von *polynom* abstammt, wird der String 'polynom' zusätzlich dem *class*-Befehl übergeben.

```
  cl = class(v,'tscheb','polynom');
elseif isa(i, 'tscheb');
  cl = i;
else
  % erzeuge i-tes Tschebyscheff-
  % Polynom und speichere dessen
  % Koeffizienten in v.coeff
  v.n = i;
  cl = class(v,'tscheb','polynom');
end
```

8.4 Definition von Methoden

Um das Objekt mit Funktionalität auszustatten, müssen Methoden implementiert werden. Diese Methoden sind MATLAB-Funktionen, die in jenem Verzeichnis enthalten sein müssen, in dem sich auch der Konstruktor befindet.

Der in MATLAB verwendete Ansatz ist mit Klassenmethoden in *Objective C* oder statischen Methoden in C++ zu vergleichen. Eine Methode erhält als Parameter Instanzen des neudefinierten Typs, manipuliert diese und liefert gegebenenfalls eine neue Instanz der gleichen Klasse zurück. Dabei wird der Konstruktor verwendet, um eine neue Instanz zu erstellen.

Methoden einer Klasse können Klassenvariablen so wie Elemente einer Struktur ansprechen; ist *name* ein Datenobjekt eines (selbstdefinierten) Typs und *var* eine Klassenvariable des zugehörigen Objekts, so kann eine Methode diese durch die Angabe von *name.var* referenzieren. Funktionen, die nicht Methoden der entsprechenden Klasse sind, können hingegen auf die Klassenvariablen nicht zugreifen (man spricht in diesem Zusammenhang auch von *information hiding*).

MATLAB-Beispiel 8.3

Die folgende Methode liefert die Ableitung eines gegebenen Polynoms *p* zurück.

Durch den Aufruf des Konstruktors *polynom* erzeugt MATLAB ein neues Datenobjekt vom Typ polynom.

```
function q = derivative(p)
  d = p.n - 1;

  q = polynom(p.coeff(1:d).* ...
              (d:-1:1));
```

Eine Methode kann jedoch auch ein vordefiniertes Datenobjekt zurückliefern.

MATLAB-Beispiel 8.4

Das nebenstehende Codefragment implementiert die Methode *value* der Klasse `polynom`, die ein Polynom p an einer Stelle x mit dem Horner-Schema auswertet.

```
function val = value(p, x)
    y = 0;
    for a = p.coeff
        y = y*x + a;
    end
    val = y;
```

Wie bereits erwähnt, erben Subklassen alle Methoden der Superklasse. Enthält das Verzeichnis, in dem die Subklasse enthalten ist, jedoch eine Methode gleichen Namens wie eine Methode der Superklasse, so überschreibt die Definition der Methode in der Subklasse jene der Superklasse. MATLAB entscheidet anhand des Typs des Datenobjektes, welche Methode aufzurufen ist.

Eine Klasse definiert meist – neben dem Konstruktor – Konversionsmethoden, um das neue Datenobjekt in andere Datenobjekte zu konvertieren oder aus anderen Datenobjekten ein Objekt des neuen Typs zu erstellen. Zudem sollte jede neudefinierte Klasse eine Methode *display* zur Verfügung stellen, die MATLAB zur Darstellung von Datenelementen auf der Konsole verwendet; *display* muß ein `char`-Datenobjekt zurückgeben.

Eine Klasse kann auch private Methoden umfassen, d. h., Methoden, die nur innerhalb der Klassenmethoden zugänglich sind; existiert ein Unterverzeichnis *private* in jenem Verzeichnis, das die Klasse enthält, so werden alle MATLAB-Methoden darin als privat angesehen.

8.4.1　Überladen von Operatoren

MATLAB bietet auch die Möglichkeit, Operatoren zu überladen. Für jeden Operator, der in MATLAB definiert ist, gibt es eine entsprechende Klassenmethode, die die gewünschte Funktionalität implementiert. So wird z. B. der Operator + in den Aufruf der Klassenmethode *plus* oder * in *mtimes* übersetzt.

MATLAB-Beispiel 8.5

Evaluiert man $p * q$, falls p und q zwei Polynome sind, so ruft MATLAB die Methode *mtimes(p,q)* auf.

```
function result = mtimes(p, q)
```

Hier wird zuerst eine Konver-
tierung der beiden Parameter
in Polynome vorgenommen; dadurch wird es z. B. möglich, den
Koeffizientenvektor eines Polynoms direkt der Multiplikations-
methode zu übergeben.

```
p = polynom(p);
q = polynom(q);
result = polynom( ...
        conv(p.coeff, q.coeff));
```

Nähere Informationen zur Überladung von Operatoren, insbesondere zur Umsetzung von Operatoren in Klassenmethoden, bekommt man über die Online-Hilfe.

8.5   Drei- und sechsstellige dezimale Arithmetik

Als Beispiel für die Definition neuer MATLAB-Klassen werden nun zwei Klassen vorgestellt, die eine drei- und sechsstellige dezimale Gleitpunkt-Arithmetik
implementieren.

CODE   **MATLAB-Beispiel 8.6**

Simulation von Gleitpunkt-Arithmetiken: Dieses Beispiel demonstriert die
Möglichkeiten von MATLAB zur Definition eigener Datentypen; dabei wird auch
gezeigt, wie Operatoren überladen werden können, um mit den neu definierten
Typen wie mit einem in MATLAB vordefinierten Typ arbeiten zu können.

Der Datentyp *decimal6* simuliert einen sechsstelligen dezimalen Gleitpunkttyp, wobei als interne Darstellung ein siebenstelliger Skalar mit einer sechsstelligen Mantisse gewählt wurde. Weiters simuliert der Datentyp *decimal3* einen
dreistelligen Gleitpunkttyp, der analog durch einen vierstelligen Skalar mit einer
dreistelligen Mantisse dargestellt wird. Die mit diesen Datentypen erreichbare
Genauigkeit kann somit wie folgt spezifiziert werden:

- Zahl mit dem kleinsten positiven Betrag in *decimal3*: $0.100 \cdot 10^{-9}$

  interne Darstellung: | ± 1 | 0 | 0 | −9 |

- Zahl mit dem größten positiven Betrag in *decimal3*: $0.999 \cdot 10^{9}$

  interne Darstellung: | ± 9 | 9 | 9 | 9 |

- Zahl mit dem kleinsten positiven Betrag in *decimal6*: $0.100000 \cdot 10^{-9}$

  interne Darstellung: | ± 1 | 0 | 0 | 0 | 0 | 0 | −9 |

- Zahl mit dem größten positiven Betrag in *decimal6*: $0.999999 \cdot 10^{9}$

interne Darstellung: | ±9 | 9 | 9 | 9 | 9 | 9 | 9 |

Die Verwendung des selbstdefinierten Datentyps *decimal3* kann an Hand eines einfachen Beispiels veranschaulicht werden. Dabei wird die Summe $\sum_{i=1}^{3} i^2$ in dreistelliger dezimaler Gleitpunkt-Arithmetik ausgewertet.

Mit *decimal3* werden double-Objekte in die dreistellige Arithmetik konvertiert; dort werden sie mit dem überladenen Operator + addiert.

Zuletzt wird die berechnete Summe ausgegeben; MATLAB verwendet dazu die (ebenfalls überladene) Funktion *display*.

```
>> sum = decimal3(0);
>> for i = 1:3
     sum = sum + decimal3(i^2);
   end

>> sum
sum =
   .140 x 10^2
```

8.5.1 Anwendungsbeispiel: Rechenfehleranalyse und Auslöschungseffekte

Wirkt sich die Änderung eines Operanden an einer hinteren (weniger wichtigen) Stelle der Mantisse seiner Gleitpunktdarstellung an vorderen (bedeutsamen) Stellen der Mantisse des Ergebnisses aus, spricht man von *Auslöschung führender Stellen* (*cancellation of leading digits*). Diese unerwünschte Situation ergibt sich am häufigsten bei Addition oder Subtraktion zweier *annähernd gleicher* Zahlen mit verschiedenen oder gleichen Vorzeichen. In diesem Fall heben einander die vorderen, übereinstimmenden Mantissenstellen der beiden Operanden auf; unbedeutende Ungenauigkeiten an hinteren Mantissenstellen der Daten werden im Ergebnis zu störenden Ungenauigkeiten an den vorderen Stellen.

Bemerkenswert ist die Tatsache, daß im Fall der Auslöschung *kein* Rechenfehler auftritt. Der große relative Fehler des Resultats ist ausschließlich auf die bereits *vor* der ausgeführten Operation vorhandenen Ungenauigkeiten der Operanden (Daten) zurückzuführen. Auslöschungssituationen sind die mit Abstand häufigste Ursache für die Instabilität numerischer Algorithmen. Die lokale Verstärkung des relativen Fehlers kann im allgemeinen auch nicht mehr rückgängig gemacht werden.

Nachdem im Beispiel 8.6 die Implementierung von zwei selbstdefinierten Datentypen vorgestellt wurde, wird nun mittels einiger Beispiele die Verwendung dieser Datentypen illustriert. Die Datentypen eignen sich speziell für Rechenfehleranalysen, da der Einfluß von Rundungsfehlern und Auslöschungseffekten im allgemeinen viel früher auftritt als in der Standard-Maschinenarithmetik; trotzdem sind die beobachtbaren Phänomene ähnlich.

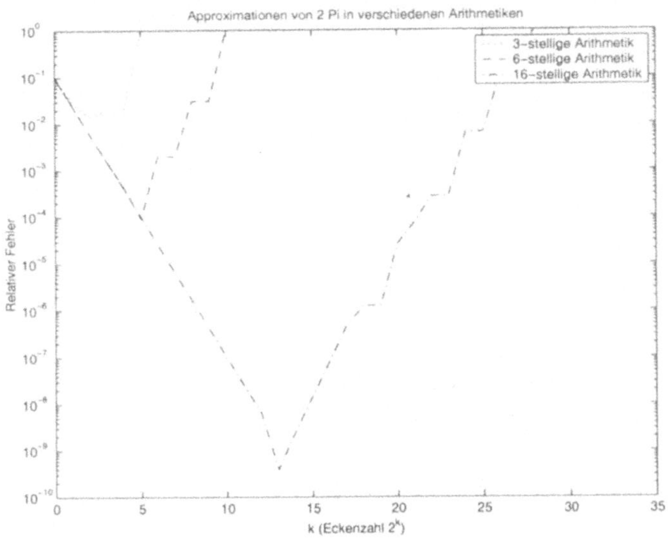

Abbildung 8.1: Relativer Fehler bei der Approximation von 2π.

CODE   **MATLAB-Beispiel 8.7**

Näherungsweise Berechnung von π: Das MATLAB-Skript *archimedes* approximiert π nach der Archimedischen Methode (vgl. Beispiel 2.19) durch Berechnung des Umfanges eines dem Einheitskreis eingeschriebenen regelmäßigen 2^k-Ecks. Gestartet wird mit einem Quadrat der Seitenlänge $s_4 = \sqrt{2}$. Die neue Seitenlänge wird bei jeder Verdoppelung der Seitenanzahl rekursiv berechnet:

$$s_{2k} = \sqrt{2 - \sqrt{4 - s_k^2}}.$$

Die Folge $\{ks_k\}$ konvergiert gegen 2π. Der relative Fehler

$$fehler_{rel} = \left| \frac{ks_k - 2\pi}{2\pi} \right|$$

der Näherungswerte nimmt bei Verdoppelung der Seitenanzahl so lange ab, bis Auslöschungseffekte bei den Subtraktionen in der Rekursionsformel auftreten.

Wie Abb. 8.1 zeigt, kann man beim Übergang von dreistelliger Arithmetik auf sechsstellige Arithmetik oder (16-stellige) Maschinenarithmetik die störenden Auslöschungseffekte nicht beseitigen, sondern ihr Auftreten nur verzögern.

CODE   **MATLAB-Beispiel 8.8**

Kosinusreihe: Das MATLAB-Skript *kosinusfehler* stellt den Verfahrensfehler bei der Berechnung der Kosinusfunktion mit Hilfe der Reihe

$$\sum_{n=1}^{\infty}(-1)^n x^{2n}/(2n)!$$

dar. Die Summation wird abgebrochen, falls sich die Summe durch Addition des nächsten Terms nicht mehr verändert. Dabei wird die Reihe sowohl in drei- als auch in sechsstelliger Arithmetik ausgewertet und der absolute Fehler grafisch dargestellt (als Referenzwerte werden die mit Maschinengenauigkeit berechneten Kosinus-Werte herangezogen); siehe Abb. 8.2.

CODE   **MATLAB-Beispiel 8.9**

Nullstellen von Polynomen: Die MATLAB-Skripts *nullst3_n* und *nullst6_n*, wobei n als Platzhalter für 3, 5 oder 7 steht, werten in 3- und 6-stelliger Gleitpunkt-Arithmetik das Polynom

$$P_n = (x - 1)^n$$

in dessen mathematisch äquivalenter Form $\widetilde{P}_n$ in der Umgebung der Nullstelle $x^* = 1$ aus:

n	P_n	$\widetilde{P}_n$
3	$(x - 1)^3$	$((x - 3)x + 3)x - 1$
5	$(x - 1)^5$	$((((x - 5)x + 10)x - 10)x + 5)x - 1$
7	$(x - 1)^7$	$((((((x - 7)x + 21)x - 35)x + 35)x - 21)x + 7)x - 1$

Die numerisch errechneten Werte des Polynoms $\widetilde{P}_n$ weichen im Bereich der Nullstelle sehr stark von den tatsächlichen Werten des Polynoms ab (es ergibt sich ein einigermaßen chaotisches Bild; siehe Abb. 8.3). Die Ursache dieses Phänomens sind wiederum Auslöschungseffekte.

Dieses Beispiel zeigt sehr deutlich, daß *mathematisch äquivalente* Formulierungen eines Problems bei Implementierung auf einem Computer unterschiedliche Ergebnisse liefern können.

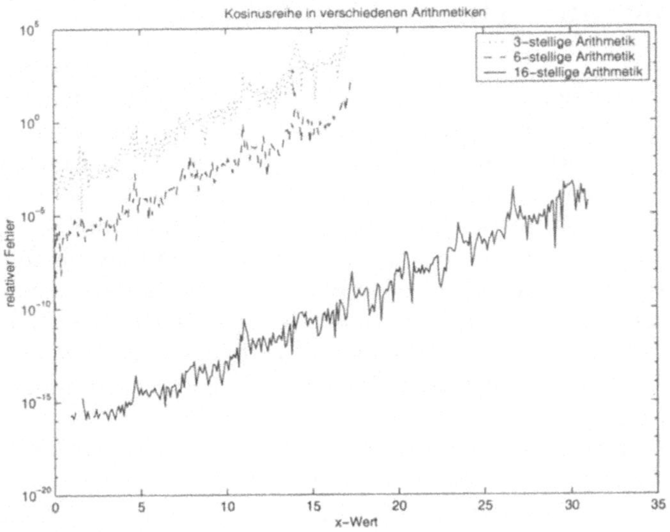

Abbildung 8.2: Absoluter Fehler bei der Auswertung der Kosinusreihe in drei- und sechsstelliger Arithmetik sowie in (16-stelliger) Maschinenarithmetik.

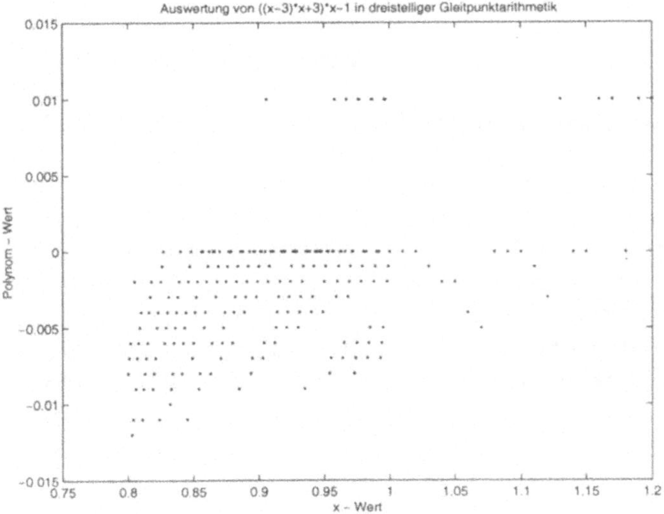

Abbildung 8.3: Auswertung des Polynoms $\widetilde{P}_3(x) = ((x-3)x+3)x-1$ in der Nähe der Nullstelle $x^* = 1$ in dreistelliger Arithmetik.

8.5.2   Anwendungsbeispiel: Summation

Die einfachste Art der Summation ist die *rekursive Summation*, wobei die Summanden von links nach rechts addiert werden (d. h., zur aktuellen Summe wird jeweils rekursiv der nächste Summand addiert). Die Auswirkungen der Rundungsfehler auf das Gesamtergebnis sind dann am geringsten, wenn man vor der Summation die Summanden der Größe nach aufsteigend sortiert; die Schranke für den Rechenfehler steigt proportional mit der Anzahl der Summanden.

Als Alternative zur rekursiven Summation kann man jeweils die Summe von zwei benachbarten Summanden bilden und dieses Verfahren rekursiv fortführen (d. h., man summiert in jedem Schritt benachbarte „Teilsummen", die im vorigen Schritt generiert wurden). Dieses Verfahren wird *paarweise Summation* genannt. Bei dieser Art der Summation ist die Fehlerschranke bei n Summanden nur proportional zu $\log_2(n)$.

Die fehlerkompensierende Summation oder *Kahan-Summation* verfährt nach dem Schema der rekursiven Summation, schätzt aber bei jeder einzelnen Addition $a+b$ den entstandenen Rundungsfehler durch $\hat{e} = ((a+b)-a)-b)$ und verwendet diese Fehlerschätzung zur Fehlerreduktion.

Die Fehlerschranke der Kahan-Summation ist in erster Näherung unabhängig von der Anzahl der Summanden und bedeutet daher eine deutliche Genauigkeitsverbesserung gegenüber den anderen beiden Verfahren.

Eine ausführliche Diskussion der Eigenschaften verschiedener Summationsalgorithmen findet man z. B. in Überhuber [45].

CODE   **MATLAB-Beispiel 8.10**

Summationsalgorithmen: Die MATLAB-Skripts *sumrek3* und *sumrek6* bilden mittels rekursiver Summation die Summe von n auf dem Intervall $[0, 1]$ gleichverteilten Summanden in der drei- und sechsstelligen Arithmetik. Dieses Experiment wird für jedes n 100mal durchgeführt und das Maximum und das Minimum des Rechenfehlers ermittelt. Diese Werte werden in einem Diagramm für verschiedene n dargestellt. Als Referenz zur Berechnung des Fehlers dient dabei die Summation in Maschinengenauigkeit. Die MATLAB-Skripts *sumpaa3* und *sumpaa6* stellen analog den relativen Fehler bei paarweiser Summation und die MATLAB-Skripts *sumkah3* und *sumkah6* den Fehler bei Kahan-Summation grafisch dar.

Kapitel 9

Ein- und Ausgabe

Ein- und Ausgabe (E/A, engl. *input/output*, kurz I/O) realisieren die Kommunikation eines Programms mit seiner Umgebung. Die *Eingabe* dient dem Datentransport von externen Geräten in den Arbeitsspeicher. Die Eingabe geschieht meist über die Tastatur, mittels magnetischer und optischer Speichermedien (Disketten, Festplatte, CD-ROM etc.) oder über Datennetze.

Die *Ausgabe* gibt Werte von im Arbeitsspeicher befindlichen Datenobjekten des Programms an externe Geräte wie z. B. Bildschirm, Drucker, Plotter, magnetischen Speichermedien oder an Datennetze weiter.

9.1 Eingabe über die Tastatur

In MATLAB-Skripts können durch den Befehl *input* Daten von der Tastatur eingelesen werden. Diese Anweisung erwartet (mindestens) einen String als Argument. Dieser String wird vor dem Einlesen von Daten als „Prompt" im Kommandofenster angezeigt. Die eingelesenen Daten werden als Ausdrücke betrachtet und im aktuellen Workspace ausgewertet; *input* liefert das ausgewertete Ergebnis zurück. Dabei können z. B. Matrizen und Vektoren in der üblichen []-Notation eingegeben werden. Wird *input* mit dem String 's' als zweitem Parameter aufgerufen, so wertet MATLAB die Eingabe nicht aus und gibt die eingetippten Zeichen unverändert als char-Datenobjekt zurück. Gibt der Benutzer keine Daten ein, so liefert *input* die leere Matrix zurück; dies kann durch Verwendung der Funktion *isempty* erkannt werden.

MATLAB-Beispiel 9.1

Einlesen eines Wertes von der Tastatur.	`n = input('Dimension = ');`

Falls *input* keinen Wert liefert, wird *n* ein Defaultwert zugewiesen.

```
if isempty(n)
    disp('Kein Wert eingegeben !');
    n = -Inf;
end
```

9.2   Ausgabe am Bildschirm

Der MATLAB-Befehl *disp* ermöglicht es, Daten am Bildschirm auszugeben. Als Parameter kann ein Datenobjekt beliebigen Typs angegeben werden (sofern das zugrundeliegende Datenobjekt eine Methode *display* zur Verfügung stellt).

MATLAB-Beispiel 9.2

Mittels *disp* werden Daten am Bildschirm ausgegeben.

```
≫ disp('absoluter Fehler:');
absoluter Fehler:
≫ fehler = 355/113 - pi;
≫ disp(fehler);
   2.6676e-007
```

Die Ausgabeform von `double`-Werten hängt vom aktuellen Ausgabeformat ab, das mit dem MATLAB-Befehl *format* einstellbar ist. Der Befehl *format* ändert nur die Darstellung der berechneten Werte; MATLAB verwendet intern jedoch immer eine doppelt genaue Gleitpunkt-Arithmetik.

Standardmäßig verwendet MATLAB das Format `short`. Durch *format formatstring* wird MATLAB z. B. angewiesen, alle `double`-Variablen in jenem Format auszugeben, das durch *formatstring* (*long*, *hex* etc; siehe Tab. 9.1) gegeben ist.

Format	Beispiele
short	13.333, 0.1333
short e	1.3333e+001, 1.3333e−001
long	13.33333333333333, 1.33333333333333
long e	1.33333333333333e+001, 1.33333333333333e−001
hex	40496aaaaaaaaaaa
bank	13.33

Tabelle 9.1: Mögliche Ausgabeformate für `double`-Datenobjekte.

Zudem existieren noch die Formate +, *rat, short g* und *long g*. Im Format + wird anstelle des gespeicherten Wertes nur ein + ausgegeben, falls die Zahl positiv ist, und ein −, falls sie negativ ist. Im Format *rat* wird eine rationale Approximation der *double*-Zahl ausgegeben. Das Format *short g* ist eine Mischform aus *short* und *short e*; dabei wird jeweils das „übersichtlichere" Format gewählt. Analog ist *long g* eine Mischform aus *long* und *long e*.

Formatierte Ausgabe

Zusätzlich zum Befehl *disp* existiert in MATLAB die Anweisung *fprintf*, die (ähnlich der gleichnamigen Library-Funktion in C) eine speziell formatierte Ausgabe ermöglicht. Ähnlich dem Befehl *printf* in C erwartet auch der MATLAB-Befehl *fprintf* folgende Parameter: einen Formatstring und eine Variablenliste.

Der Befehl *fprintf* assoziiert von links nach rechts je eine Formatangabe im Formatstring mit einer nach dem Formatstring angegebenen Variablen und gibt diese entsprechend formatiert aus. Alle weiteren Zeichen des Formatstrings werden unverändert gedruckt.

Der Formatstring gibt an, in welcher Form die Daten auszugeben sind, die Variablenliste liefert die auszugebenden Werte. Ein Formatstring besteht aus einer Mischung von „normalen" Textzeichen, Sonderzeichen (wie z. B. \n für einen Zeilenwechsel) und Formatangaben. Jede Formatangabe wird mit dem Zeichen % eingeleitet und hat folgende Form:

$$\% \; \langle \mathit{flag} \rangle \; \langle \mathit{width} \rangle \; \langle \mathit{.precision} \rangle \; \mathit{char}$$

Dabei bestimmt *char* den Datentyp und die Ausgabeform; siehe Tabelle 9.2.

Formatstring	Beschreibung
c	Ausgabe *eines* Zeichens (siehe s)
e	Gleitpunktdarstellung (mit Exponent)
E	wie e nur mit großem „E"
f	Fixpunktdarstellung
g	Mischung aus e und f
G	wie g nur mit großem „E"
o	Oktalnotation
s	String
x	Hexadezimalnotation (mit 0, 1,. . .,9, a, b,. . .,f)
X	Hexadezimalnotation (mit 0, 1,. . .,9, A, B,. . .,F)

Tabelle 9.2: Formatsymbole für *fprintf*.

Die Angabe *width* spezifiziert die Zahl der maximal auszugebenden Zeichen und *precision* die Zahl der Nachkommastellen. Dabei muß *width* so angegeben werden, daß auch Dezimalpunkt und Vorkommastellen Platz finden.

flag kann +, − oder 0 sein. Im Falle eines + wird vor einer `double`-Zahl immer ein Vorzeichen gedruckt, auch wenn die Zahl positiv ist. Im Fall von − wird die Ausgabe linksbündig formatiert. Falls als *flag* 0 angegeben wird, erfolgt die Ausgabe rechtsbündig, jedoch werden vorne Nullen eingefügt, bis die angegebene Breite *width* erreicht ist.

MATLAB-Beispiel 9.3

Um eine Gleitpunktzahl mit 5 Nachkommastellen in Festpunktdarstellung auszugeben, wobei die Ausgabe insgesamt 15 Zeichen lang sein soll, verwendet man den Formatstring `15.5f`.

```
>> p = 355/113;
>> fprintf('%15.5f \n', p)
        3.14159
```

Auch erklärender Text kann ausgegeben werden.

```
>> ea = p - pi;
>> fprintf('Fehler = %9.2E \n', ea);
Fehler = 2.67E-007
```

Durch Aneinanderreihen mehrerer Formatstrings können auch die Werte mehrerer Variablen dargestellt werden.

```
>> x = 354.9:.1:355.2;
>> y = [x;sin(x)];
>> fprintf('%6.1f %10.3g \n', y);
 354.9      0.0998
 355.0   -3.01e-005
 355.1     -0.0999
 355.2      -0.199
```

9.3 Zugriff auf Dateien

MATLAB ermöglicht den Zugriff auf externe Dateien sowohl lesend als auch schreibend. Dabei wird zwischen Binärdateien und Textdateien unterschieden. Binärdateien enthalten Datensätze in einem internen Format, während in Textdateien die Datensätze als formatierter Text enthalten sind.

9.3.1 Öffnen und Schließen von Dateien

Eine Text- oder Binärdatei wird mit der Anweisung *fopen* geöffnet:

$\langle [\,] fid \,\langle,\ message\,]\rangle\ =\ \text{fopen}\,(name, zugriff)$

Der Befehl erwartet zwei Argumente: den Dateinamen und einen String (ein `char`-Datenobjekt), der die Zugriffsart angibt; siehe Tabelle 9.3.

String	Bedeutung
`'r'`	Lesezugriff
`'w'`	Schreibzugriff
`'a'`	Daten sollen an eine bestehende Datei angehängt werden
`'r+'`	Lese- und Schreibzugriff

Tabelle 9.3: Zugriffsarten auf Dateien.

Manche Betriebssysteme unterscheiden zwischen Binär- und Textdateien. In diesem Fall ist, falls eine Binärdatei geöffnet werden soll, zusätzlich an den String ein **b** anzuhängen. Der Befehl *fopen* liefert ein `double`-Datenobjekt zurück, das eine eindeutige (vom Betriebssystem festgelegte) Nummer für die geöffnete Datei enthält, die „Datei-Nummer", oder im Fehlerfall -1. Optional wird als zweiter Rückgabeparameter ein String zurückgegeben, der im Fehlerfall eine Fehlermeldung enthält.

Wird der Schreibvorgang auf oder der Lesevorgang von einer geöffneten Datei beendet, so kann sie durch *fclose* geschlossen werden. Der Befehl erwartet dabei die Datei-Nummer der zu schließenden Datei und liefert ein `double`-Datenobjekt zurück, das im Fehlerfall -1 und sonst 0 enthält.

MATLAB-Beispiel 9.4

Die Datei *test.dat* wird für Lesezugriffe geöffnet, die Datei-Nummer dem Datenobjekt *fid* zugewiesen ...

```
[fid, m] = fopen('test.dat', 'r');
if (fid == -1)
    disp(m);
end
```

```
% Hier folgen Anweisungen, die den
% Inhalt der Datei lesen
% (siehe nächste Abschnitte)
```

... und die Datei wieder geschlossen.

```
status = fclose(fid);
if (status == -1)
    disp('FEHLER!');
end
```

9.3.2   Lesen von Binärdateien

Mit dem MATLAB-Befehl *fread* können Daten von Binärdateien gelesen werden.
Die Syntax dieses Befehls lautet:

$$\langle [\rangle\, d \,\langle,\, n\,]\rangle \;=\; \text{fread}\,(\mathit{fid}\,\langle,\mathit{num}\,\langle,\,\mathit{type}\rangle\,\rangle\,)$$

Dabei gibt *fid* die Datei-Nummer jener Datei an, aus der gelesen werden soll. Wird
keiner der weiteren optionalen Parameter angegeben, liest MATLAB genau ein
ASCII-Zeichen ein und liefert ein `double`-Datenobjekt mit dem Dezimalwert des
Zeichens zurück. Mittels *num* kann spezifiziert werden, wieviele Zeichen MATLAB
auf einmal einlesen soll; besitzt *num* einen ganzzahligen Wert, so wird genau
die angegebene Anzahl von Zeichen eingelesen und deren dezimale Werte als
`double`-Vektor zurückgeliefert; zudem kann mittels der symbolischen Konstanten
inf MATLAB angewiesen werden, alle Zeichen bis zum Ende der Datei einzulesen.
Ist *num* jedoch ein Ausdruck der Form $[m\ n]$, so werden mn Zeichen eingelesen
und als $m\times n$-Matrix zurückgeliefert. Dabei füllt MATLAB die Matrix spaltenweise
mit den eingelesenen Daten. Als zweiten (optionalen) Rückgabewert n liefert
MATLAB die Zahl der tatsächlich eingelesenen Zeichen zurück.

   Durch das dritte optionale Argument kann man MATLAB anweisen, nicht
nur ASCII-Zeichen einzulesen, sondern auch Gleitpunktzahlen, Integer-Werte etc.
Durch eine entsprechende Angabe eines Strings (siehe Tabelle 9.4) als Parameter
type liest MATLAB aus der durch die Datei-Nummer spezifizierte Datei Daten
ein, interpretiert die eingelesenen Daten entsprechend und konvertiert sie in ein
`double`-Datenobjekt. Dabei ist zu beachten, daß MATLAB eingelesene Daten immer als `double`-Datenobjekt zurückgibt.

9.3.3   Schreiben auf Binärdateien

Mit dem Befehl *fwrite* können Daten in Binärdateien geschrieben werden. Seine
Syntax lautet:

$$\text{fwrite}\,(\mathit{fid},\,\mathit{data},\,\mathit{type})$$

Dabei gibt *fid* die Datei-Nummer jener Datei an, in die geschrieben werden soll;
data enthält die zu schreibenden Daten und *type* spezifiziert den externen Datentyp nach Tabelle 9.4.

   MATLAB kann sowohl Skalare als auch ein- oder zweidimensionale Felder
auf einmal schreiben, d. h., *data* kann ein maximal zweidimensionales `double`-
Datenobjekt sein. Wird eine Matrix ausgegeben, so schreibt MATLAB diese spaltenweise in die Ausgabedatei. Der Befehl *fwrite* liefert die Zahl der geschriebenen
Elemente von *data* zurück.

String	Datenformat
`'char'`	ASCII-Zeichen, 8 bit
`'int8'`	integer, 8 bit
`'int16'`	integer, 16 bit
`'int32'`	integer, 32 bit
`'int64'`	integer, 64 bit
`'uint8'`	unsigned integer, 8 bit
`'uint16'`	unsigned integer, 16 bit
`'uint32'`	unsigned integer, 32 bit
`'uint64'`	unsigned integer, 64 bit
`'float32'`	floating point, 32 bit
`'float64'`	floating point, 64 bit

Tabelle 9.4: Maschinenunabhängige Datenformate für *fread* und *fwrite*.

9.3.4 Position in der Datei

Durch die Verwendung der MATLAB-Befehle *feof*, *ftell*, *fseek* und *frewind* kann die aktuelle Position in der geöffneten Datei kontrolliert werden. Mittels *feof* kann festgestellt werden, ob das Ende der Datei bereits erreicht wurde; in diesem Fall liefert der Befehl 1 (TRUE), ansonst 0 (FALSE). Der Befehl erwartet die Datei-Nummer als Parameter. Mittels *ftell* kann man den aktuellen Wert des Positions-zeigers in einer geöffneten Datei ermitteln. Wiederum erwartet *ftell* als Parameter die Datei-Nummer; der Befehl liefert den aktuellen Stand des Positionszeigers als `double`-Datenobjekt zurück.

Mittels *frewind* und *fseek* kann der Stand des Positionszeigers in einer Datei verändert werden. *frewind* setzt den Zeiger auf den Anfang der Datei zurück; mittels *fseek* ist eine feinere Positionierung möglich:

fseek (*fid*, *offset*, *origin*)

Der Befehl verändert den Positionszeiger der Datei *fid* um eine positive oder negative Zahl *offset* an Bytes, ausgehend von der Position *origin*, die als String codiert wird: `'cof'` steht für die aktuelle Position des Zeigers in der Datei, `'bof'` für den Anfang und `'eof'` für das Ende der Datei.

9.3.5 Lesen von Textdateien

Der Lesezugriff auf Textdateien erfolgt mit den MATLAB-Befehlen *fgetl*, *fgets* und *fscanf*. Die ersten beiden Befehle lesen je eine Zeile der Textdatei ein und liefern ein `char`-Datenobjekt zurück; dabei liest *fgetl* das die Zeile abschließende Return mit ein, *fgets* nicht. Die eingelesene Textzeile kann danach mit MATLAB-Stringbearbeitungsroutinen weiterverarbeitet werden. Beide Befehle erwarten die Datei-Nummer als Parameter.

Formatierter Text kann mit dem MATLAB-Befehl *fscanf* eingelesen werden; er erwartet als Parameter mindestens die Datei-Nummer und einen Formatstring. Im Gegensatz zu der gleichnamigen C Library Funktion liest *fscanf* so lange Zeichen ein, solange Daten in der Datei den Formatanforderungen entsprechen, sofern nicht eine Obergrenze für die Anzahl der zu lesenden Werte bestimmt wurde; die Syntax des Befehls lautet:

$$\text{fscanf}\,(\mathit{fid}, \mathit{format}, \langle, \mathit{zahl}\rangle)$$

Der Befehl liest so lange Daten aus jener Datei ein, die durch *fid* gegeben ist, solange die Daten dem Formatstring (siehe Tabelle 9.2) entsprechen und die gelesene Anzahl kleiner als *zahl* ist; die gelesenen Daten werden als Vektor zurückgegeben. Die Angabe *zahl* kann jedoch auch die Form $[n\ m]$ haben. In diesem Fall liest MATLAB nm Datenobjekte ein und liefert diese als $n \times m$-Matrix zurück. Wiederum wird die Matrix spaltenweise aufgefüllt.

MATLAB-Beispiel 9.5

Zur Illustration des Befehls *fscanf* wird folgendes Problem behandelt: Eine 50×3-Matrix ist in Textform in einer externen Datei *testmat.dat* gespeichert. Die ersten Zeilen dieser Datei sehen folgendermaßen aus:

```
1.001 0.228 0.1193
2.012 9.998 0.1112
3.119 6.335 0.1111
. . .
```

Diese Daten sollen von MATLAB eingelesen und in einer Matrix zur weiteren Verarbeitung abgespeichert werden.

Dazu wird die Datei zuerst mit *fopen* geöffnet.

```
» fid = fopen('testmat.dat', 'r');
```

Danach können mittels *fscanf* alle Daten eingelesen werden; MATLAB erstellt eine 3×50-Matrix, die spaltenweise aufgefüllt wird (d. h., jede Zeile der Textdatei wird eine Spalte der resultierenden Matrix *daten*).

```
» daten = fscanf(fid, '%f', [3 50]);
```

Zuletzt wird die transponierte
Matrix gebildet und die Datei
geschlossen.

```
>> daten = daten';
>> fclose(fid);
```

XML-Dateien können in MATLAB durch die Befehle *xmlread*, *xmlwrite* und *xslt*
importiert werden. Nähere Informationen enthält die Online-Hilfe.

9.3.6   Import-Wizard

MATLAB bietet auch die Möglichkeit, Daten von der Festplatte oder der Zwi-
schenablage interaktiv mit dem Import-Wizard zu importieren. Er wird über das
"Launch Pad" oder den "Start"-Button von MATLAB aufgerufen.

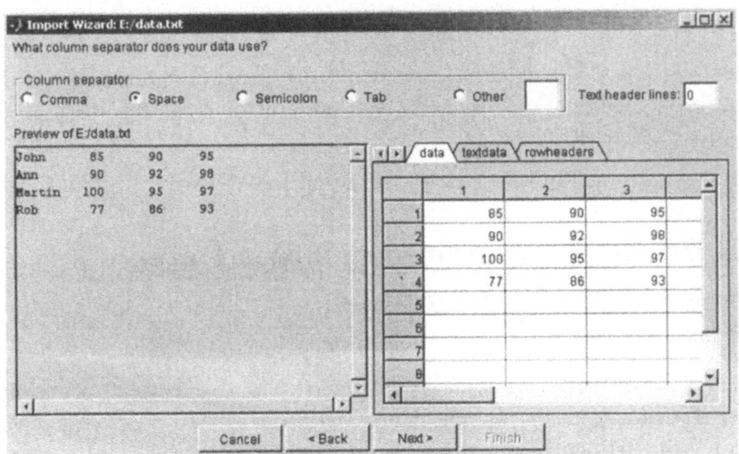

Abbildung 9.1: Import-Wizard.

MATLAB-Beispiel 9.6

Zur Illustration des Import-Wizards sollen die folgenden Daten aus der Datei
data.txt importiert werden:

```
John     85     90     95
Ann      90     92     98
Martin   100    95     97
Rob      77     86     93
```

Nach dem Starten des Import-Wizards muß die zu importierende Datei ausgewählt werden. Im nächsten Schritt wird das Trennzeichen festgelegt. In den meisten Fällen kann MATLAB das Trennzeichen automatisch erkennen (Abb. 9.1). Danach wählt man jene Daten, die importiert werden sollen, aus. Standardmäßig werden alle numerischen Daten in einer Variablen und alle Texte (z. B. Zeilen- und Spaltenüberschriften) in einer weiteren Variablen gespeichert. Durch Klicken auf „Finish" werden die Daten importiert.

9.4 Grafik in MATLAB

MATLAB verfügt über sehr vielfältige Funktionen zur grafischen Darstellung von zwei- und dreidimensionalen Daten; neben Funktionen zur Darstellung von Datenpunkten in den „üblichen" Koordinatensystemen existiert etwa auch die Möglichkeit, Daten in (halb-)logarithmische Koordinatensysteme einzutragen. Weiters kann die Darstellungsform der zwei- und dreidimensionalen Grafiken individuell gestaltet werden. Die von MATLAB erzeugten Grafiken können interaktiv annotiert und modifiziert werden.

Im folgenden wird ein Überblick über die MATLAB-Grafikfähigkeiten gegeben.

9.4.1 Darstellung zweidimensionaler Daten

MATLAB kennt u. a. die folgenden Befehle zur grafischen Darstellung zweidimensionaler Daten:

plot (DX, DY, Format) *dient dem Visualisieren von Daten in einem kartesischen Koordinatensystem.* Die Eingabedaten in den Vektoren DX und DY werden als x- und y-Koordinaten der darzustellenden Datenpunkte interpretiert. Falls DY ein zweidimensionales Feld ist, so wird DX jeweils gegen alle Zeilen/Spalten (je nachdem welche Dimension von DY in der Länge zu DX paßt) von DY dargestellt.

Das Feld DX ist optional und wird – falls es fehlt – durch die Spalten- oder Zeilenindizes der Elemente von DY ersetzt.

Der Parameter *Format* ist ebenfalls optional und ist ein Vektor vom Typ `char`, der Formatierungsanweisungen zur Darstellung der Datenpunkte enthalten kann. Dieser Formatierungsstring kann Farb-, Markersymbol- und Linienart-Formatierungen enthalten (siehe Tabelle 9.5). Das Tripel $<x$-*Werte*, y-*Werte*, *Format*$>$ kann auch wiederholt angegeben werden, z. B. *plot (DX1,DY1,F1,DX2,DY2,F2, ...).* Alle Daten werden dadurch in einem gemeinsamen Diagramm dargestellt.

Symbol	Farbe	Symbol	Marker	Symbol	Linienart
b	blau	.	Punkt	–	durchgezogen
g	grün	o	Kreis	:	punktiert
r	rot	x	Kreuz	-.	strich-punktiert
c	zyan	+	Plus	--	strichliert
m	magenta	*	Stern		
y	gelb	s	Quadrat		
k	schwarz	d	Diamant		
w	weiß	v	Dreieck (unten)		
		^	Dreieck (oben)		
		<	Dreieck (links)		
		>	Dreieck (rechts)		
		p	Pentagramm		
		h	Hexagramm		

Tabelle 9.5: Formatierungen für *plot*. Durch Aneinanderfügen der Zeichen sind auch „Mischformen" möglich (so erzeugt etwa `'b:'` eine blaue, punktierte Linie).

CODE

Die zeitliche Entwicklung der Bevölkerung der Bundesländer Niederösterreich, Oberösterreich und Wien werden einander gegenübergestellt (siehe Abb. 9.2). Die Daten sind in der Datei pop.mat gespeichert und werden mit dem Befehl *load* geladen.

MATLAB-Beispiel 9.7

```
>> load pop
>> plot(t,n,'kx:',t,ob,'ko--',...
   t,w,'k-')
>> xlabel('Jahr')
>> ylabel('Bevölkerung')
>> legend('Niederösterreich',...
   'Oberösterreich', 'Wien')
```

---

semilogx *stellt Daten mit logarithmischer x-Achse dar.* Diese Funktion verhält sich wie *plot*, nur wird die x-Achse in logarithmischem Maßstab dargestellt.

semilogy *stellt Daten mit logarithmischer y-Achse dar.* Diese Funktion verhält sich wie *plot*, nur wird die y-Achse in logarithmischem Maßstab dargestellt.

loglog *stellt Daten in einem doppelt-logarithmischen Koordinatensystem dar.*

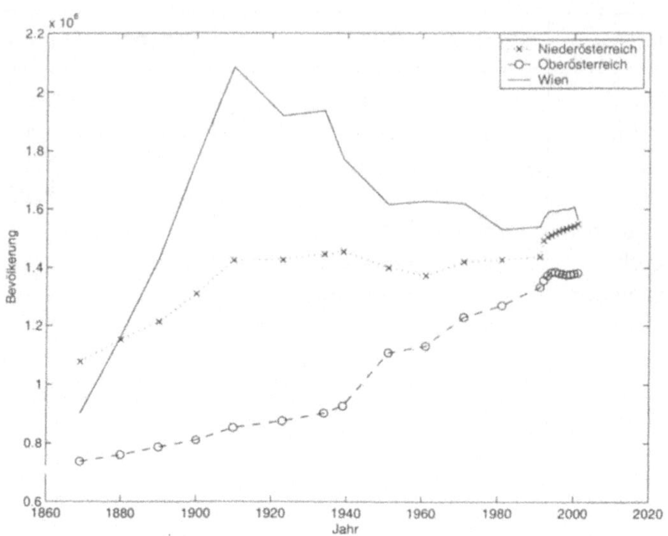

Abbildung 9.2: Bevölkerung in NÖ, OÖ und Wien von 1869 bis 2001.

Diese Funktion verhält sich wie *plot*, nur wird sowohl die x- als auch y-Achse in logarithmischem Maßstab dargestellt.

pie (a $\langle$, b$\rangle$) *erstellt ein „Tortendiagramm".* Der Befehl erstellt eine „Tortengrafik"; die Größe der einzelnen Kreissegmente ist durch das Verhältnis der einzelnen Komponenten des eindimensionalen Vektors a zur Gesamtsumme aller Komponenten aus a gegeben. Diese Funktion eignet sich dazu, die Verhältnisse mehrerer Werte, die ein Gesamtsystem darstellen, zu veranschaulichen.

Der optionale Parameter b ist ein Feld von Wahrheitswerten, die festlegen, ob die einzelnen Tortensegmente „herausgezogen" dargestellt werden sollen oder nicht.

plotyy (X1, Y1, X2, Y2 $\langle$, Fnkt$\rangle$) *dient der Darstellung zweier Kurven mit verschiedenen y-Achsen in einer Grafik.* Mit dieser Funktion können in einem Diagramm zwei Kurven mit getrennten Skalierungen der y-Achse dargestellt werden. Die linke Koordinatenachse gehört dabei zur ersten Kurve (die durch *X1* und *Y1* spezifiziert ist).

Die Bedeutung der Felder $X1$, $Y1$ und $X2$, $Y2$ entspricht der Bedeutung der Felder X und Y beim Befehl *plot*.

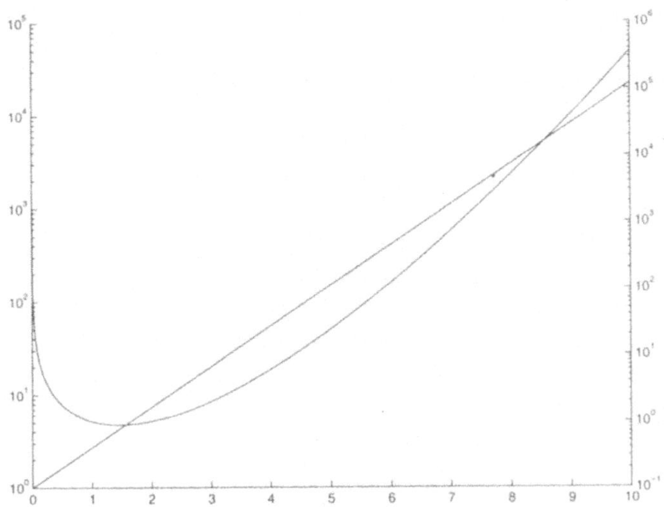

Abbildung 9.3: Beispiel für *plotyy*.

Der optionale Parameter *Fnkt* bezeichnet den Namen einer Grafikfunktion,
die zum Zeichnen der Daten verwendet werden soll, d. h., man kann *plotyy*
auf alle Grafikfunktionen anwenden, die einen Aufruf der Form *Fnkt* (X, Y)
erlauben. Der Defaultwert von *Fnkt* ist 'plot'.

MATLAB-Beispiel 9.8

Darstellung der Funktionen

$f_1(x) = e^x$ und $f_2(x) = \Gamma(x)$

mit logarithmischen y-Achsen
(siehe Abb. 9.3).

```
x = linspace(1e-4,10,1000);
plotyy(x,exp(x),x,gamma(x),  ...
       'semilogy');
```

---

bar (x, y), **stairs (x, y)** *erstellen ein Balken- oder Stufendiagramm.* Die Funk-
tion *bar* zeichnet den Vektor x gegen die Spaltenvektoren des Feldes y in
Balkenform. Die Mittelpunkte der Balken befinden sich an den x-Werten.
Die Elemente des Vektors x müssen monoton steigend sortiert sein.

Die Funktion $stairs\,(x,y)$ liefert eine ähnliche Grafik wie $bar\,(x,y)$. Statt einzeln stehender Balken werden hier die Funktionswerte in Treppenform gezeichnet. Die Sprungstellen befinden sich dabei an den x-Werten.

MATLAB-Beispiel 9.9

Darstellung von e^{-x^2} als Balken- und Stufendiagramm (*subplot* erlaubt es, mehrere Grafiken in einem Fenster darzustellen; siehe Abschnitt 9.4.2). Das Ergebnis ist in Abb. 9.4 dargestellt.

```
x = -2.9:0.2:2.9;
subplot(2,1,1);
bar(x,exp(-x.^2));
subplot(2,1,2);
stairs(x,exp(-x.^2));
```

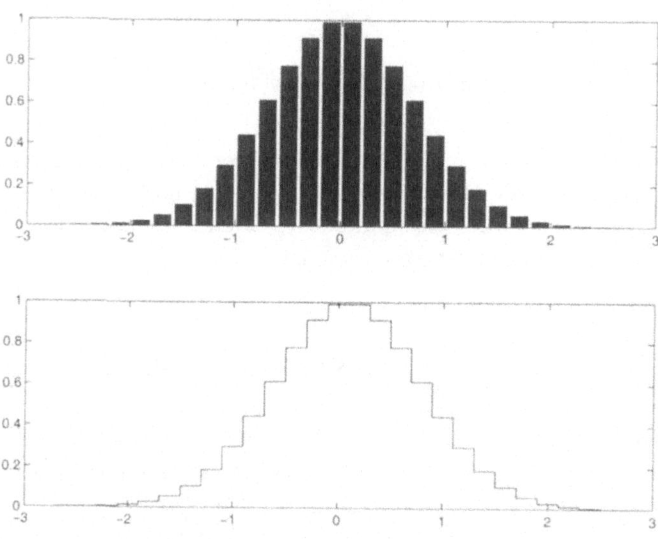

Abbildung 9.4: Beispiel für *bar* und *stairs*.

hist (D, Bin) *erstellt ein Histogramm.* Diese Funktion erstellt ein Histogramm mit den Werten aus D. Dabei wird, falls der optionale Parameter *Bin* nicht angegeben wurde, der Bereich zwischen Minimum und Maximum der Elemente von D in 10 äquidistante Bereiche unterteilt und die Zahl der in diese Bereiche fallenden Werte aus D in einem Diagramm dargestellt.

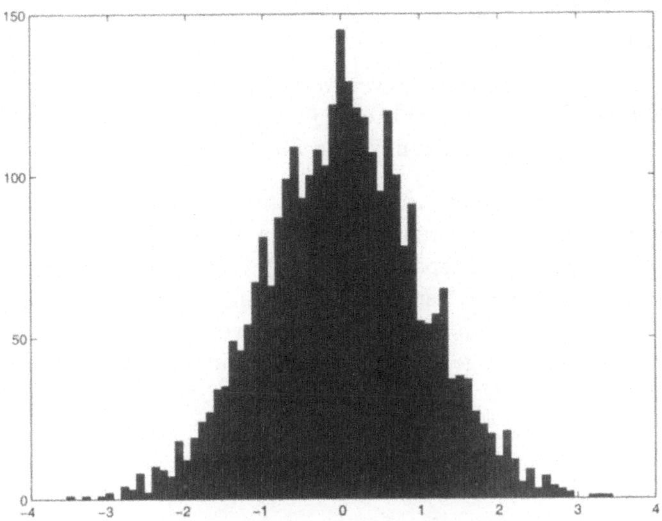

Abbildung 9.5: Beispiel für *hist*.

Ist *Bin* ein Skalar, so wird der Bereich zwischen Minimum und Maximum in *Bin* Bereiche unterteilt. Ist *Bin* jedoch ein eindimensionaler Vektor (mit sortierten Elementen), so nimmt MATLAB als Mittelpunkt der einzelnen Teilintervalle die Werte in *Bin*.

MATLAB-Beispiel 9.10

3000 normalverteilte Zufallszahlen werden erzeugt und ein Histogramm wird dargestellt (siehe Abb. 9.5). Man beachte, daß der erste Parameter von *hist* den Funktionswerten (*y*-Daten) entspricht.

```
x = -3.9:0.1:3.9;
y = randn(3000,1);
hist(y,x);
```

---

stem (X, Y, Format ⟨, Marker⟩) *liefert eine Darstellung durch vertikale Linien.* Diese Funktion stellt die Elemente des Feldes *X* gegen die Elemente des Feldes *Y* dar, wobei jeder Datenpunkt mit einer vertikalen Linie mit der *x*-Achse verbunden wird. Der Parameter *Format* vom Typ **char** hat dieselbe

Wirkung wie bei der Funktion *plot*. Standardmäßig wird das Format `'o-'`
verwendet.

Der optionale Parameter *Marker* vom Typ `char` bestimmt, ob die Marker
ausgefüllt werden; wird `'filled'` übergeben, so werden die Marker ausgefüllt (es sind keine anderen Werte für *Marker* erlaubt).

errorbar (X, Y, L, U) *liefert eine Fehlerintervall-Darstellung von Daten.* Mit
dieser Funktion kann man zusätzlich zur Kurve, die sich wie bei der Funktion *plot* aus den Punktepaaren $(x_1, y_1), (x_2, y_2), \ldots$ ergibt, noch für jeden
Datenpunkt (x_i, y_i) ein vertikales Fehlerintervall darstellen. Die Fehlerin-
tervalle ergeben sich als Verbindungslinie von $y_i - L_i$ bis $y_i + U_i$. Wird der
Parameter U nicht angegeben, so wird standardmäßig $U = L$ gesetzt. Die
Felder X, Y, L und U müssen die gleiche Größe haben.

MATLAB-Beispiel 9.11

Verwendung von *errorbar*: eine
Funktion mit zufällig gewähl-
ten Fehlerintervallen wird dargestellt (siehe Abb. 9.6).

```
x = linspace(0,10,30);
y = log(x + 1);
e = rand(size(x))/2;
errorbar(x,y,e);
```

---

polar (W, R $\langle$, Format$\rangle$) *liefert eine Darstellung in Polarkoordinaten.* Die
Funktion zeichnet eine ebene Kurve, die punktweise in Polarkoordinaten gegeben ist. Der Parameter W ist ein Feld mit den Winkeln der Datenpunkte,
der Parameter R enthält die Radien. Der optionale Parameter *Format* vom
Typ `char` hat dieselbe Bedeutung wie bei der Funktion *plot*.

MATLAB-Beispiel 9.12

Darstellung einer in Polarkoordinaten gegebenen Kurve.

```
w = 2*pi:0.001:4*pi;
r = exp(0.1*w.*sin(10*w));
polar(w,r);
```

---

fill (X, Y, Col) *dient der Darstellung 2-dimensionaler Vielecke.* Die Parameter
X und Y spezifizieren die x- und y-Koordinaten der Eckpunkte des darzustellenden Vielecks. Der Parameter *Col* vom Typ `char` spezifiziert die

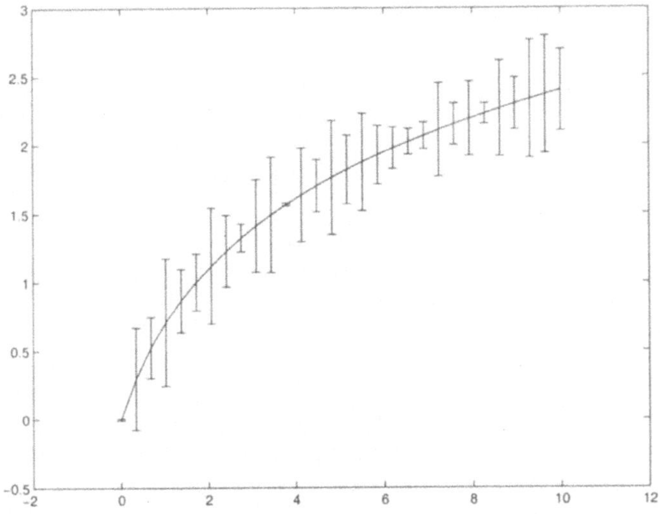

Abbildung 9.6: Beispiel für *errorbar*.

Farbe, mit der das Vieleck gefüllt wird. Mögliche Werte sind die Farbauswahlmöglichkeiten des Parameters *Format* der Funktion *plot* (siehe Tabelle 9.5 auf Seite 151).

fplot (Fnkt, Lim $\langle$, Tol, N$\rangle$) *stellt Funktionen grafisch dar.* Die bisher beschriebenen Funktionen beschränkten sich darauf, eine punktweise gegebene Funktion darzustellen, d. h., es wurden stets die darzustellenden Datenpunkte übergeben. Da die Bestimmung der optimalen Abtastpunkte für eine gegebene Funktion jedoch manchmal sehr schwierig ist und eine falsche Wahl zu ungünstigen oder fehlerhaften Darstellungen führen kann (siehe Abb. 9.7), gibt es in MATLAB die Funktion *fplot*.

fplot erhält als Argumente den Namen einer Funktion *Fnkt*, die Intervallgrenzen *Lim* für die Auswertung dieser Funktion (als eindimensionaler Zeilenvektor mit zwei Elementen). Optional können die relative Fehlertoleranz *Tol* und die minimale Anzahl *N* an Funktionswerten vorgegeben werden.

Der Parameter *Fnkt* vom Typ `char` kann entweder den Namen einer M-Datei (ohne Dateiendung) oder einen MATLAB-Ausdruck enthalten. Der optionale Parameter 0< *Tol* <1 beschränkt den maximalen relativen Fehler, der durch Interpolation zwischen zwei Funktionswerten entsteht. Defaultmäßig ist er auf 0.002 gesetzt. Die Funktion *fplot* bestimmt aufgrund des maximal erlaubten relativen Fehlers selbständig, abhängig vom Verlauf der Kurve, die Zahl und Position der Stellen, an der die Funktion ausgewertet wird. Der optionale Parameter N (≥ 1) legt die minimale Anzahl der Abtastpunkte fest.

MATLAB-Beispiel 9.13

Die nebenstehenden Anweisungen stellen die Funktion aus Beispiel 10.10 (siehe Seite 195) im Intervall $[0,1]$ dar (siehe Abb. 9.7).

```
subplot(2,1,1);
fplot('peaks3', [0 1]);
```

Erst durch geeignete Wahl einer kleinen Fehlertoleranz wird die „Spitze" bei $x = 0.53$ sichtbar.

```
subplot(2,1,2);
fplot('peaks3', [0 1], 1e-5);
```

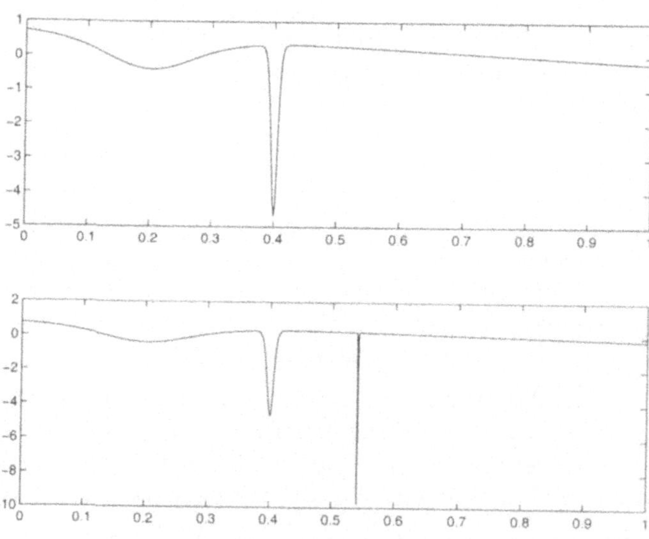

Abbildung 9.7: Beispiel für *fplot*.

9.4.2 Festlegen des Ausgabefensters

MATLAB stellt die Ausgaben der Grafikfunktionen in eigenen Fenstern (*figures*) dar, denen eine eindeutige Nummer zugeordnet ist. Der Befehl *figure (H)* erzeugt – soferne es noch nicht existiert – ein Fenster mit einer Nummer *H*, aktiviert es und stellt es im Vordergrund dar. Alle folgenden Grafikbefehle werden dann *im aktivierten Fenster* durchgeführt (sollte bei Aufruf eines Grafikbefehls kein Grafikfenster aktiv sein, so wird ein neues Fenster geöffnet).

Wird der optionale Parameter *H* weggelassen, so wird durch den Befehl *figure* ein neues Fenster erzeugt und aktiviert. Die Nummer des aktiven Fensters kann mit der Funktion *gcf* bestimmt werden.

Ausgabefenster können mit dem Befehl *close* wieder gelöscht werden. *close* liefert den Wert 1, wenn die selektierten Fenster geschlossen werden konnten, sonst den Wert 0.

MATLAB-Beispiel 9.14

Folgende Varianten von *close* können zum Löschen von Ausgabefenstern verwendet werden:

Schließen des Ausgabefensters mit der Nummer 1.	`>> close(1);`
Schließen des aktuellen Ausgabefensters.	`>> close`
Schließen aller derzeit geöffneten Ausgabefenster.	`>> close all`

9.4.3 Unterteilung des Ausgabefensters

Ein Fenster kann mit dem Befehl *subplot* (m, n, p) in Teilfenster zerlegt werden. Das aktuelle Ausgabefenster wird in eine $m \times n$-Matrix von Fenstern unterteilt, das p-te Teilfenster wird als aktueller Ausgabebereich festgelegt und dessen Nummer zurückgeliefert. Die Numerierung der Teilfenster erfolgt dabei zeilenweise von links nach rechts, beginnend mit der obersten Zeile.

Falls gerade kein Fenster geöffnet ist, so wird automatisch ein neues erzeugt, aktiviert und in den Vordergrund gestellt. Sollte das aktuelle Fenster vor dem Aufruf von *subplot* eine andere Aufteilung, als die von *subplot* spezifizierte, haben, so wird der Inhalt des Fensters gelöscht.

MATLAB-Beispiel 9.15

Das nebenstehende Programmstück erzeugt ein neues Fenster, bringt es in den Vordergrund und zeichnet darauf (in zwei Teilfenstern) gleichverteilte und normalverteilte Zufallszahlen (siehe Abb. 9.8).

```
figure
points = rand(1000,2);
subplot(1,2,1);
plot(points(:,1), points(:,2), '.');
title('Gleichverteilung');
axis([0 1 0 1]); axis square;
points = randn(1000,2);
subplot(1,2,2);
plot(points(:,1), points(:,2), '.');
title('Normalverteilung');
axis([-3 3 -3 3]); axis square;
```

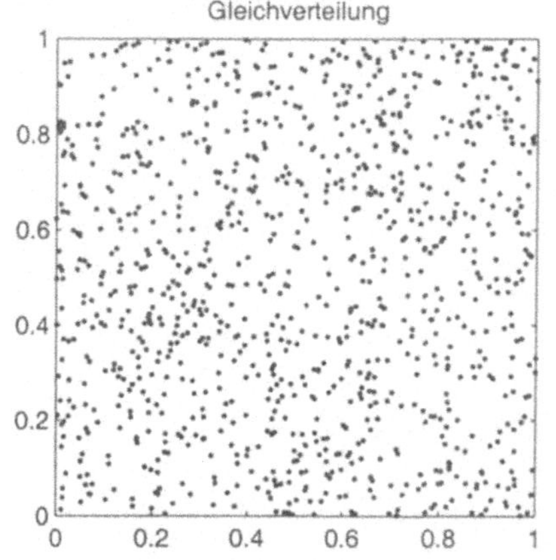
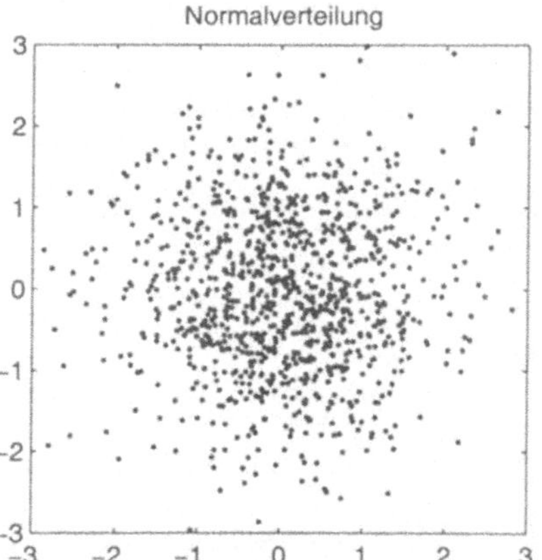

Abbildung 9.8: Gleichverteilte und normalverteilte Zufallszahlen.

9.4.4 Konfiguration der Ausgabeform

Die Ausgabeform einer Grafik kann in MATLAB sehr flexibel den Bedürfnissen der Benutzer angepaßt werden. Im folgenden werden die wichtigsten Funktionen zur Gestaltung der Ausgabeform erläutert. Diese Funktionen dienen der Veränderung einer *bereits bestehenden* Grafik; bei Ausführung eines weiteren Grafikbefehles (wie z. B. *plot*) werden Änderungen der Konfiguration wieder zurückgesetzt.

title *legt den Diagrammtitel fest.* Mit dem Aufruf *title(ueberschrift)* bekommt das Diagramm im gerade aktiven Ausgabefenster eine Überschrift. Der Parameter *ueberschrift* ist ein **char**-Feld, das den Titel enthält.

xlabel, ylabel, zlabel *legen die Achsenbeschriftungen fest.* *xlabel(name_x)* bewirkt die Beschriftung der x-Achse mit dem Inhalt des **char**-Feldes *name_x*; analog beschriftet *ylabel(name_y)* die y-Achse mit *name_y*. Für die Sichtbarkeit der Achsenbeschriftungen muß auch die Achsendarstellung mit *axis on* eingeschaltet sein. Für dreidimensionale Grafiken kann auch noch die Funktion *zlabel(name_z)* zum Beschriften der z-Achse verwendet werden.

text *dient der Plazierung von Text auf der Diagrammfläche.* *text(X,Y,String)* setzt den Inhalt des **char**-Feldes *String* auf die Positionen, welche durch X und Y, bezogen auf die aktuelle Achsenskalierung, gegeben sind. X, Y und *String* können Skalare oder gleichlange Vektoren sein.

Der Text wird um die angegebene Y-Koordinate zentriert und linksbündig (beginnend ab der angegebenen X-Koordinate) ausgegeben.

legend *erzeugt eine Legende.* Mit *legend(Strings,Pos)* wird eine Box erzeugt, die den dargestellten Daten bzw. Kurven die Texte aus dem Parameter *Strings* zuordnet. Dabei ist *Strings* ein zweidimensionales **char**-Feld, dessen Zeilen die Bezeichnungen der einzelnen Datensätze enthalten. Der optionale Parameter *Pos* gibt an, wo die Legende plaziert werden soll:

Pos	Plazierung
0	„optimal" bezüglich der Daten
1	rechte obere Ecke (Defaultwert)
2	linke obere Ecke
3	linke untere Ecke
4	rechte untere Ecke
−1	rechts außerhalb der Grafik

grid *erzeugt Gitternetzlinien.* Mit dieser Funktion wird die Darstellung von Gitternetzlinien ein- oder ausgeschaltet. Mit *grid on* wird die Darstellung von Gitternetzlinien aktiviert, mit *grid off* wird sie deaktiviert; die Defaulteinstellung ist *grid off*. Die Funktion gilt für das momentan aktive Ausgabefenster oder den selektierten Teilbereich. Für die Sichtbarkeit der Gitternetzlinien muß auch die Achsendarstellung mit *axis on* aktiviert sein.

box *erzeugt einen Diagrammrahmen.* Mit dieser Funktion wird die Darstellung des Diagrammrahmens ein- oder ausgeschaltet. Der Aufruf *box on* aktiviert den Diagrammrahmen, *box off* deaktiviert ihn. Wird kein Parameter angegeben, so wird der aktuelle Zustand geändert; die Defaulteinstellung ist *box on*. Die Funktion gilt für das momentan aktive Fenster oder Teilfenster. Für die Sichtbarkeit des Rahmens muß auch die Achsendarstellung mit *axis on* eingeschaltet sein.

axis *steuert die Achsendarstellung.* Diese Funktion erlaubt das Ändern von Skalierung und Darstellungsform der Achsen.

axis off deaktiviert die Darstellung von Hintergrund, Beschriftungen, Gitternetzlinien und Diagrammrahmen.

axis on aktiviert die Darstellung von Hintergrund, Beschriftungen und – falls diese explizit gesetzt wurden – die Darstellung von Gitternetzlinien und Diagrammrahmen.

axis ([*Xmin Xmax Ymin Ymax*]) belegt die unteren und oberen Grenzen der *x*- und *y*-Achse mit den Werten des übergebenen Zeilenvektors.

axis auto bestimmt die Achsenskalierung automatisch.

axis manual verhindert, daß die aktuelle Skalierung verändert wird. Dies ist dann von Interesse, wenn mittels *hold* mehrere Grafiken dieselbe Achsenskalierung verwenden sollen.

axis ij setzt die Achsenorientierung auf die „Matrix-Koordinatenform". Der Koordinatenursprung ist dabei die linke obere Ecke. Die vertikalen Werte steigen von oben nach unten an, die horizontalen – wie üblich – von links nach rechts.

axis xy setzt die Achsenorientierung auf den Defaultzustand (kartesische Koordinaten). Die horizontalen Werte steigen von links nach rechts an, die vertikalen steigen von unten nach oben an.

axis square weist MATLAB an, einen quadratischen Zeichenbereich zu verwenden; die Standardform ist rechteckig (nicht-quadratisch).

axis equal bewirkt einen gleichen Skalierungsfaktor für beide (oder alle drei) Koordinatenachsen.

axis normal deaktiviert die Funktionen *square* und *equal* von *axis*.

In MATLAB gibt es noch zwei weitere Konfigurationsbefehle, die jedoch *vor* einer Grafikfunktion angewendet werden müssen.

colordef *legt die Diagramm- und Beschriftungsfarben fest.* Mit der Funktion *colordef* können für ein Ausgabefenster die Darstellungsfarben für den Fensterhintergrund, den Diagrammhintergrund, der Beschriftungen und der ersten drei Zeichenfarben eingestellt werden.

colordef white setzt den Fensterhintergrund auf Hellgrau, den Diagrammhintergrund auf Weiß, die Beschriftungen auf Schwarz und die ersten drei Zeichenfarben auf Blau, Dunkelgrün und Rot.

colordef black setzt den Fensterhintergrund auf Dunkelgrau, den Diagrammhintergrund auf Schwarz, die Beschriftungen auf Weiß und die ersten drei Zeichenfarben auf Gelb, Magenta und Zyan.

colordef none setzt den Fenster- und Diagrammhintergrund auf Schwarz, die Beschriftungen auf Weiß und die ersten drei Zeichenfarben auf Gelb, Magenta und Zyan.

colordef(Fig, Option) setzt die Farbwerte für das Ausgabefenster mit der Nummer *Fig*. Der Parameter *Option* ist ein `char`-Feld und kann mit *'white, 'black'* oder *'none'* belegt werden. Bei Anwendung der Funktion muß das Fenster leer sein.

colordef('new', Option) erzeugt ein neues Ausgabefenster, dessen Farbwerte mittels des Parameters *Option* festgelegt sind. *colordef* liefert als Funktionswert die Nummer des neu erzeugten Fensters.

hold *ermöglicht Mehrfachdiagramme.* Vor Ausführung eines Grafikbefehles wird automatisch das aktive Ausgabefenster oder Teilfenster gelöscht. Sollen mehrere, hintereinander erstellte Grafiken in einem gemeinsamen Koordinatensystem dargestellt werden, so kann dies durch *hold on* erzielt werden.

hold on deaktiviert das (defaultmäßige) automatische Löschen des aktuellen Ausgabefensters oder Teilfensters vor der Darstellung einer neuen Grafik. Wenn *axis auto* aktiviert ist, so werden die Achsen automatisch erweitert, um alle Kurven vollständig darstellen zu können, bei *axis manual* werden die aktuellen Achsenskalierungen nicht verändert. Damit kann es vorkommen, daß das Ergebnis der aktuellen Grafikfunktion nicht vollständig im sichtbaren Bereich liegt.

hold off stellt den Defaultzustand wieder her, in welchem das automatische Löschen des aktuellen Ausgabebereiches vor der Darstellung eines neuen Diagramms erfolgt.

9.4.5   Darstellung dreidimensionaler Daten

Im folgenden wird (analog zur Darstellung zweidimensionaler Daten) ein Überblick über die dreidimensionalen MATLAB-Grafikfunktionen gegeben:

plot3 (DX, DY, DZ ⟨, Format⟩) *stellt Kurven im dreidimensionalen Raum dar. plot3* ist die dreidimensionale Version der Funktion *plot*. Die Parameterliste ist um ein Feld für die Daten der dritten Dimension erweitert.

Die Eingabedaten werden als X-, Y- und Z-Werte einzelner zu zeichnender Punkte interpretiert. Die Felder DX, DY und DZ müssen dieselbe Größe haben. Sollten DX, DY und DZ zweidimensionale Felder sein, so werden die jeweiligen Spalten als separate Kurven dargestellt. Der optionale Parameter *Format* besitzt dasselbe Format wie bei der zweidimensionalen Variante *plot*.

Das Quadrupel $< X\text{-}Werte, Y\text{-}Werte, Z\text{-}Werte, Format>$ kann auch mehrfach als Parameter von *plot3* angegeben werden:

$plot3\,(DX1,DY1,DZ1,F1,DX2,DY2,DZ2,F2,\ldots)$.

MATLAB-Beispiel 9.16

Durch die nebenstehenden Befehle wird eine Raumkurve (siehe Abb. 9.9) dargestellt.

```
z = 0:0.001:1;
x = exp(0.9*z).*sin(10*z);
y = exp(0.1*z).*cos(20*z);
plot3(x,y,z);
```

Anklicken des Symbols für „Rotate 3D" oder die Anweisung *rotate3d on* ermöglichen ein manuelles Einstellen des Betrachtungswinkels mit der Maus und damit ein besseres Verständnis der Raumkurve.

---

mesh $(\mathbf{X}, \mathbf{Y}, \mathbf{Z}\ \langle, \mathbf{C}\rangle)$ *erzeugt Netzgrafiken.* Eine Funktion $Z = f(X, Y)$ wird durch die Angabe ihrer Z-Koordinaten über einem rechteckigen Raster von X- und Y-Werten spezifiziert. Durch Verbinden von benachbarten Datenpunkten entsteht eine dreidimensionale Grafik (siehe Abb. 9.10). Netzgrafiken eignen sich zur Darstellung der Elemente großer Matrizen oder von Funktionen von zwei unabhängigen Variablen.

X ist ein Vektor der Länge m, Y ein Vektor der Länge n und Z ist ein zweidimensionales Feld der Größe $m \times n$. Diese Werte bestimmen die Skalierung der x- und y-Achse.[1] Fehlen die Parameter X und Y, so werden sie durch den Spalten- und Zeilenindex von Z ersetzt. Durch Angabe des optionalen Parameters C kann die Farbgebung der Grafik verändert werden.

Zur Auswertung von Funktionen von zwei Veränderlichen kann die MATLAB-Funktion *meshgrid* verwendet werden. $[X, Y] = meshgrid\,(x,y)$ erzeugt zwei Matrizen X und Y der Größe $n \times m$, dabei bestehen die Zeilen von X

---

[1] *mesh* kennt noch eine Vielzahl anderer Aufrufmöglichkeiten durch die Verwendung optionaler Parameter; siehe Online-Hilfe.

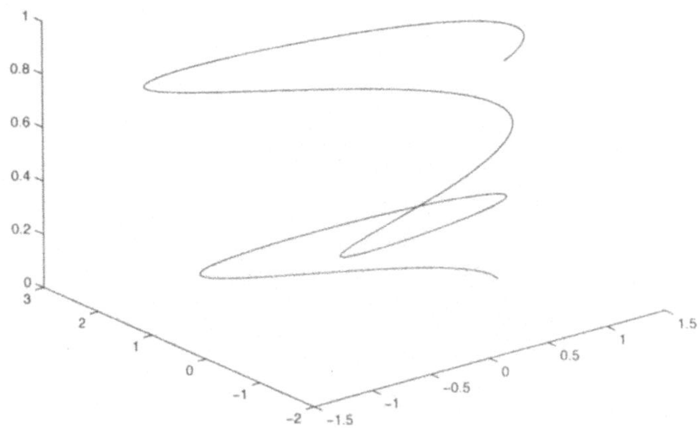

Abbildung 9.9: Raumkurve als Beispiel für *plot3*.

aus Kopien des Vektors x und die Spalten von Y aus Kopien von y. Die so erzeugten Matrizen können zur punktweisen Auswertung von Funktionen von zwei Veränderlichen herangezogen werden.

MATLAB-Beispiel 9.17

Darstellung der 2-dimensionalen Gauß'schen „Glockenfunktion" $e^{-(x^2+y^2)}$ (siehe Abb. 9.10).

```
x = -2.5:0.1:2.5; y = x;
[X,Y] = meshgrid(x,y);
mesh(x, y, exp(-(X.^2 + Y.^2)) );
```

---

surf (X, Y, Z, C) *ermöglicht Flächendarstellungen.* Die Funktion *surf* verhält sich wie die Funktion *mesh*, verbindet jedoch benachbarte Z-Punkte durch Flächenstücke.

fill3 (X, Y, Z, Col) *dient der Darstellung dreidimensionaler Vielecke.* Die Funktion *fill3* ist die dreidimensionale Version der Funktion *fill*. Die Parameter X, Y und Z spezifizieren die X-, Y- und Z-Koordinaten der Punkte, aus denen das Polygon bestehen soll. Der Parameter *Col* vom Typ `char` spezifiziert die Farbe, mit der das Vieleck gefüllt wird. Mögliche Werte sind die Farbwahlstrings aus Tabelle 9.5.

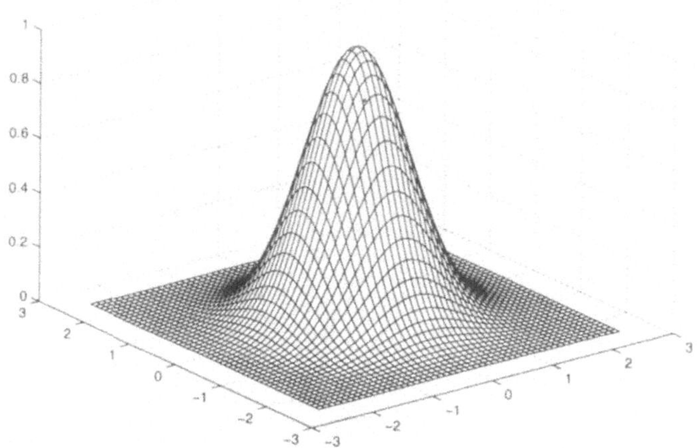

Abbildung 9.10: Beispiel für *mesh*.

contour, contour3 *ermöglichen eine Konturliniendarstellung.* Diese beiden
MATLAB-Funktionen stellen „Höhenschichtenlinien" der angegebenen Daten dar, d. h., sie stellen Funktionswerte für konstante Z-Werte dar.

contour(X, Y, Z, N) stellt Konturlinien der durch die Felder X, Y und Z
repräsentierten Funktion $Z = f(X, Y)$ im Grundriß dar. Die einzelnen Konturlinien werden entsprechend ihrer Höhe (Z-Wert) verschieden gefärbt. Der
optionale Parameter N bestimmt die Zahl der Konturlinien. Verwendet man
contour3, so werden die Konturlinien perspektivisch gezeichnet.

MATLAB-Beispiel 9.18

Darstellung der vordefinierten
Funktion *peaks* (siehe Abb. 9.11
und Abb. 9.12).

```
[x,y,z] = peaks;
contour(x,y,z,20);
contour3(x,y,z,20);
```

---

pcolor (X, Y, Z) *dient der Konturflächendarstellung.* Diese Funktion stellt – wie
die Funktion *contour* – z-Werte im Grundriß dar, nur verwendet sie Raster-
flächen anstelle von Konturlinien (siehe Abb. 9.13).

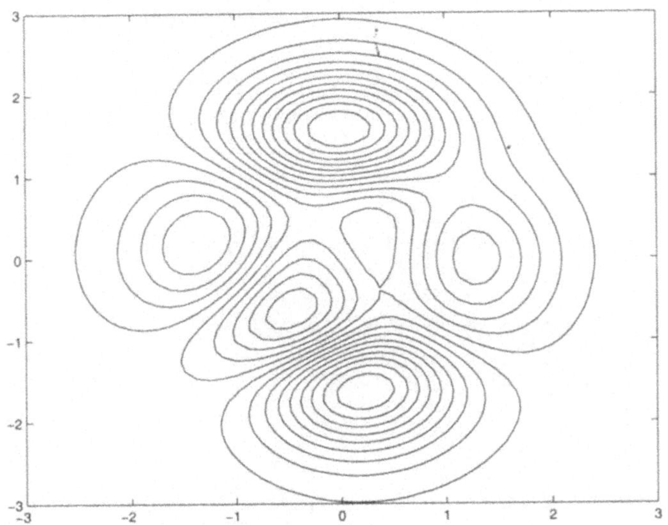

Abbildung 9.11: Beispiel für *contour*.

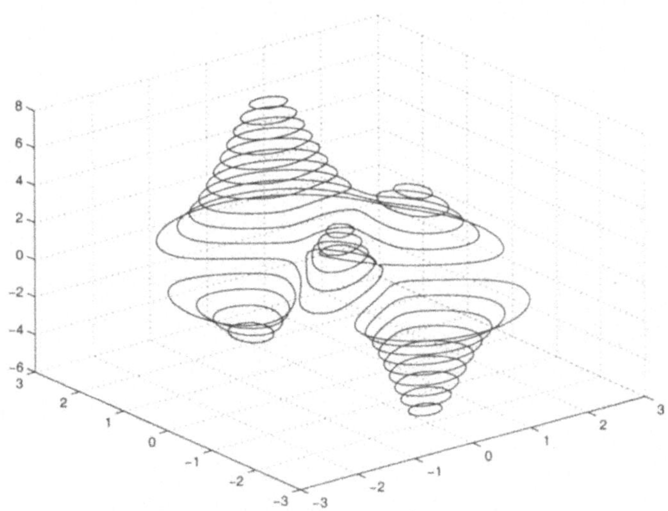

Abbildung 9.12: Beispiel für *contour3*.

MATLAB-Beispiel 9.19

Darstellung der Konturflächen von *peaks* (siehe Abb. 9.13).	`[x,y,z] = peaks;` `pcolor(x,y,z);`

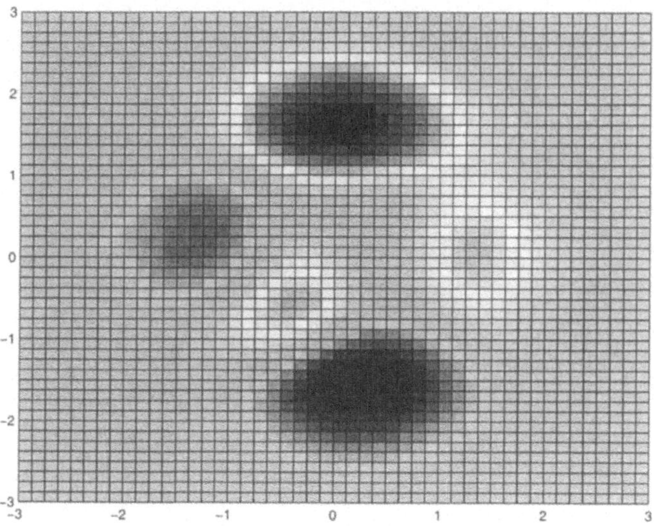

Abbildung 9.13: Beispiel für *pcolor*.

9.4.6   Farbpaletten

MATLAB verwendet zur Farbgebung in einigen dreidimensionalen Ausgabefunktionen (wie *mesh*, *surf* und *pcolor*) Farbpaletten. Eine Farbpalette ist eine $m \times 3$-Matrix, mit deren Hilfe m Farben definiert werden. Jede Zeile enthält drei Zahlenwerte für die Anteile der Farben Rot, Grün und Blau, welche im abgeschlossenen Intervall von 0 bis 1 liegen müssen. Eine Farbpalette wird mit dem Befehl *colormap(palette)* aktiviert.

MATLAB verwendet zyklisch die Farbeinträge der aktivierten Farbpalette beginnend mit der ersten Farbe. Farbpaletten können mit der Funktion *brighten* verändert werden.

Folgende Farbpaletten sind bereits vordefiniert und können durch Aufruf der Funktion *colormap(name)* aktiviert werden: *hsv, hot, gray, bone, copper, pink, white, flag, jet, prism, cool, lines, colorcube, summer, autumn, winter, spring.*

9.4.7   Konvertieren von Grafiken ins PostScript-Format

MATLAB kann erstellte Grafiken auch als PostScript-Datei abspeichern, die dann in ein Textverarbeitungssystem (wie LaTeX) eingebunden werden können. Mit

    print -deps *datei.eps*

wird die momentan aktive Grafik in der Datei *datei.eps* abgespeichert.[2] Der MAT-LAB-Befehl *figure* kann dabei verwendet werden, um eine beliebige Grafik zu aktivieren, siehe Abschnitt 9.4.2. In LaTeX wird die erstellte Grafik dann etwa durch

    \includegraphics{*datei.eps*}

eingebunden.

---

[2] EPS ist eine spezielle Variante des PostScript-Formates, das zur Einbindung von Grafiken in PostScript-Dokumente verwendet wird.

Kapitel 10

Numerische Methoden

10.1 Lösung linearer Gleichungssysteme

Obwohl fast alle realen Abhängigkeiten *nicht*linear sind, finden Linearitätsannahmen in der Technik und den Naturwissenschaften große Verbreitung. Sie führen oft zu den einfachsten Modellen, die nach dem Minimalitätsprinzip – bei sonstiger Gleichwertigkeit – komplexeren Modellen vorzuziehen sind.

Der Umstand, daß auch viele mathematische Untersuchungs- und Lösungsmethoden (sowohl exakte als auch näherungsweise) für lineare Modelle besser geeignet sind, führt oft zur Anwendung linearer Modelle auch in solchen Fällen, wo es ernsthafte Gründe für die Annahme gibt, daß sich die reale Abhängigkeit wesentlich von einer linearen unterscheidet (wie z. B. bei vielen Anwendungen der linearen Optimierung). Dabei hofft man, daß sich die vernachlässigte Nichtlinearität der untersuchten Phänomene nicht entscheidend auf die Ergebnisse auswirkt, daß sich diese Modellfehlereffekte durch geeignete Wahl der Koeffizienten des linearen Modells kompensieren lassen oder daß eine spätere Verbesserung der Lösung (unter Einbeziehung nichtlinearer Phänomene) möglich ist. Es werden daher viele technisch-naturwissenschaftliche Untersuchungen, auch kompliziertester Vorgänge, mit linearen Modellen begonnen.

Die numerische Lösung schwieriger nichtlinearer Aufgabenstellungen wird fast immer auf die Lösung linearer Gleichungssysteme zurückgeführt. Dies erklärt die zentrale Stellung innerhalb der Numerik, die von der Lösung linearer Gleichungssysteme und linearer Ausgleichsprobleme eingenommen wird. Von den zehn wichtigsten Algorithmen des zwanzigsten Jahrhundert sind drei aus dem Gebiet der numerischen Linearen Algebra (Dongarra, Sullivan [13]).

10.1.1 Problemtyp

Ein System von m Gleichungen in n Unbekannten $x_1, \ldots, x_n$ der Form

$$F(x) = Ax = \begin{pmatrix} a_{11}x_1 + a_{12}x_2 + \cdots + a_{1n}x_n \\ a_{21}x_1 + a_{22}x_2 + \cdots + a_{2n}x_n \\ \vdots \qquad \vdots \qquad\qquad \vdots \\ a_{m1}x_1 + a_{m2}x_2 + \cdots + a_{mn}x_n \end{pmatrix} = \begin{pmatrix} b_1 \\ b_2 \\ \vdots \\ b_m \end{pmatrix} = b$$

– oder kürzer: $Ax = b$ –, in dem die Größen $a_{11}, \ldots, a_{mn}$ und $b_1, \ldots, b_m$ gegeben sind, nennt man ein lineares Gleichungssystem. Dabei ist $A \in \mathbb{R}^{m \times n}$ die Koeffizientenmatrix (Systemmatrix), der Vektor $b \in \mathbb{R}^m$ die rechte Seite und $x^* \in \mathbb{R}^n$ ein gesuchter Vektor, der simultan alle m Gleichungen erfüllt.

Sowohl hinsichtlich der Existenz und Struktur der Lösungsmenge als auch für die Auswahl geeigneter Lösungsverfahren ist es zweckmäßig, bei linearen Gleichungssystemen die folgenden drei Fälle zu unterscheiden:

$m = n$

Es ist dies der Fall einer quadratischen Koeffizientenmatrix in $Ax = b$.

$$\boxed{m = n} \cdot \bigg| \bigg| = \bigg| \bigg|$$

Es hängt von der Matrix $A \in \mathbb{R}^{n \times n}$ ab, ob eine eindeutige Lösung existiert. Wenn dies nicht der Fall ist, so kann je nach der speziellen Lage der rechten Seite, b, entweder überhaupt keine Lösung existieren oder ein ganzer Lösungsraum.

$m < n$

Im Fall einer rechteckigen Matrix mit $m < n$, wenn also die Anzahl der Gleichungen kleiner ist als die Anzahl der Unbekannten, handelt es sich bei $Ax = b$ um ein *unterbestimmtes* lineares Gleichungssystem.

$$\boxed{m < n} \cdot \bigg| \bigg| = \bigg| \bigg|$$

Derartige Systeme besitzen immer einen ganzen Unterraum $X \subseteq \mathbb{R}^n$ mit einer Dimension $\dim(X) \geq n - m$ als Lösung.

$m > n$

Bei $m > n$ sind mehr Gleichungen als Unbekannte vorhanden: $Ax = b$ ist ein *überbestimmtes* lineares Gleichungssystem, das in den meisten Fällen *keine* Lösung besitzt.

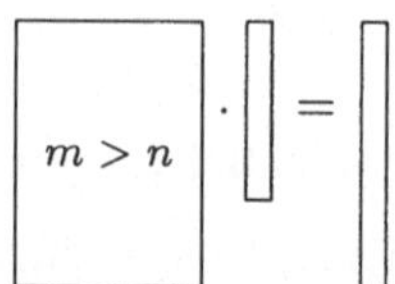

Bei überbestimmten Systemen geht man oft zu einem linearen Ausgleichsproblem (Approximationsproblem) über, bei dem das Minimum x^* einer l_p-Norm des Residuenvektors $r := Ax - b$ gesucht wird:

$$\|Ax^* - b\|_p = \min\left\{\|Ax - b\|_p : x \in \mathbb{R}^n\right\}.$$

Am häufigsten wird die l_2-Norm verwendet, um das Minimum des Residuums

$$\min\left\{\|Ax - b\|_2^2 = \sum_{i=1}^{m}(a_{i1}x_1 + \cdots + a_{in}x_n - b_i)^2 : x \in \mathbb{R}^n\right\} \tag{10.1}$$

und damit eine „Lösung" x^* von $Ax = b$ nach der *Methode der kleinsten Quadrate* zu ermitteln. x^* ist in diesem Fall Lösung eines linearen Gleichungssystems, den sogenannten *Normalgleichungen* $A^\top Ax = A^\top b$.

Liegen mehrere lineare Probleme

$$A\boldsymbol{x}_1 = \boldsymbol{b}_1,\ A\boldsymbol{x}_2 = \boldsymbol{b}_2,\ \ldots,\ A\boldsymbol{x}_k = \boldsymbol{b}_k \tag{10.2}$$

mit verschiedenen rechten Seiten, aber einer gemeinsamen Matrix A vor, so entspricht die gemeinsame Lösung der k Gleichungen (10.2) der Lösung *einer* einzigen *Matrixgleichung*

$$AX = B, \qquad A \in \mathbb{R}^{m \times n}, \quad B := [\boldsymbol{b}_1, \boldsymbol{b}_2, \ldots, \boldsymbol{b}_k] \in \mathbb{R}^{m \times k}.$$

MATLAB ermöglicht auch die effiziente Lösung von Matrixgleichungen.

Eine wichtige Klassifizierung des Problemtyps erfolgt durch Art und Größe der *Datenfehler*. Bei vielen linearen Gleichungssystemen, vor allem bei den meisten überbestimmten Systemen, sind die Komponenten des Vektors b und oft auch die Koeffizienten $a_{11}, a_{12}, \ldots, a_{mn}$ mit Ungenauigkeiten (hervorgerufen z. B. durch Meßfehler) behaftet. In solchen Fällen sollte mit Hilfe von Konditionsuntersuchungen (siehe Abschnitte 10.1.9 und 10.1.17) geklärt werden, welche Genauigkeit von x^* überhaupt erwartet werden darf.

Die Ermittlung einer Lösung fehlerbehafteter überbestimmter Systeme nach der *Methode der kleinsten Quadrate* (10.1) ist eigentlich nur für jene Probleme gedacht, wo größere Datenfehler zwar im Vektor b auftreten, die Koeffizienten $a_{11}, \ldots, a_{mn}$ aber allenfalls mit Störungen in der Größenordnung elementarer Rundungsfehler behaftet sind. Aber selbst in Fällen, wo diese einschränkende Voraussetzung erfüllt ist, liefert die Minimierung des Euklidischen Abstandes nur dann eine optimale Lösung (*Maximum-Likelihood-Schätzung*), wenn die Fehler von b unabhängige Zufallsgrößen sind, die aus *einer* normalverteilten Grundgesamtheit stammen.

10.1.2 Strukturmerkmale der Systemmatrix

Spezielle Struktureigenschaften der Matrix eines linearen Gleichungssystems werden sowohl bei der Algorithmus- als auch bei der Software-Entwicklung ausgenutzt, um effizientere und/oder genauere Lösungsmethoden zu entwickeln. Nur wenn man *vor* der numerischen Lösung eines linearen Gleichungssystems feststellt, ob und gegebenenfalls welche besonderen Strukturmerkmale A besitzt, kann man eine dem Problem angemessene Software-Auswahl treffen.

Symmetrie und Definitheit

Die Eigenschaft der *Symmetrie* einer quadratischen Matrix $A \in \mathbb{R}^{n \times n}$,

$$a_{ij} = a_{ji} \qquad \text{für alle} \quad i, j \in \{1, 2, \ldots, n\},$$

ist leicht zu erkennen bzw. zu überprüfen. Verwendet man spezielle Programme zur Lösung symmetrischer Systeme, kann man auch den Rechenaufwand (die Rechenzeiten) halbieren.

Noch vorteilhafter ist es, wenn neben der Symmetrie auch noch das Merkmal der (*positiven*) *Definitheit* vorliegt, also

$$\langle Ax, x \rangle = \sum_{i=1}^{n} \sum_{j=1}^{n} a_{ij} x_i x_j \left\{ \begin{array}{lll} > 0 & \text{für} & x \neq 0 \\ = 0 & \text{für} & x = 0 \end{array} \right.$$

gilt. Im Gegensatz zur Symmetrie ist aber nicht so leicht zu erkennen, ob eine Matrix positiv definit ist. Wenn man lineare Gleichungssysteme in der MATLAB-Form $x = A\backslash b$ löst, dann muß man auch nicht auf die Definitheit von A achten. MATLAB überprüft dies und verwendet automatisch den effizientesten Algorithmus.

Besetztheitsgrad und -struktur

Bei sehr großen Systemen mit Tausenden bis Hunderttausenden von Gleichungen und Unbekannten spielt der *Besetztheitsgrad* der Matrix mit Nichtnullelementen eine fundamentale Rolle. Sind sehr viele Elemente $a_{ij} = 0$, so spricht man von einer *schwach besetzten Matrix*. Ein lineares Gleichungssystem $Ax = b$ mit einer schwach besetzten Matrix $A \in \mathbb{R}^{n \times n}$ der Dimension $n = 10^6$ kann man mit geeigneter Software lösen. Bei einer voll besetzten Matrix (mit allen oder sehr vielen Elementen $a_{ij} \neq 0$) ist ein Problem dieser Größenordnung nur auf einem Computer lösbar, der tausendfach leistungsfähiger als ein schneller PC ist.

Bei schwach besetzten Matrizen ist auch die *Besetztheitsstruktur* von großer Bedeutung für die Algorithmus- und Software-Auswahl. Dabei spielen die *Bandmatrizen* eine besondere Rolle, da es für sie spezielle, sehr effiziente Algorithmen gibt. Bei Problemlösungen der Form $x = A\backslash b$ werden von MATLAB automatisch die effizientesten Algorithmen verwendet.

10.1.3   Art der Lösung

Lineare Gleichungssysteme sind besonders „angenehme" numerische Probleme:
(1) Die Daten zur Spezifikation des Problems liegen von Haus aus als algebraische
Daten – Matrizen und Vektoren – vor. (2) Zur algorithmischen Ermittlung der
Lösung ist keine Finitisierung erforderlich. So liefert z. B. der Gauß-Algorithmus
in endlich vielen Schritten (arithmetischen Operationen) den Lösungsvektor eines
linearen Gleichungssystems.

Die Anzahl der arithmetischen Operationen bei der numerischen Lösung
großer linearer Gleichungssysteme kann außerordentlich groß sein. Für ein voll
besetztes System mit 1200 Gleichungen ist bereits ein Arbeitsaufwand von mehr
als 10^9 Gleitpunktoperationen (1 Gflop) erforderlich. Damit treten auch entsprechend viele Rechenfehler auf, deren Auswirkung auf den Lösungsvektor ganz beträchtlich sein kann.

Besondere Schwierigkeiten bereiten jene Probleme, bei denen die Systemmatrix A nicht regulär ist. Dies umso mehr, als im Fall schlecht konditionierter
Probleme die im mathematisch-analytischen Sinn völlig klare Fallunterscheidung

$$A \text{ ist regulär} \qquad oder \qquad A \text{ ist singulär}$$

durch Daten- und Rechenfehler zu einer unscharfen Entscheidung zwischen *numerisch regulär* und *numerisch singulär* wird, die sich überhaupt nur unter Berücksichtigung zusätzlicher Information (z. B. über Art und Größe der Datenfehler)
sinnvoll treffen läßt. Im Fall einer numerisch singulären Koeffizientenmatrix A
muß man auch noch die spezielle Lage des Vektors b berücksichtigen, um eine
sinnvolle Lösung von $Ax = b$ ermitteln zu können.

Eine mögliche Lösungsdefinition im numerisch singulären Fall ist die *Pseudo-
Normallösung* $x_0 = A^+b$, die mit Hilfe der verallgemeinerten Inversen A^+ definiert
ist (Überhuber [46]). Für die praktische Ermittlung von A^+ sind die MATLAB-
Funktionen *pinv* (zur Berechnung von A^+) und *svd* (zur Singulärwertzerlegung)
wichtige Hilfsmittel.

10.1.4   Auswahl der Lösungsmethode

Nach der Feststellung von Typ und Struktur linearer Gleichungssysteme erfolgt die *Auswahl* passender Softwareprodukte (z. B. der passenden MATLAB-
Funktionen) und deren *Anwendung* auf das gegebene Problem. Dabei ist zunächst
die Wahl zwischen zwei großen Klassen von Algorithmen zu treffen:

Direkte Verfahren, die auf einer Faktorisierung der Systemmatrix beruhen
    und (bei exakter Rechnung) mit einer endlichen Anzahl von arithmetischen
    Operationen die (exakte) Lösung liefern. Direkte Verfahren werden z. B. in

den LAPACK-Programmen verwendet, die in MATLAB für Problemlösungen
der Form $x = A\backslash b$ zum Einsatz gelangen.

Iterative Verfahren, die auf der iterativen Fixpunktbestimmung von Gleichungssystemen bzw. der Minimierung quadratischer Funktionen beruhen
und in den meisten Fällen (selbst bei exakter Rechnung) einen unendlichen
Prozeß zur (exakten) Lösung benötigen. Iterative Verfahren gelangen in den
speziellen MATLAB-Funktionen zur Lösung linearer Gleichungssysteme mit
schwach besetzten Matrizen zum Einsatz.

10.1.5   LAPACK in MATLAB

LAPACK (*Linear Algebra Package*) ist ein frei verfügbares (*public domain*) Soft-
warepaket von Fortran 77 - Unterprogrammen, mit deren Hilfe man viele Stan-
dardprobleme der Linearen Algebra numerisch lösen kann. Das komplette Soft-
wareprodukt LAPACK umfaßt mehr als 600 000 Zeilen Fortran-Code in über 1000
Routinen und eine Benutzungsanleitung (Anderson et al. [1]).

LAPACK wurde entwickelt, um lineare Gleichungssysteme, lineare Ausgleichsprobleme und Eigenwertprobleme zu lösen sowie Faktorisierungen von Matrizen,
Singulärwertzerlegungen und Konditionsabschätzungen durchzuführen. Es gibt
LAPACK-Programme für dicht besetzte Matrizen und Bandmatrizen, aber nicht
für schwach besetzte Matrizen mit allgemeiner Besetztheitsstruktur.

LAPACK ist für numerische Probleme der Linearen Algebra mit dicht besetzten
Matrizen und Bandmatrizen der De-facto-Standard. Um die Zuverlässigkeit und
Effizienz von LAPACK mit der Benutzerfreundlichkeit von MATLAB zu verbinden,
wurden die wichtigsten LAPACK-Programme in MATLAB einbezogen.

Insbesondere hervorzuheben ist der Komfort, den MATLAB gegenüber der direkten Verwendung von LAPACK-Programmen bietet. Je nach Matrixtyp (allgemeine Struktur, Bandstruktur, Symmetrie, Definitheit etc.) wählt MATLAB bei
Verwendung der Anweisung A\b *automatisch* jene LAPACK-Programme, die zu
den kürzesten Rechenzeiten führen (siehe Abb. 10.1).

MATLAB-Beispiel 10.1

Um das lineare Gleichungssystem $Ax = b$ zu lösen, genügt
der Befehl A\b. Es wird automatisch das der Struktur der Matrix A am besten entsprechende
LAPACK-Programm verwendet.

```
>> x = A\b;
```

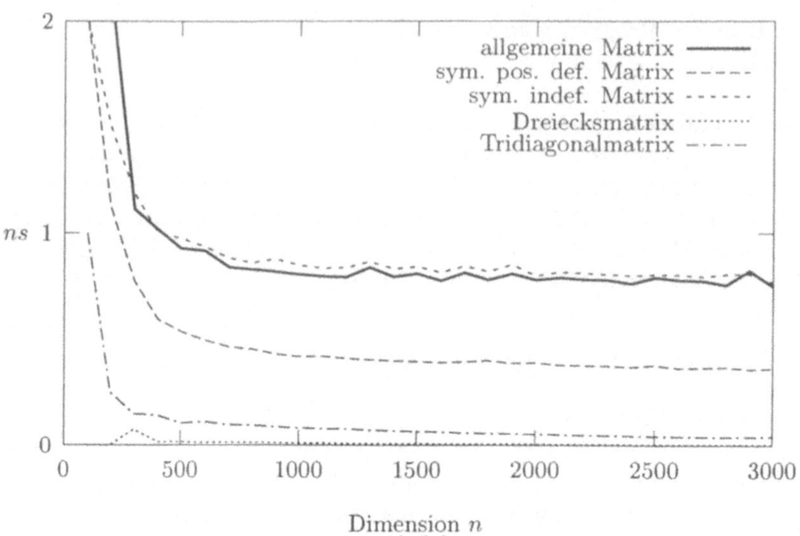

Abbildung 10.1: Normierte Laufzeit (in Nanosekunden) von `A\b` auf einem Prozessor einer HP/Compaq ES45 (Alpha 21264, 1 GHz).

10.1.6   Kontrolle der numerischen Resultate

Nach der Lösung linearer Gleichungssysteme sollte man überprüfen, ob man wirklich eine Lösung mit der gewünschten Genauigkeit erhalten hat.

Bei den meisten in der Praxis auftretenden linearen Gleichungssystemen gibt es keine A-priori-Information über ihre Fehlerempfindlichkeit (Kondition). In solchen Fällen sollte man sich nicht auf eine eher unverläßliche „gefühlsmäßige" Überprüfung der Resultate verlassen. Eine objektive Beurteilung der Genauigkeit der erhaltenen Werte ist mit geringem Mehraufwand zu erreichen, wenn man z. B. im Rahmen der numerischen Gleichungsauflösung eine Konditionsschätzung berechnen läßt (siehe Abschnitt 10.1.16).

10.1.7   Matrixnormen

Um den Grad der Nachbarschaft von Matrizen, z. B. die Nähe einer gegebenen Matrix zu singulären Matrizen, ausdrücken zu können (wenn man z. B. den Begriff der numerisch singulären Matrizen präzisieren möchte), wird eine *Distanz im Raum der Matrizen* benötigt. Mit Hilfe dieser Matrixnormen können z. B. „Störungen" einer Matrix quantifiziert werden.

Eine Abbildung $\|\cdot\| : \mathbb{R}^{m\times n} \to \mathbb{R}$, die für alle $A, B \in \mathbb{R}^{m\times n}$ den Bedingungen

1. $\|A\| \geq 0$,
2. $\|A\| = 0 \iff A = 0$ (Definitheit),
3. $\|\alpha A\| = |\alpha| \cdot \|A\|$, $\alpha \in \mathbb{R}$ (Homogenität)   und
4. $\|A + B\| \leq \|A\| + \|B\|$ (Dreiecksungleichung)

genügt, heißt *Matrixnorm*.

10.1.8 Orthogonale und unitäre Matrizen

Bei der Lösung von Problemen der numerischen Linearen Algebra spielen orthogonale und unitäre Matrizen eine wichtige Rolle.

Eine orthogonale Matrix ist eine quadratische Matrix $Q \in \mathbb{R}^{n \times n}$ mit orthonormalen Spaltenvektoren $q_1, \ldots, q_n$. Sie erfüllt daher folgende Matrixgleichung:

$$Q^\top Q = QQ^\top = I. \tag{10.3}$$

Beispielsweise besitzt die Matrix

$$A = \begin{pmatrix} 1 & 1 \\ -1 & 1 \end{pmatrix}$$

orthogonale Spaltenvektoren. Sie ist aber *keine* orthogonale Matrix, da ihre Spaltenvektoren nicht normiert sind. Erst durch Normierung erhält man eine orthogonale Matrix

$$Q := \frac{1}{\sqrt{2}} \cdot A.$$

10.1.9 Kondition linearer Gleichungssysteme

Die Auswirkung der Datenfehler auf die Lösungsgenauigkeit kann abgeschätzt werden, indem man für das mathematische Problem eine *Datenfehleranalyse* durchführt. Man untersucht dabei, wie stark sich dessen Lösung x ändert, wenn die zugrundeliegenden Daten $\mathcal{D}$ geändert werden. Dem gedanklichen Übergang vom ungestörten Datensatz $\mathcal{D}$ des ursprünglichen Problems zu den gestörten Daten $\tilde{\mathcal{D}}$ des geänderten Problems entspricht dabei der Übergang von der Lösung x zur Lösung $\tilde{x}$. Das Ausmaß der Lösungsänderung als Reaktion auf eine Datenänderung, also die Datenfehlerempfindlichkeit eines mathematischen Problems bezeichnet man als die *Konditionszahl* des mathematischen Problems.

Am einfachsten kann man sich die Kondition eines linearen Gleichungssystems im zweidimensionalen Fall verdeutlichen. Die Lösung von

$$\begin{aligned} a_{11}x &+ a_{12}y &= b_1 \qquad &(\text{Gerade } g_1) \\ a_{21}x &+ a_{22}y &= b_2 \qquad &(\text{Gerade } g_2) \end{aligned}$$

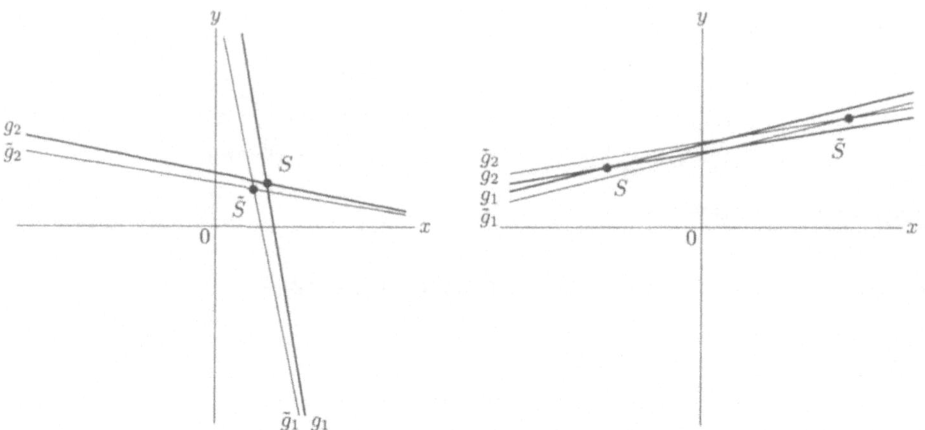

Abbildung 10.2: Gut und schlecht konditioniertes 2×2-System.

ist der Schnittpunkt S der beiden Geraden in der x-y-Ebene (siehe Abb. 10.2).

Bei einem gut konditionierten 2×2-System verändert sich der Schnittpunkt S der beiden Geraden g_1 und g_2 nur wenig, wenn an ihre Stelle die „gestörten" Geraden $\tilde{g}_1$ und $\tilde{g}_2$ treten. Bei einem schlecht konditionierten System ist auf Grund des „schleifenden" Schnitts von g_1 und g_2 der Abstand zwischen S und $\tilde{S}$ sehr groß, auch wenn die Störungen nur geringfügig sind.

Je mehr sich die Lage der zwei Geraden der Parallelität nähert, desto schlechter konditioniert ist das 2×2-Gleichungssystem. Stehen die beiden Geraden senkrecht zueinander, so handelt es sich um ein optimal konditioniertes System.

Diese anschauliche Konditionsbetrachtung läßt sich nur schwer auf den allgemeinen n-dimensionalen Fall übertragen. Es hat sich daher eine andere Vorgangsweise zur quantitativen Untersuchung der Kondition linearer Gleichungssysteme durchgesetzt, die auf der Benutzung von Matrix- und Vektornormen beruht.

Die Störungsempfindlichkeit eines linearen Gleichungssystems $Ax = b$ kann man an Hand des durch $t \in \mathbb{R}$ parametrisierten Systems

$$(A + t \cdot \Delta A)x(t) = b + t \cdot \Delta b, \qquad x(0) = x^*$$

mit den Störungen $\Delta A \in \mathbb{R}^{n \times n}$ und $\Delta b \in \mathbb{R}^n$ untersuchen (Golub, Van Loan [18]). Für eine reguläre Matrix A ist $x(t)$ differenzierbar bei $t = 0$:

$$\dot{x}(0) = A^{-1}(\Delta b - \Delta A \cdot x^*).$$

Die Taylor-Entwicklung von $x(t)$ hat daher die Form

$$x(t) = x^* + t\dot{x}(0) + O(t^2).$$

Es gilt somit folgende Abschätzung für den absoluten Fehler:

$$\|\Delta x(t)\| \;=\; \|x(t) - x^*\| \;\leq\; t\|\dot{x}(0)\| + O(t^2) \;\leq$$

$$\leq\; t\|A^{-1}\|\left(\|\Delta b\| + \|\Delta A\|\|x^*\|\right) + O(t^2)$$

und (wegen $\|b\| \leq \|A\|\|x^*\|$) für den relativen Fehler

$$\frac{\|\Delta x(t)\|}{\|x^*\|} \;\leq\; t\|A^{-1}\|\left(\frac{\|\Delta b\|}{\|x^*\|} + \|\Delta A\|\right) + O(t^2) \;\leq$$

$$\leq\; \|A\|\|A^{-1}\|\left(t\frac{\|\Delta b\|}{\|b\|} + t\frac{\|\Delta A\|}{\|A\|}\right) + O(t^2). \qquad (10.4)$$

Als *Konditionszahl* $\text{cond}(A)$ einer regulären quadratischen Matrix A definiert man wegen (10.4) die Größe

$$\text{cond}(A) := \|A\|\|A^{-1}\|. \qquad (10.5)$$

Führt man weiters die Bezeichnungen

$$\rho_A(t) := t\frac{\|\Delta A\|}{\|A\|} \qquad \text{und} \qquad \rho_b(t) := t\frac{\|\Delta b\|}{\|b\|}$$

für die relativen Fehler von A und b ein, so schreibt sich die Fehlerabschätzung (10.4) als

$$\frac{\|\Delta x(t)\|}{\|x^*\|} \;\leq\; \text{cond}(A) \cdot (\rho_A + \rho_b) + O(t^2).$$

Man sieht also: Die relativen Datenfehler ρ_A von A und ρ_b von b wirken sich durch den Faktor $\text{cond}(A)$ verstärkt auf das Resultat des gestörten Gleichungssystems aus. Hat die Matrix A eine „große" Konditionszahl $\text{cond}(A)$, so ist das lineare Gleichungssystem $Ax = b$ *schlecht konditioniert*.

Bei der Verwendung eines stabilen Algorithmus zur numerischen Auflösung eines linearen Gleichungssystems muß man damit rechnen, daß sich zumindest einige der Rundungsfehler bei der Durchführung des Algorithmus ebenso wie Datenstörungen fortpflanzen, d. h., daß sie das Ergebnis mit einem Verstärkungsfaktor $\text{cond}(A)$ beeinflussen können. Bei einem schlecht konditionierten linearen Gleichungssystem wird man also mit einem starken Einfluß der (unvermeidlichen) Rundungsfehler auf das Ergebnis rechnen müssen.

In einer vorgegebenen Gleitpunktarithmetik sind die einzelnen Rundungsfehler durch die relative Rundungsfehlerschranke *eps* beschränkt, die relative Wirkung eines einzelnen Rundungsfehlers kann also im ungünstigsten Fall $\text{cond}(A) \cdot eps$ betragen. Da eine relative Störung der Größenordnung 1 bedeutet, daß der Störungseffekt ebenso groß wie die Grundgröße ist, kann man im Fall

$$\text{cond}(A) \cdot eps \geq 1$$

nicht erwarten, daß bei der numerischen Lösung eines linearen Gleichungssystems mit der Koeffizientenmatrix A auf einem Computer mit der Rundungsfehlerschranke *eps* auch nur die erste Stelle des Ergebnisses richtig ist. Man nennt ein solches Gleichungssystem bzw. seine Matrix *numerisch singulär* bezüglich der betrachteten Gleitpunktarithmetik.

MATLAB-Beispiel 10.2

Die Hilbert-Matrizen $H_n \in \mathbb{R}^{n \times n}$, $n = 2, 3, 4, \ldots$, mit den Elementen

$$h_{ij} := \frac{1}{i + j - 1}, \qquad i, j = 1, 2, \ldots, n$$

sind symmetrisch und positiv definit. Sie können in MATLAB mit `hilb(n)` erzeugt werden. Die Kondition von H_n nimmt mit steigendem n sehr rasch zu.

Die nebenstehenden Anweisungen berechnen die Konditionszahlen der Hilbert-Matrizen der Dimensionen 2 bis 20.

Die Werte der Konditionszahlen und $1/eps$ werden graphisch dargestellt (siehe Abb. 10.3).

```
nmax = 20; inveps(1:nmax) = 1/eps;
H = hilb(nmax);
for n = 2:nmax
   cond_h(n) = cond(H(1:n,1:n));
end
semilogy(2:n, cond_h(2:n), '.-', ...
   2:n, inveps(2:n), '--')
xlabel('Dimension')
ylabel('Kondition')
```

Aus der Größe der Konditionszahl kann man erkennen, daß schon für relativ kleine Dimensionen mit keiner sinnvollen Genauigkeit bei der numerischen Gleichungsauflösung zu rechnen ist. Für $n \geq 12$ überschreitet die Konditionszahl den Wert $1/eps$. Die Hilbert-Matrizen $H_{12}, H_{13}, H_{14}, \ldots$ sind also numerisch singulär.

Eine numerische Lösung eines Gleichungssystems mit $\mathrm{cond}(A) > 1/eps$, also eines numerisch singulären Systems, ist im allgemeinen schon deshalb sinnlos, weil zumindest ein Teil der Koeffizienten und der rechten Seite wegen ihrer Rundung einen relativen Fehler der Größenordnung *eps* erleiden wird. Der Effekt dieser Datenungenauigkeiten ergibt nach den obigen Fehlerabschätzungen ebenfalls eine grundlegende Veränderung der Lösung.

10.1.10   Das Eliminationsprinzip

Die „klassischen" Verfahren zur numerischen Auflösung linearer Gleichungssysteme beruhen auf folgender Vorgangsweise: Da eine Linearkombination von Glei-

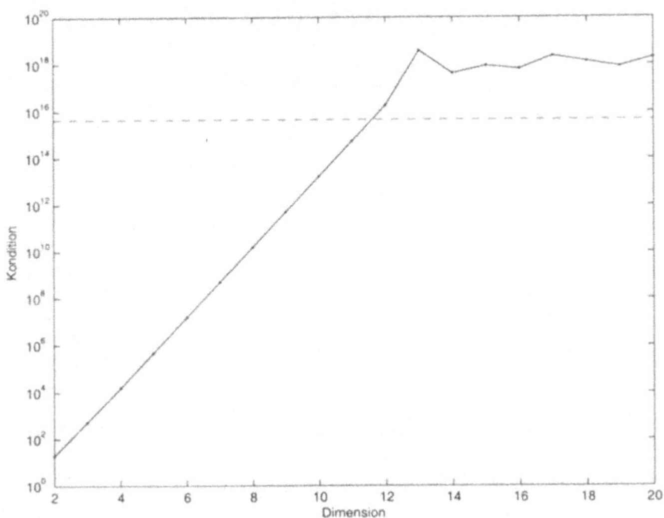

Abbildung 10.3: Konditionszahlen der Hilbert-Matrizen $H_2, H_3, \ldots, H_{20}$.

chungen nichts an der Lösung des Gleichungssystems ändert, werden geeignete Linearkombinationen zur systematischen Elimination von Unbekannten benützt.

Dem Eliminationsvorgang, der aus dem ursprünglichen System $Ax = b$ schließlich ein Dreiecks-System macht, entspricht eine Zerlegung der Matrix A

$$A = LU,$$

deren Faktoren Dreiecksmatrizen sind. Man spricht daher auch von einer *Dreieckszerlegung* der Matrix A. L ist eine untere (*lower*) Dreiecksmatrix mit

$$l_{11} = l_{22} = \cdots = l_{nn} = 1$$

und U eine obere (*upper*) Dreiecksmatrix.

Unter Verwendung der LU-Zerlegung von A ist die Lösung des Gleichungssystems $Ax = b$ ein dreistufiger Vorgang:

factorize $A = LU$
solve $Ly = b$
solve $Ux = y$

Zu dem $O(n^3)$-Aufwand der LU-Zerlegung von A kommen noch die $O(mn^2)$ Gleitpunktoperationen für die Rücksubstitution.

MATLAB-Beispiel 10.3

`[L,U]` = `lu(A)` liefert eine Faktorisierung von A in eine obere Dreiecksmatrix U und eine untere Dreiecksmatrix L.

Beim Gleichungssystem

$$\begin{aligned} 5x + 4y + 3z &= 4 \\ 2x + y - 2z &= 10 \\ 3x + 2y + 2z &= 1 \end{aligned}$$

ist

$$A = \begin{pmatrix} 5 & 4 & 3 \\ 2 & 1 & -2 \\ 3 & 2 & 2 \end{pmatrix} \quad \text{und} \quad b = \begin{pmatrix} 4 \\ 10 \\ 1 \end{pmatrix}.$$

Mit Hilfe von `[L,U]` = `lu(A)` erhält man die Dreiecksmatrizen

$$L = \begin{pmatrix} 1.0 & 0.0 & 0.0 \\ 0.4 & 1.0 & 0.0 \\ 0.6 & 0.6 & 1.0 \end{pmatrix}, \quad U = \begin{pmatrix} 5.0 & 4.0 & 3.0 \\ 0.0 & -0.6 & -3.2 \\ 0.0 & 0.0 & 2.3 \end{pmatrix}.$$

Die Lösung des linearen Gleichungssystems ergibt sich durch

$$x = U \backslash (L \backslash b) = \begin{pmatrix} 1.0 \\ 2.0 \\ -3.0 \end{pmatrix}.$$

Für jede reguläre Matrix A existiert eine Permutationsmatrix P, so daß eine Dreieckszerlegung $PA = LU$ möglich ist. Dabei kann die Matrix P so gewählt werden, daß $|l_{ij}| \leq 1$ für alle Elemente von L gilt. Die Matrix P entspricht den Spaltenvertauschungen bei der Pivotsuche (siehe Abschnitt 10.1.11).

`[L,U,P]` = `lu(A)` faktorisiert A in eine obere Dreiecksmatrix U, eine untere Dreiecksmatrix L und eine Permutationsmatrix P, so daß $PA = LU$ gilt. Durch die Anwendung von `[L,U,P]` = `lu(A)` auf

$$A = \begin{pmatrix} 2 & 1 & -2 \\ 3 & 2 & 2 \\ 5 & 4 & 3 \end{pmatrix}$$

erhält man

$$L = \begin{pmatrix} 1.0 & 0.0 & 0.0 \\ 0.4 & 1.0 & 0.0 \\ 0.6 & 0.6 & 1.0 \end{pmatrix}, \quad U = \begin{pmatrix} 5.0 & 4.0 & 3.0 \\ 0.0 & -0.6 & -3.2 \\ 0.0 & 0.0 & 2.3 \end{pmatrix}, \quad P = \begin{pmatrix} 0 & 0 & 1 \\ 1 & 0 & 0 \\ 0 & 1 & 0 \end{pmatrix}.$$

Die Aufteilung in Faktorisierung und Auflösung hat noch den Vorteil, daß die rechenaufwendige Faktorisierung nur einmal durchgeführt werden muß, falls mehrere Gleichungssysteme mit gleicher Koeffizientenmatrix, aber verschiedenen rechten Seiten zu lösen sind. Dieser Fall kommt in der Praxis recht häufig vor.

Sind mehrere Gleichungssysteme mit verschiedenen rechten Seiten, aber einer gemeinsamen Matrix A zu lösen, so kann man folgendermaßen vorgehen:

factorize $A = LU$

do $i = 1, 2, \ldots, m$
    solve $Ly = b_i$
    solve $Ux_i = y$
end do

10.1.11 Anwendungsbeispiel: Gauß-Elimination

In diesem Beispiel werden die Auswirkungen von Spaltenpivotsuche und Skalierung auf den Fehler der Lösung linearer Gleichungssysteme untersucht.

In der Grundform des Gaußschen Eliminationsverfahrens wird im k-ten Schritt durch Addition der mit $-a_{m,k}/a_{k,k}$ multiplizierten k-ten und der m-ten Gleichung versucht, eine modifizierte Systemmatrix zu generieren, in der alle Elemente $a_{n,k}$ mit $n > k$ gleich null sind. Dadurch wird die Systemmatrix nach $n - 1$ Schritten in Dreiecksform umgewandelt. Durch Rücksubstitution kann danach die Lösung des Gleichungssystems gewonnen werden.

Ist das im k-ten Eliminationsschritt verwendete „Pivotelement" $a_{k,k}$ jedoch null, dann versagt der Algorithmus. Ist $a_{k,k}$ (relativ zu den anderen Koeffizienten) sehr klein (und damit $1/a_{k,k}$ sehr groß), so besteht die Gefahr, daß dieser Wert durch Auslöschung entstanden ist und sich seine dementsprechende geringe relative Genauigkeit auf die ganze weitere Rechnung auswirkt. Da die Reihenfolge der Zeilen in der Systemmatrix für die Lösung irrelevant ist, bringt man nun in jedem Schritt durch Zeilenvertauschung jene Gleichung in die k-te Zeile, bei der $a_{n,k}$ am größten ist.

Man kann zeigen, daß diese Spaltenpivotsuche essentiell für die Stabilität des Eliminationsverfahrens ist und mit ihr oftmals erhebliche Genauigkeitsverbesserungen der Lösung zu erwarten sind. Bei der Pivotsuche mit Skalierung werden die in Frage kommenden Pivotelemente $a_{j,k}$ mit der Betragssumme aller Koeffizienten der j-ten Zeile gewichtet.

CODE   **MATLAB-Beispiel 10.4**

Experimentelle Analyse von Eliminationsalgorithmen: Mit der MAT-LAB-Funktion *vergleich* ist ein numerischer Vergleich der Resultate der Gauß-

Elimination mit oder ohne Spaltenpivotsuche oder mit Pivotsuche und Skalierung unter Verwendung von Testmatrizen möglich. Der Funktion wird der Name einer MATLAB-Funktion als `char`-Datenobjekt übergeben, die eine $n \times n$-Testmatrix liefert; *vergleich* konstruiert ein Gleichungssystem mit einer so erzeugten Systemmatrix und dem Vektor $(1, \ldots, 1)^T$ als Lösungsvektor. Daraufhin wird das Gleichungssystem gelöst und der absolute Fehler, d. h., die Abweichung der numerischen Lösung vom Vektor $(1, \ldots, 1)^T$ bestimmt.

Folgende Testmatrizen wurden der Matrix-Toolbox von Higham[1] entnommen (jeder Befehl generiert eine $n \times n$-Matrix):

- *dingdong*: symmetrische Hankel-Matrix mit den Elementen $a_{k,l} = 0.5/(n - k - l + 1.5)$.

- *chebvand*: $a_{k,l} = T_{k-1}(l/n)$, wobei T_{k-1} das Tschebyscheffpolynom vom Grad $k - 1$ bezeichnet.

- *tfrank*: transponierte Frank-Matrix (obere Hessenberg-Matrix mit Determinante 1).

- *buch*: $a_{k,l} = 1$ falls $k > l$, $a_{k,l} = 10^{17}$ für $k < l$ und $a_{k,k} = 1$.

Wie aus Abb. 10.4 – die durch die Eingabe von `vergleich('dingdong')` erzeugt wurde – zu erkennen ist, bringt die Verwendung der Pivotsuche im Fall der Matrix *dingdong* eine signifikante Genauigkeitsverbesserung; die Skalierung bringt jedoch keinen weiteren Vorteil. In bestimmten Fällen verringert jedoch auch die Verwendung von Pivotstrategien den absoluten Fehler kaum.

10.1.12   Symmetrische, positiv definite Matrizen

Für positiv definite, symmetrische Matrizen gibt es eine symmetrische Form des Eliminationsalgorithmus zur Berechnung der *Cholesky-Zerlegung* (*Cholesky-Faktorisierung*)

$$A = LL^\mathsf{T}$$

mit einer unteren Dreiecksmatrix L oder

$$A = LDL^\mathsf{T} \tag{10.6}$$

mit einer unteren Dreiecksmatrix mit $l_{ii} = 1$ und einer positiven Diagonalmatrix D. Man kann bei diesem Algorithmus auf eine Pivotsuche verzichten, ohne daß

---

[1] `http://www.ma.man.ac.uk/~higham/testmat.html`. Teile der Matrix-Toolbox sind bereits in MATLAB integriert; nähere Informationen erhält man durch Eingabe von *help gallery* im MATLAB-Kommandofenster.

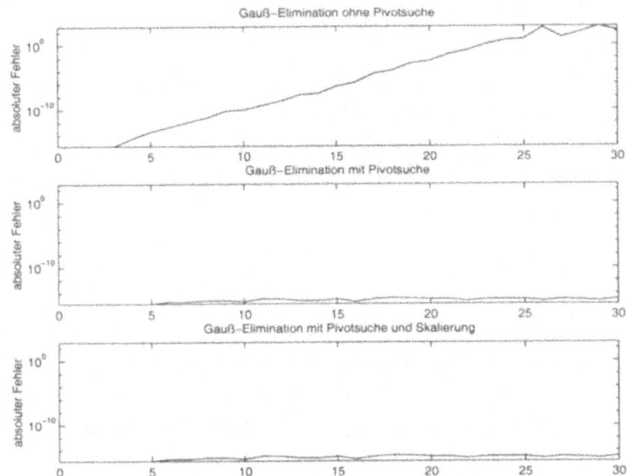

Abbildung 10.4: Vergleich verschiedener Eliminationsverfahren an Hand der Hankel-Matrizen mit den Elementen $a_{k,l} = 0.5/(n - k - l + 1.5)$.

die Stabilität gefährdet wäre. Der Rechenaufwand reduziert sich gegenüber der LU-Zerlegung auf die Hälfte.

Die guten Stabilitätseigenschaften der Eliminationsalgorithmen für symmetrische, positiv definite Systeme haben nichts mit der Kondition der Koeffizientenmatrizen zu tun. Positiv definite Matrizen können auch sehr schlecht konditioniert sein, wie das Beispiel der Hilbertmatrizen zeigt (siehe MATLAB-Beispiel 10.2).

10.1.13   Bandmatrizen

Zu signifikanten Effizienzsteigerungen führt die Berücksichtigung der Struktur, wenn A eine Bandmatrix ist, also sehr viele *symmetrisch angeordnete Nullen* enthält. Für den praktisch äußerst wichtigen Fall von sehr großen Systemen, bei denen in jeder Gleichung nur wenige Unbekannte vorkommen, also die meisten Koeffizienten null sind, die Anordnung dieser Nullen aber unregelmäßig ist, gibt es in MATLAB eine Reihe spezieller Lösungsmethoden.

Die Anzahl non-null(A) der nicht als verschwindend anzunehmenden Elemente einer Bandmatrix A ist bei kleinen Werten von k_l und k_u (Anzahl der unteren und oberen Nebendiagonalen)

$$\text{non-null}(A) \approx n \cdot (1 + k_u + k_l).$$

Für $k_u, k_l \ll n$ tritt also eine beträchtliche Reduktion der Menge signifikanter Daten ein. Dies kann bei der Durchführung des Eliminationsalgorithmus geeignet berücksichtigt werden: So müssen z. B. die Schleifen im Eliminationsalgorithmus nur über die von null verschiedenen Elemente laufen. Bei festem $k_u, k_l \ll n$ ist die Anzahl der für die Gleichungsauflösung notwendigen arithmetischen Operationen lediglich proportional zu n (anstelle n^3).

Der extremste Spezialfall einer Bandmatrix, der aber eine große Bedeutung hat, ist der einer *Tridiagonalmatrix*, bei der außer der Hauptdiagonale nur die beiden Nebendiagonalen besetzt sind:

$$k_u = k_l = 1.$$

Bei Systemen mit Tridiagonalmatrix tritt meist noch Symmetrie und positive Definitheit auf. Die Auflösung solcher Gleichungssysteme erfordert nur ca. $5n$ arithmetische Operationen, ist also wesentlich rascher zu vollziehen als die Auflösung eines vollbesetzten Gleichungssystems derselben Größe.

Auf keinen Fall darf man bei Bandmatrizen das Gleichungssystem $Ax = b$ durch Berechnung von A^{-1} mit Hilfe von *inv* und Multiplikation $A^{-1}b$ lösen. Die schwache Besetztheit von Bandmatrizen überträgt sich nämlich *nicht* auf deren Inverse.

MATLAB-Beispiel 10.5

Die 5×5-Tridiagonalmatrix

$$\begin{pmatrix} 1 & -1 & & & 0 \\ -1 & 2 & -1 & & \\ & -1 & 2 & -1 & \\ & & -1 & 2 & -1 \\ 0 & & & -1 & 2 \end{pmatrix}$$

hat eine vollbesetzte Inverse.

```
>> A = diag([1 2 2 2 2]) +...
       diag([-1 -1 -1 -1],1) +...
       diag([-1 -1 -1 -1],-1);
>> inv(A)
ans =
   5 4 3 2 1
   4 4 3 2 1
   3 3 3 2 1
   2 2 2 2 1
   1 1 1 1 1
```

Wenn man lineare Gleichungssysteme mit Bandmatrizen in der Form $x = A \backslash b$ löst, dann wird ein effizienter LAPACK-Lösungsalgorithmus verwendet.

10.1.14   Iterative Lösung linearer Gleichungen

Wenn man ein schwach besetztes Gleichungssystem mit konventionellen Verfahren wie etwa dem Eliminationsverfahren (mit Spaltenpivotstrategie) löst, so vergrößert sich der Besetzheitsgrad (Anzahl der Nichtnullelemente) der Koeffizientenmatrix schon nach wenigen Schritten, womit eine Vergrößerung des Speicherbedarfs und des Rechenaufwands verbunden ist.

Iterative Verfahren dienen der effizienten (näherungsweisen) Lösung von schwach besetzten Gleichungssystemen. Eine hinreichende Voraussetzung für die Lösbarkeit linearer Gleichungssysteme durch iterative Verfahren ist z. B. die Diagonaldominanz der Koeffizientenmatrix (siehe Überhuber [46]).

Um ein Gleichungssystem iterativ lösen zu können, muß es zunächst in Fixpunktform $x = T(x)$ gebracht werden. Dann wählt man einen Startvektor $x^{(0)} \in \mathbb{R}^n$ und setzt die jeweils letzte Näherung in $T(\cdot)$ ein:

$$x^{(k)} = T(x^{(k-1)}), \qquad k = 1, 2, 3, \ldots .$$

Die Grundform der Iterationsverfahren zur Lösung linearer Gleichungssysteme ist von der Bauart

$$x^{(k)} = Bx^{(k-1)} + c, \qquad k = 1, 2, 3, \ldots ,$$

(ausgehend von einem Startvektor $x^{(0)}$), wobei in *stationären* Verfahren $B \in \mathbb{R}^{n \times n}$ und $c \in \mathbb{R}^n$ von k unabhängig sind.

Ein lineares Gleichungssystem der konventionellen Form $Ax = b$ kann man etwa durch Aufspalten der Koeffizientenmatrix $A = L + D + U$ (in eine untere Dreiecksmatrix L, eine Diagonalmatrix D und eine obere Dreiecksmatrix U) und weitere Umformungen in Fixpunktform bringen.

Beim *Jacobi-Verfahren* (Gesamtschrittverfahren) löst man unter der Annahme, daß die Werte $x_1, \ldots, x_{i-1}$ und $x_{i+1}, \ldots, x_n$ gegeben sind, nur die i-te Gleichung des Systems $Ax = b$, nach x_i, der i-ten Komponente von x, auf. Auf diese Art erhält man

$$x_i^{(k)} = (b_i - \sum_{j \neq i} a_{ij} x_j^{(k-1)})/a_{ii},$$

sofern $a_{ii} \neq 0$ gilt. Dies führt zu einem iterativen Verfahren, welches in Matrixschreibweise folgende Gestalt hat:

$$x^{(k)} = -D^{-1}(L + U)x^{(k-1)} + D^{-1}b, \qquad k = 1, 2, 3, \ldots$$

D, L und U sind dabei die Diagonale, die obere und die untere Teil-Dreiecksmatrix von A.

Beim *Gauß-Seidel-Verfahren* (Einzelschrittverfahren) werden die einzelnen Gleichungen des Systems $Ax = b$ so aufgelöst, daß bereits berechnete Werte sofort im nächsten Rechenschritt verwendet werden. Die x_i werden sequentiell nach folgender Iteration ermittelt:

$$x_i^{(k)} = (b_i - \sum_{j=1}^{i-1} a_{ij} x_j^{(k)} - \sum_{j=i+1}^{n} a_{ij} x_j^{(k-1)})/a_{ii}, \qquad i = 1, 2, \ldots, n.$$

In einigen Spezialfällen konvergiert das Gauß-Seidel-Verfahren schneller als das Jacobi-Verfahren, jedoch gibt es Fälle, in denen das Jacobi-Verfahren konvergiert, das Gauß-Seidel-Verfahren jedoch divergiert.

CODE   **MATLAB-Beispiel 10.6**

Iterative Verfahren zur Lösung linearer Gleichungen: Das MATLAB-Skript
gs erzeugt eine Matrix mit wählbarer Dimension und Besetztheitsgrad sowie einen
Vektor (rechte Seite) und löst dieses Gleichungssystem nach dem Gauß-Seidel-
Verfahren. Die eigentliche Berechnung der Gauß-Seidel-Iteration wird dabei mit
der Funktion *gseid* durchgeführt. Analog erzeugt das Skript *jv* eine Matrix mit
wählbarer Dimension und Besetztheitsgrad sowie einen Vektor und löst dieses
Gleichungssystem nach dem Jacobi-Verfahren.

10.1.15   Vordefinierte iterative Verfahren

Bei Verfahren der numerischen Linearen Algebra wie *lu, chol* etc. verwendet MAT-
LAB im Fall schwach besetzter Matrizen speziell optimierte Algorithmen. MAT-
LAB enthält auch einige Verfahren, die nur bei schwach besetzten Matrizen zur
Anwendung kommen: so berechnet etwa *luinc* eine näherungsweise LU-Zerlegung
oder *cholinc* eine näherungsweise Cholesky-Zerlegung.

Weiters bietet MATLAB eine Vielzahl an Methoden an, um Gleichungssysteme
mit schwach besetzten Matrizen iterativ zu lösen. Die Ergebnisse dieser iterativen
Methoden besitzen i. allg. eine geringere Genauigkeit als jene direkter Verfahren.
Diese Eigenschaft darf man aber nicht als Nachteil sehen, da das Abbrechen
iterativer Verfahren beim Erreichen einer gewünschten Genauigkeit ein wirksames
Mittel zur Aufwandsreduktion und somit zur Rechenzeitverkürzung ist.

Folgende Verfahren sind in MATLAB implementiert:

Konjugiertes Gradientenverfahren (CG): Dieses Verfahren ist nur für symmetrische, positiv definite Systeme anwendbar. Sein Konvergenzverhalten
ist von der Konditionszahl abhängig; bei stark unterschiedlichen extremalen
Eigenwerten kann sogar überlineares Konvergenzverhalten eintreten.

Bikonjugiertes Gradientenverfahren (BiCG): Dieses Verfahren ist auch
auf nichtsymmetrische Matrizen anwendbar.

Quadriertes CG-Verfahren (CGS): Auch dieses Verfahren ist für nichtsymmetrische Matrizen geeignet. Es konvergiert (oder divergiert) charakteristi-
scherweise doppelt so schnell wie BiCG-Verfahren. Die Konvergenz ist oft
ziemlich unregelmäßig und das Verfahren neigt zur Divergenz für Startwerte
nahe der Lösung. Der Rechenaufwand ist ähnlich wie beim BiCG-Verfahren.

Bikonjugiertes stabilisiertes Gradientenverfahren (Bi-CGSTAB):
Auch dieses Verfahren ist auf nichtsymmetrische Matrizen anwendbar. Es erfordert einen ähnlichen Rechenaufwand wie das BiCG- und das CGS-Verfahren. Es „glättet" die Konvergenz des CGS-Verfahrens unter Erhaltung nahezu gleicher Konvergenzgeschwindigkeit.

Quasi-Minimalresiduum-Verfahren (QMR): Dieses Verfahren wurde für nichtsymmetrische Matrizen entworfen, um die unregelmäßige Konvergenz des BiCG-Verfahrens zu verbessern; es schließt einen der beiden Versagensfälle des BiCG-Verfahrens aus.

Verallgemeinertes Minimalresiduen-Verfahren (GMRES): Dies ist eines der effizientesten Verfahren für nichtsymmetrische Matrizen. Das kleinste Residuum wird in einer festen Anzahl von Schritten erreicht, die Iterationsschritte werden aber immer aufwendiger.

Alle diese Verfahren sind in MATLAB verfügbar: so verwendet etwa *bicg* das bikonjugierte Gradientenverfahren und *cgs* das konjugierte Gradientenverfahren zur Lösung schwach besetzter Systeme. Eine Kurzbeschreibung der Syntax dieser Befehle kann dem Abschnitt 11.7 entnommen werden, für weitere Informationen wird auf die *help*-Funktion und auf die einschlägige Literatur (z. B. Überhuber [46]) verwiesen.

10.1.16 Beurteilung der erzielten Genauigkeit

Die Eliminationsverfahren in ihren verschiedenen Versionen führen unmittelbar zu arithmetischen Algorithmen, ohne daß Iterationen oder ähnliche parameterabhängige Algorithmenteile auftreten. Aus diesem Grund tritt auch kein Verfahrensfehler auf. Es entsteht also bei den direkten Verfahren (Eliminationsalgorithmen) zur Lösung linearer Gleichungssysteme nur der Rechenfehler auf Grund der Durchführung in einer Gleitpunktarithmetik. Die große Anzahl der Operationen verhindert allerdings eine direkte Abschätzung der Rechenfehlereffekte – sie würde viel zu pessimistisch ausfallen.

Andererseits ist es extrem wichtig, die Größenordnung des Fehlers beurteilen zu können, der im Ergebnis enthalten ist, welches von einer Bibliotheksprozedur für die Lösung eines linearen Gleichungssystems geliefert wird. Es soll ja nach dem Prinzip der hierarchischen Abstufung der Fehler die Größe des während der Gleitpunkt-Auflösung des Gleichungssystems neu erzeugten Fehlers nicht größer sein als die Auswirkung der in den Daten des Gleichungssystems enthaltenen Ungenauigkeiten auf das Ergebnis. Man muß also sowohl diesen Datenfehlereffekt als auch den Gesamtrechenfehlereffekt größenordnungsmäßig erfassen können.

Konditionsschätzung

Zur Beurteilung des *Datenfehlereffekts* ist es nur notwendig, die Größenordnung der *Konditionszahl* des Gleichungssystems zu kennen. Nach (10.5) benötigt man dazu noch die Größenordnung von $\|A^{-1}\|$, da ja nur $\|A\|$ unmittelbar zugänglich ist. Wenn man mit Hilfe der Formel

$$\|A^{-1}\| = \max_{b \neq 0} \frac{\|A^{-1}b\|}{\|b\|}.$$

die Größenordnung von $\|A^{-1}\|$ erhalten will, muß man zu dem gegebenen Gleichungssystem eine rechte Seite b mit $\|b\| = 1$ konstruieren, für die sich eine möglichst „große Lösung" $x = A^{-1}b$ ergibt.

MATLAB-Beispiel 10.7

In MATLAB kann man sowohl die Konditionszahl (bezüglich der Euklidischen Matrixnorm) als auch eine Schätzung dieser Konditionszahl mit Hilfe der vordefinierten Funktionen *cond* bzw. *condest* erhalten. Bei großen Matrizen ist die Berechnung der Konditionszahl erheblich rechenaufwendiger als die Ermittlung der Konditionsschätzung. Die Ergebnisse sind in Abb. 10.5 dargestellt.

```
nmax = 20;
H = hilb(nmax);

for n = 2:nmax
  cond_h(n) = cond(H(1:n,1:n));
  condest_h(n) = condest(H(1:n,1:n));
end

semilogy(2:n, cond_h(2:n), ...
  2:n, condest_h(2:n), ':')
xlabel('Dimension')
ylabel('Kondition')
legend('berechnet', 'geschätzt', 2)
```

Experimentelle Konditionsuntersuchung

Hat man genauere Information über die Störungen der rechten Seite und/oder der Systemmatrix, als dies durch die stark vereinfachenden skalaren Größen

$$\rho_b = \frac{\|\Delta b\|}{\|b\|} \qquad \text{und} \qquad \rho_A = \frac{\|\Delta A\|}{\|A\|}$$

zum Ausdruck gebracht wird, so kann man die Störungsempfindlichkeit der Lösung des linearen Gleichungssystems in einer Monte-Carlo-Studie untersuchen. Man simuliert dabei die Störeinflüsse durch Zufallszahlengeneratoren, die der bekannten Art der Störungen Δb und/oder ΔA angepaßt werden.

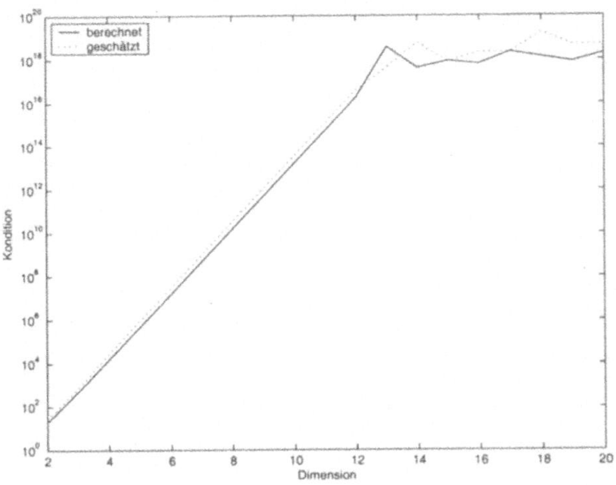

Abbildung 10.5: Berechnete und geschätzte Konditionszahl von $H_2, H_3, \ldots, H_{20}$.

MATLAB-Beispiel 10.8

Die nebenstehenden Anweisungen erzeugen $n \times n$ Hilbert-Matrizen H_n mit der MATLAB-Funktion *hilb*. Es wird das Gleichungssystem $H_n x = b$ gelöst, dessen exakte Lösung der Vektor $(1, 1, \ldots, 1)^\top$ ist. Danach wird zur Matrix H_n eine Zufallsmatrix addiert, deren Elemente von der Größenordnung eines elementaren Rundungsfehlers *eps* sind. Das Gleichungssystem $\widetilde{H}_n x = b$ mit der zufallsgestörten Matrix $\widetilde{H}_n$ wird gelöst und die Differenz wird als Fehlerschätzung verwendet (siehe Abb. 10.6).

```
nmax = 20;
for n = 2:nmax
  H = hilb(n);
  b = sum(H,2);
  x = H\b;
  fehler(n) = max(abs(x - 1));
  H_s = H + (rand(n) - 0.5)*eps;
  x_s = H_s\b;
  fehler_s(n) = max(abs(x_s - x));
end

semilogy(2:nmax, fehler(2:nmax), ...
   2:nmax, fehler_s(2:nmax), ':')
xlabel('Dimension')
ylabel('Fehler')
legend('Fehler', 'Fehlerschätzung')
```

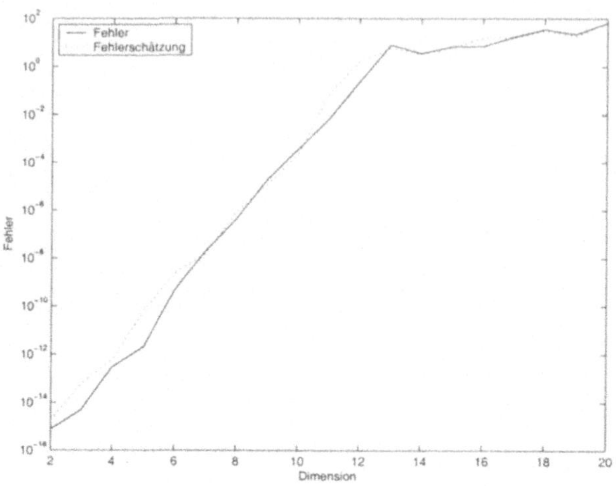

Abbildung 10.6: Absoluter Fehler und Fehlerschätzung für $H_n x = b$.

10.1.17   Verfahren für Ausgleichsprobleme

Die nächstliegende Art, l_2-Ausgleichsprobleme zu lösen, besteht im Aufstellen und Lösen der Normalgleichungen

$$A^\top A x = A^\top b \tag{10.7}$$

mit dem Cholesky-Verfahren. Der Übergang zum Problem (10.7) ist bezüglich des Rechenaufwands sehr vorteilhaft. Der große Nachteil besteht allerdings in der starken Verschlechterung der Kondition des neuen Problems gegenüber dem ursprünglichen Problem:

$$\operatorname{cond}(A^\top A) = [\operatorname{cond}(A)]^2.$$

Eine wesentlich weniger störungsanfällige Methode zur Lösung von l_2-Ausgleichsproblemen beruht auf der sogenannten QR-Faktorisierung von A, wird also auf die Daten des ursprünglichen Problems angewendet.

Jede Matrix $A \in \mathbb{R}^{m \times n}$ mit $m \geq n$ kann in der Form

$$A = Q \begin{pmatrix} R \\ 0 \end{pmatrix} \tag{10.8}$$

$(0 \in \mathbb{R}^{(m-n) \times n})$ faktorisiert werden, wobei R eine obere $n \times n$-Dreiecksmatrix und Q eine orthogonale $m \times m$-Matrix ist.

Wenn die Matrix A vollen Rang n hat, so ist die Dreiecksmatrix R nichtsingulär und die QR-Faktorisierung (10.8) kann zur Lösung des l_2-Ausgleichsproblems verwendet werden, da

$$\|Ax - b\|_2 = \left\|\begin{pmatrix} Rx - q_1 \\ q_2 \end{pmatrix}\right\|_2 \quad \text{mit} \quad q := \begin{pmatrix} q_1 \\ q_2 \end{pmatrix} = Q^\top b$$

gilt und x daher Lösung des Gleichungssystems $Rx = q_1$ ist. Es gilt

$$\|Ax - b\|_2 = \|q_2\|_2.$$

MATLAB-Beispiel 10.9

`[Q,R]` = `qr(A)` faktorisiert die Matrix A in eine obere Dreiecksmatrix R und eine orthogonale Matrix Q, so daß $A = QR$ gilt. Das überbestimmte Gleichungssystem $Ax = b$ mit

$$A = \begin{pmatrix} 1 & 2 & 3 \\ 4 & 5 & 6 \\ 7 & 8 & 9 \\ 10 & 11 & 12 \end{pmatrix} \qquad b = \begin{pmatrix} 1 \\ 3 \\ 5 \\ 7 \end{pmatrix}$$

soll im Sinne des linearen Ausgleichs mit Hilfe des QR-Algorithmus gelöst werden. Durch Verwendung von `[Q,R]` = `qr(A)` erhält man

$$Q = \begin{pmatrix} -0.08 & -0.83 & 0.55 & -0.05 \\ -0.31 & -0.45 & -0.69 & 0.47 \\ -0.54 & -0.07 & -0.25 & -0.80 \\ -0.78 & 0.31 & 0.40 & 0.37 \end{pmatrix}, \quad R = \begin{pmatrix} -12.88 & -14.59 & -16.30 \\ 0 & -1.04 & -2.08 \\ 0 & 0 & -0.00 \\ 0 & 0 & 0 \end{pmatrix}.$$

Die Lösung von $Ax = b$ erhält man durch

$$x = R\backslash(Q^\top b) = \begin{pmatrix} 0.50 \\ 0 \\ 0.17 \end{pmatrix}.$$

Man hätte das Problem auch direkt mit dem $\backslash$-Operator lösen können, da MATLAB automatisch erkennt, daß es sich um ein überbestimmtes lineares Gleichungssystem handelt:

$$x = A\backslash b = \begin{pmatrix} 0.50 \\ 0 \\ 0.17 \end{pmatrix}.$$

Wenn A nicht vollen Rang hat oder der Rang von A nicht bekannt ist, kann man eine QR-Faktorisierung mit Spalten-Pivotstrategie oder eine Singulärwertzerlegung durchführen. Die *QR-Faktorisierung mit Spalten-Pivotstrategie* ist im Fall $m \geq n$ gegeben durch

$$A = Q \begin{pmatrix} R \\ 0 \end{pmatrix} P^\top,$$

wobei P eine Permutationsmatrix ist, die so gewählt ist, daß R die Form

$$R = \begin{pmatrix} R_{11} & R_{12} \\ 0 & 0 \end{pmatrix}$$

hat, wobei R_{11} eine quadratische nichtsinguläre Dreiecksmatrix ist. Die sogenannte Basislösung des linearen Ausgleichsproblems erhält man durch QR-Faktorisierung mit Pivotstrategie. Durch Anwendung orthogonaler (unitärer) Transformationen kann R_{12} eliminiert werden, und man erhält die *vollständige orthogonale Faktorisierung*, aus der man die Lösung mit minimaler Norm gewinnt (Golub, Van Loan [18]).

10.2   Nichtlineare Gleichungen

Fast alle realen Abhängigkeiten sind *nichtlinear*. Bei einem beträchtlichen Teil praktischer Problemstellungen kann man die zu untersuchenden nichtlinearen Zusammenhänge *lokal* (in einem mehr oder weniger stark eingeschränkten Anwendungsbereich) durch lineare Modelle ausreichend genau beschreiben. Andererseits kann man eine Reihe wichtiger Phänomene (wie z. B. Sättigungserscheinungen, Lösungsverzweigungen, Chaos) *nur* durch nichtlineare Modelle beschreiben.

Nichtlineare Modelle führen bei der Auswertung – gegebenenfalls nach Diskretisierung eines entsprechenden Differentialgleichungsmodells – in der Regel auf nichtlineare Gleichungen. Von einfachen Spezialfällen abgesehen lassen sich nichtlineare Gleichungen (n Gleichungen in n Unbekannten, wobei auch der eindimensionale Fall $n = 1$ schon nichttrivial ist) nicht in geschlossener Form lösen. Lösungen können im allgemeinen auch nicht in endlich vielen Schritten gefunden werden. Die Lösung nichtlinearer Gleichungen erfolgt daher ausschließlich *numerisch*, und zwar durch *Iterationsverfahren*.

Im allgemeinen ist es nicht möglich, das Verhalten eines stark nichtlinearen Gleichungssystems global zu überblicken. Man muß deshalb, um eine relevante Näherungslösung zu bestimmen, von einem Startpunkt ausgehen, der schon „hinreichend nahe" an der gesuchten Lösung liegt. Die Ermittlung eines solchen Startpunktes kann aufwendig sein und erhebliche Überlegungen erfordern.

Ganz allgemein ist bei nichtlinearen Gleichungen eine genaue Analyse der vorliegenden speziellen Situation für die Auswahl eines zielführenden Vorgehens meist unvermeidbar. Unüberlegte Anwendung von MATLAB-Funktionen, speziell bei stark nichtlinearen Gleichungssystemen, führt selten zur gesuchten Lösung.

10.2.1 Vordefinierte MATLAB-Funktionen

Um Nullstellen einer nichtlinearen Funktion f zu berechnen, also Stellen x^* des Definitionsbereiches von f mit $f(x^*) = 0$ zu ermitteln, stellt MATLAB die Funktion *fzero* zur Verfügung.

Die MATLAB-Funktionen zum Lösen skalarer nichtlinearer Gleichungen erfordern, daß die betreffenden Funktionen als MATLAB-Unterprogramme implementiert werden. Derartige Funktionen haben einen Eingangsparameter x und müssen als Resultat $f(x)$ zurückliefern; ist x ein Vektor, so muß die Funktion komponentenweise auf die Elemente von x angewendet werden.

Nullstellenbestimmung: Um die Nullstellen einer Funktion f mit Hilfe von *fzero* zu berechnen, müssen als Parameter neben dem Namen der M-Datei, die f berechnet, auch Intervallgrenzen angegeben werden, zwischen denen sicher eine Nullstelle enthalten ist (das Vorzeichen des Funktionswertes an der linken Intervallgrenze muß ungleich dem Vorzeichen des Funktionswertes an der rechten Intervallgrenze sein).

Minimierung: Ein Minimum der Funktion f kann mittels *fminbnd* ermittelt werden; wiederum muß ein Intervall angegeben werden, in dem nach einem Minimum gesucht wird. Soll das lokale Minimum einer Funktion mehrerer Variablen gefunden werden, kann *fminsearch* verwendet werden.

MATLAB-Beispiel 10.10

Im folgenden wird beispielhaft eine Funktion mit drei (unterschiedlich stark ausgeprägten) „Spitzen" herangezogen (siehe Abb. 10.7).

Ein MATLAB-Programm zur Berechnung der Funktionswerte wird in peaks3.m implementiert. Man beachte, daß auch Vektoren als Eingangsparameter möglich sein müssen.

```
% peaks3.m
function y = peaks3(x);
y = 0.8 - x ...
    - 1./(cosh(10.*(x-0.2))).^2 ...
    - 5./(cosh(100.*(x-0.4))).^4 ...
    - 10./(cosh(1000.*(x-0.54))).^6;
```

Nebenstehende Anweisung sucht nach einer Nullstelle der Funktion *peaks3* im Intervall $[0,1]$.

```
» fzero('peaks3', [0 1])
ans =
    0.8000
```

Ein lokales Minimum der Funktion *peaks3* im Intervall $[0,1]$ liegt bei $x = 1$. In Abb. 10.7

```
» fminbnd('peaks3', 0, 1)
ans =
    0.9999
```

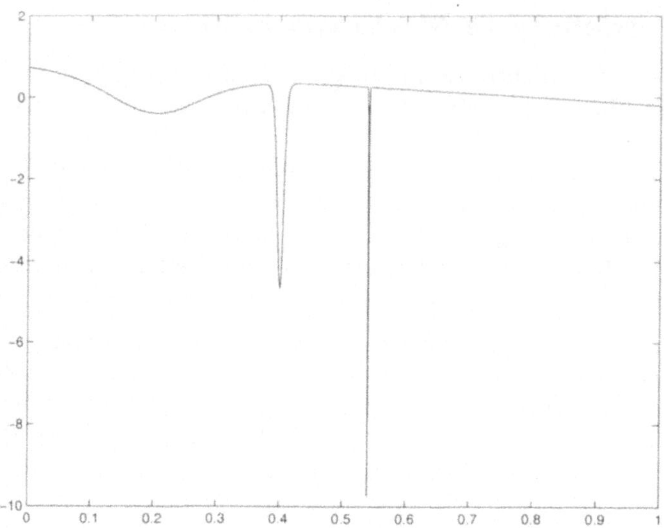

Abbildung 10.7: Graph der Funktion `peaks3`.

sieht man, daß das globale Minimum dieser Funktion im Intervall [0,1] an der Stelle $x = 0.54$ liegt. Dieses Minimum wird von *fminbnd* nicht gefunden.

In manchen Fällen liefert *fzero* falsche Resultate; z. B. kann es Polstellen irrtümlicherweise als Nullstellen identifizieren.

```
>> fzero('tan(x)', [1 2])
ans =
   1.5708
```

10.2.2   Nullstellenbestimmung nichtlinearer Gleichungen

Zur Nullstellenbestimmung nichtlinearer skalarer Gleichungen existieren verschiedene Methoden, wie z. B. die Bisektionsmethode, das Newton- und das Sekantenverfahren sowie das Müllerverfahren.

Vor dem Start des *Bisektionsverfahren* wird ein Intervall $[a, b]$ benötigt, in dem sicher eine Nullstelle enthalten ist. Danach werden Intervall-Halbierungen so lange durchgeführt, bis jenes Intervall, von dem man sicher weiß, daß es eine Nullstelle enthält, so klein wie gewünscht ist.

Beim *Newton-Verfahren* wird die nichtlineare Funktion f sukzessive durch lineare Modellfunktionen

$$l_k(x) = a_k + b_k x$$

ersetzt, deren Nullstellen $x_k^* = -a_k/b_k$ als Näherungen für die Nullstelle x^* verwendet werden. Aus der Taylor-Entwicklung von f um die Stelle $x^{(k)}$ erhält man etwa $a_k = f(x^{(k)}) - x^{(k)}f'(x^{(k)})$ und $b_k = f'(x^{(k)})$. Damit ist

$$x_k^* = x^{(k)} - \frac{f(x^{(k)})}{f'(x^{(k)})}.$$

Unter der Annahme, daß x_k^* eine bessere Näherung für x^* ist, definiert man durch

$$x^{(k+1)} = x^{(k)} - \frac{f(x^{(k)})}{f'(x^{(k)})}, \quad k = 0, 1, 2, \ldots$$

eine Folge von Näherungswerten $\{x^{(k)}\}$, die unter bestimmten Voraussetzungen gegen x^* konvergiert.

Das Newton-Verfahren erfordert die explizite Kenntnis der ersten Ableitung f'. In vielen praktisch relevanten Fällen ist jedoch f' entweder nicht explizit verfügbar oder nur sehr aufwendig (und damit oft auch fehlerbehaftet) zu erhalten. In diesem Fall kann man f' durch einen Differenzenquotienten approximieren:

$$f_k'(x^{(k)}) \approx \frac{f(x^{(k)} + h_k) - f(x^{(k)})}{h_k} =: d_k.$$

Wählt man als Schrittweite h_k die Differenz der beiden vorherigen Näherungswerte $x^{(k-1)} - x^{(k)}$ erhält man das *Sekantenverfahren*.

Das *Müller-Verfahren* ist eine Verallgemeinerung des Sekanten-Verfahrens. Es wird dabei statt eines linearen Modells für f eine quadratische Parabel durch die drei Punkte

$$(x^{(k)}, f(x^{(k)})), (x^{(k-1)}, f(x^{(k-1)})) \quad \text{und} \quad (x^{(k-2)}, f(x^{(k-2)}))$$

gelegt und mit der x-Achse zum Schnitt gebracht. Von den beiden Schnittpunkten wird jener als $x^{(k+1)}$ gewählt, der näher bei $x^{(k)}$ liegt.

Eine Eigenschaft des Müller-Verfahrens, die es vom Newton- und Sekanten-Verfahren unterscheidet, ist seine Möglichkeit (unter Angabe *reeller* Startwerte) auch *komplexe* Nullstellen zu ermitteln. Sofern nur reelle Nullstellen von f gesucht werden, muß diese Möglichkeit algorithmisch unterdrückt werden.

Falls jedoch komplexe Nullstellen gesucht werden, z. B. bei der Nullstellenbestimmung von Polynomen, hat das Müller-Verfahren Vorteile gegenüber anderen Algorithmen: Man kann mit reellen Startwerten beginnen und, falls erforderlich, den Algorithmus mit komplexen Näherungen fortsetzen. Das Müller-Verfahren konvergiert schneller als das Sekanten-Verfahren.

Zu Testzwecken wurden in MATLAB das Sekanten-Verfahren, das Newton- und das Müller-Verfahren sowie die Bisektionsmethode (in den M-Dateien *sekant, newton, mueller* und *bisekt*) implementiert.

CODE   **MATLAB-Beispiel 10.11**

Vergleich von Nullstellen-Methoden: Ein Vergleich der Methoden zur Lösung skalarer nichtlinearer Gleichungen ist mittels der Skripts *test_bisekt, test_newton, test_mueller* und *test_sekant* möglich. Alle finden jeweils eine Lösung der Gleichungen $f(x) = x^3 - 17x^2 + 36x - 90 = 0$ und $g(x) = \log(x) + x/40 = 0$ und stellen den relativen Fehler nach jedem Iterationsschritt grafisch dar; daraus läßt sich die Konvergenzgeschwindigkeit der einzelnen Verfahren erkennen. Abbildung 10.8 zeigt etwa den absoluten Fehler der einzelnen Näherungswerte des Newton-Verfahrens für verschiedene Startwerte (jede Grafik ist jeweils mit der Funktion und dem verwendeten Startwert beschriftet).

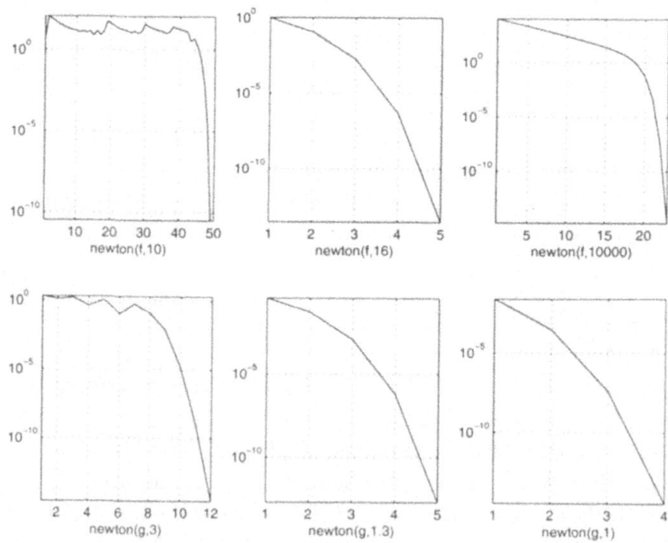

Abbildung 10.8: Absoluter Fehler nach jedem Iterationsschritt des Newton-Verfahrens (bei Verwendung der Startwerte $10, 16, 10^4, 3, 1.3$ und 1).

CODE   **MATLAB-Beispiel 10.12**

Komplexe Nullstellen: Ist f eine komplexe Funktion und f' deren Ableitung, so kann man mit dem Newton-Verfahren auch komplexe Nullstellen finden. Man muß mit einem komplexen Startwert $x^{(0)} \in \mathbb{C}$ beginnen und führt dann die Iteration

$$x^{(k+1)} = x^{(k)} - \frac{f(x^{(k)})}{f'(x^{(k)})}, \qquad k = 0, 1, 2, \ldots$$

durch. Falls $x^{(0)}$ im Einzugsbereich einer komplexen Nullstelle x^* liegt, konvergiert die so erhaltene Folge gegen x^*. Als Beispiel sei das Polynom $f(x) = x^3 - 17x^2 + 36x - 90$ gegeben, das die Nullstellen $x_1^* = 15$ und $x_{2,3}^* = 1 \pm \sqrt{5}i$ hat; die Funktion $f(x)$ wurde in *f.m* und deren Ableitung in *f_abl.m* implementiert.

<table>
<tr><td>

Gibt man einen reellen Startwert an, so findet *newton* nur die reelle Nullstelle.

</td><td>

```
>> newton('f',0,'f_abl')
ans =
     15

>> newton('f',100000,'f_abl')
ans =
     15
```

</td></tr>
<tr><td>

Startet man z. B. mit den komplexen Werten i und $-i$, so findet newton die beiden konjugiert komplexen Nullstellen.

</td><td>

```
>> newton('f',i,'f_abl')
ans =
     1.0000 + 2.2361i

>> newton('f',-i,'f_abl')
ans =
     1.0000 - 2.2361i
```

</td></tr>
<tr><td>

Der komplexe Startwert $11 + i$ liegt jedoch im Einzugsbereich der reellen Nullstelle $x^* = 15$.

</td><td>

```
>> newton('f',i+11,'f_abl')
ans =
     15.0000 - 0.0000i
```

</td></tr>
</table>

Das Newton-Verfahren kann also komplexe Nullstellen finden, sofern komplexe Startwerte angegeben werden. Ein komplexer Startwert kann aber auch im Einzugsbereich einer reellen Nullstelle liegen. Im Gegensatz dazu kann das Müller-Verfahren direkt (bei reellen Startwerten) komplexe Nullstellen ermitteln.

<table>
<tr><td>

Übergibt man *mueller* die reellen Startwerte 0, 0.2 und 1, so findet der Algorithmus eine der komplexen Nullstellen.

</td><td>

```
>> mueller('f', 0, 0.2, 1)
ans =
     1.0000 - 2.2361i
```

</td></tr>
</table>

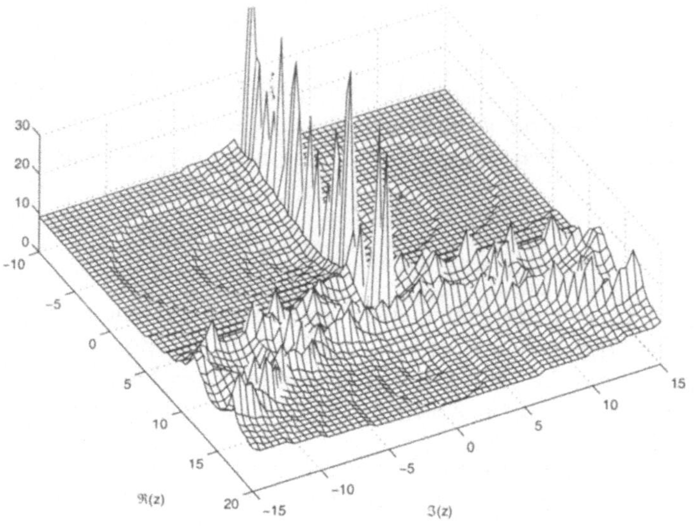

Abbildung 10.9: Einzugsbereich des Newton-Verfahrens.

<table>
<tr><td>

Analog kann auch die reelle
Nullstelle gefunden werden.

</td><td>

```
>> mueller('f', 10, 11, 13)
ans =
    15.0000
```

</td></tr>
</table>

Bei vielen nichtlinearen Gleichungen tritt Konvergenz eines Iterationsverfahrens nur dann ein, wenn der Startwert aus einer kleinen Teilmenge des Definitionsbereiches (dem *Einzugsbereich*) gewählt wird. Ausreichend rasche Konvergenz tritt meist nur bei Wahl eines Startwertes in der Nähe der gesuchten Lösung auf. Eine der größten Schwierigkeiten bei der praktischen Lösung von nichtlinearen Gleichungen und Gleichungssystemen besteht daher in der Wahl eines geeigneten Startwertes (siehe Überhuber [46]).

CODE   **MATLAB-Beispiel 10.13**

Einzugsbereich des Newton-Verfahrens: Ein Eindruck vom Einzugsbereich des Newton-Verfahrens kann durch die Verwendung des Skripts *newton_einzug* gewonnen werden: in einer Grafik wird die Anzahl der benötigten Iterationsschritte zur Lösung der Gleichung $x^3 - 17x^2 + 36x - 90 = 0$ in Abhängigkeit eines komplexen Startwertes dargestellt. Die x- und y-Koordinaten entsprechen den Real- und Imaginärteilen der Startwerte; in Richtung der z-Achse wird die Zahl der benötigten Iterationsschritte aufgetragen (siehe Abb. 10.9).

In der Nähe der gesuchten Nullstellen konvergiert das Newton-Verfahren sehr rasch; es gibt jedoch Startwerte, bei denen sehr viele Iterationen durchgeführt werden müssen, um ein akzeptables Ergebnis zu erzielen (in einigen Fällen divergiert das Verfahren sogar).

10.3 Interpolation

Viele numerische Anwendungen erfordern die Arbeit mit *nicht*-elementaren Funktionen f. Da diese Funktionen nicht durch endlich viele Parameter charakterisierbar sind, werden sie meist zunächst durch Interpolation auf Funktionen aus endlichdimensionalen Räumen abgebildet. Danach wird die erhaltene Interpolationsfunktion als „Ersatz" für die meist nicht explizit bekannte (bzw. nicht effizient repräsentierbare) Funktion f in weiteren Berechnungen verwendet.

Der Interpolation liegen als Daten k Punkte $x_1, x_2, \ldots, x_k \in \mathbb{R}^n$ – die sogenannten *Interpolationsknoten* oder *Stützstellen* – sowie k zugehörige Werte $y_1, y_2, \ldots, y_k \in \mathbb{R}$ zugrunde. Die Stützstellen können entweder fest vorgegeben oder wählbar sein. Fallweise kann auch noch ergänzende Information vorliegen, aus der spezielle Eigenschaften der Interpolationsfunktion abgeleitet werden, z. B. Monotonie, Konvexität, spezielles asymptotisches Verhalten.

10.3.1 Interpolationsprobleme

Jede *Interpolationsaufgabe* besteht im allgemeinen aus drei Teilaufgaben:

1. Eine geeignete Funktionenklasse ist zu wählen.
2. Die Parameter eines passenden Repräsentanten aus dieser Funktionenmenge sind zu ermitteln.
3. An der gefundenen Interpolationsfunktion sind die gewünschten Operationen (Auswertung, Ableitung etc.) auszuführen.

Die Eigenschaften (Datenfehlerempfindlichkeit etc.) und der algorithmische Aufwand müssen für die zwei rechnerischen Teilaufgaben der Interpolation – Parameterbestimmung und Manipulation (Auswertung) – getrennt untersucht werden.

Der Aufwand für die *Parameterbestimmung* hängt z. B. ganz wesentlich von der Funktionenklasse ab – insbesondere davon, ob es sich (bzgl. der Parameter) um ein lineares oder nichtlineares Interpolationsproblem handelt. Der *Gesamtaufwand* für eine Interpolationsaufgabe hängt nicht nur von der Wahl der Funktionenklasse ab, sondern wird auch von den speziellen Erfordernissen des Problems bestimmt: von der Anzahl der benötigten Interpolationsfunktionen (und ihren gegebenenfalls vorhandenen Abhängigkeiten), von Anzahl und Aufwand der durchzuführenden Operationen (z. B. wieviele Werte der Interpolationsfunktion benötigt werden) etc.

Wahl einer Funktionenklasse

Dem geplanten Verwendungszweck entsprechend ist eine geeignete Klasse $\mathcal{G}_k$ von Modell- bzw. Approximationsfunktionen auszuwählen. Jede Funktion g aus der Funktionenmenge $\mathcal{G}_k$ muß durch k Parameter festgelegt werden können:

$$\mathcal{G}_k = \{g(x; c_1, c_2, \ldots, c_k) \mid g : B \subset \mathbb{R}^n \to \mathbb{R},\ c_1, c_2, \ldots, c_k \in \mathbb{R}\}.$$

Die Wichtigkeit der Auswahl einer geeigneten Klasse von Modellfunktionen illustriert Abb. 10.10. Alle dort dargestellten Funktionen erfüllen das Kriterium der Interpolation, das nur die Übereinstimmung an vorgegebenen Punkten fordert. Trotzdem wird nicht jede dieser Interpolationsfunktionen für jeden Anwendungszweck gleich gut geeignet sein. Erst durch die zusätzliche Forderung bestimmter Eigenschaften der Funktionen aus $\mathcal{G}_k$ (wie z. B. Stetigkeit, Glattheit, Monotonie, Konvexität) können unerwünschte Fälle (wie z. B. Sprungstellen, Polstellen) ausgeschlossen werden.

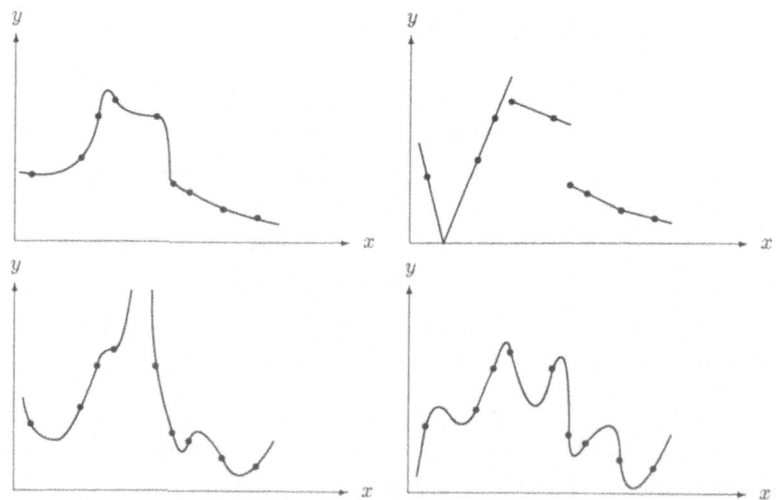

Abbildung 10.10: Vier verschiedene Funktionen, die alle durch dieselben Datenpunkte ($\bullet$) gehen.

Bestimmung der Parameter einer Interpolationsfunktion

Sobald eine Menge $\mathcal{G}_k$ von in Frage kommenden Funktionen festgelegt ist, muß aus $\mathcal{G}_k$ *eine* Funktion g ausgewählt werden, die an den k Stützstellen $x_1, x_2, \ldots, x_k$ die vorgegebenen Werte $y_1, y_2, \ldots, y_k$ annimmt.

Von der gesuchten Funktion g, die durch ihre Parameterwerte $c_1, c_2, \ldots, c_k$ charakterisiert wird, ist – dem Interpolationsprinzip entsprechend – zu fordern, daß sie durch die Datenpunkte (x_1, y_1), (x_2, y_2), $\ldots$, (x_k, y_k) „durchgeht"; d. h., g muß folgendes System von k Gleichungen erfüllen:

$$
\begin{aligned}
g(x_1; c_1, c_2, \ldots, c_k) &= y_1, \\
g(x_2; c_1, c_2, \ldots, c_k) &= y_2, \\
&\ \ \vdots \\
g(x_k; c_1, c_2, \ldots, c_k) &= y_k.
\end{aligned}
\tag{10.9}
$$

Dieses Gleichungssystem kann linear oder nichtlinear sein, je nachdem, ob g bezüglich der gesuchten Parameter $c_1, c_2, \ldots, c_k$ eine lineare oder nichtlineare Interpolationsfunktion ist.

10.3.2 Univariate Polynom-Interpolation

Die Interpolation durch univariate Polynome mit dem Approximationskriterium der Wertübereinstimmung ist in der Numerik von größter Wichtigkeit. Sie ist nicht nur die Grundlage vieler numerischer Verfahren zur Integration, Differentiation, Extremwertbestimmung, Lösung von Differentialgleichungen etc., sondern bildet auch die Basis anderer (stückweiser) univariater und multivariater Interpolationsmethoden, die z. B. bei der Visualisierung zum Einsatz gelangen.

Univariate Polynome

Funktionen, die durch Formeln definiert sind, in denen nur endlich viele algebraische Operationen mit der unabhängigen Variablen vorkommen, bezeichnet man als *algebraische elementare Funktionen*. Diese sind als Approximationsfunktionen (Modellfunktionen) am Computer besonders gut geeignet. Vor allem die Polynome in einer unabhängigen Variablen – die *univariaten Polynome* – spielen dabei eine zentrale Rolle.

Eine Funktion $P_d : \mathbb{R} \to \mathbb{R}$ mit

$$
P_d(x; a_0, \ldots, a_d) := a_0 + a_1 x + a_2 x^2 + \cdots + a_d x^d
\tag{10.10}
$$

ist ein (reelles) Polynom in einer unabhängigen Variablen. $a_0, a_1, \ldots, a_d \in \mathbb{R}$ sind die Koeffizienten des Polynoms, a_0 dessen absolutes Glied. Falls $a_d \neq 0$ ist, heißt

d Grad des Polynoms und a_d Anfangs- oder höchster Koeffizient. Ist $a_d = 0$, so heißt d formaler Grad von P_d. Polynome vom Grad $d = 1, 2, 3$ nennt man linear, quadratisch bzw. kubisch.

Der Funktionenraum $\mathbb{P}$ *aller* Polynome (beliebigen Grades) besitzt z. B. die Basis der Monome $B = \{1, x, x^2, x^3, \ldots\}$ und ist daher *unendlich*-dimensional; der Raum $\mathbb{P}_d$ aller Polynome vom Maximalgrad d besitzt z. B. die Basis

$$B_d = \{1, x, x^2, x^3, \ldots, x^d\} \tag{10.11}$$

und ist $(d+1)$-dimensional. Die Monombasis (10.11) ist nur eine von unendlich vielen Basen des Vektorraums $\mathbb{P}_d$. Weitere, speziell für numerisch-algorithmische Anwendungen wichtige Basen bilden die Lagrange-, die Bernstein- und vor allem die Tschebyscheff-Polynome (Überhuber [45]).

In MATLAB können die Funktionen *polyfit* und *polyval* zur Polynom-Interpolation verwendet werden. Ihre Syntax lautet:

$$p = \text{polyfit}\,(x, y, d) \quad \text{bzw.} \quad y = \text{polyval}\,(p, x)$$

Dabei enthält x die Stützstellen $x_1, x_2, \ldots, x_k$ und y die zugehörigen Werte $y_1, y_2, \ldots, y_k$. d gibt den Grad des Interpolations-Polynoms P_d an. Für $d \geq k$ ist P_d nicht eindeutig bestimmt, für $d = k - 1$ gilt $P_d(x_i) = y_i$, $i = 1, 2, \ldots, k$. Wenn $d < k - 1$ ist, dann wird nicht interpoliert, sondern ein Polynom ermittelt, das den geringsten Abstand (im Sinne der Methode der kleinsten Fehlerquadrate) zu den Datenpunkten besitzt. *polyfit* ermittelt die Koeffizienten $a_0, a_1, \ldots, a_d$ von P_d und speichert sie im Vektor p ab. Mit der Funktion *polyval* kann das Polynom P_d an beliebigen Stellen x ausgewertet werden.

MATLAB-Beispiel 10.14

Eingabe der Daten und Erzeugen eines feineren Gitters.

```
>> x = [.08 .25 .38 .54 .63 .79 .92];
>> y = [.43 .50 .86 .79 .36 .21 .14];
>> xi = linspace(0,1,1000);
```

Die Daten werden mit Polynomen der Grade 6, 5 und 4 interpoliert bzw. approximiert.

```
>> p6 = polyfit(x,y,6);
>> y6 = polyval(p6,xi);
>> p5 = polyfit(x,y,5);
>> y5 = polyval(p5,xi);
>> p4 = polyfit(x,y,4);
>> y4 = polyval(p4,xi);
```

Zum Schluß werden die Ergebnisse gezeichnet (Abb. 10.11).

```
>> plot(x,Y,'ko',xi,y6,'b-',...
   xi,y5,'g:',xi,y4,'r-');
```

```
» legend('Daten','Grad 6',...
         'Grad 5', 'Grad 4');
» axis([0 1 0 1]);
```

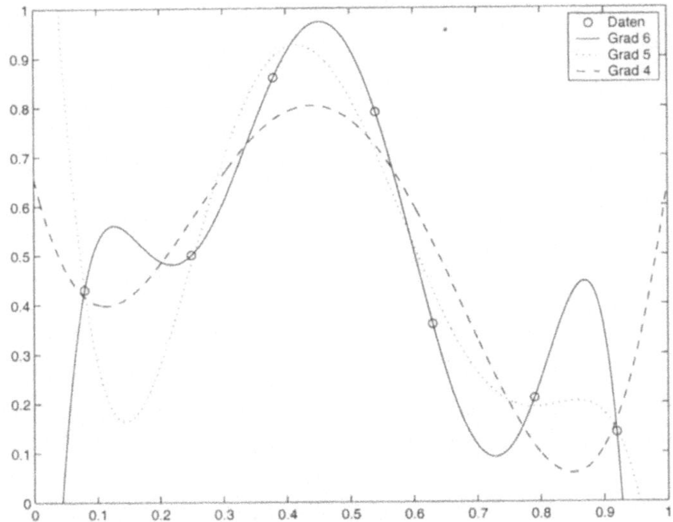

Abbildung 10.11: Polynom-Interpolation bzw. -approximation mit *polyfit* und *polyval*.

CODE   **MATLAB-Beispiel 10.15**

Polynom-Interpolation an Tschebyscheff-Knoten und an äquidistanten Knoten: Das MATLAB-Skript *int_comp* ermöglicht einen Vergleich der Polynom-Interpolation an den Tschebyscheff-Knoten mit der Polynom-Interpolation an äquidistanten Knoten. Dabei wird $f(x) = 1/(1 + 25x^2)$, die sogenannte Runge-Funktion, als Beispiel verwendet. Das Skript stellt jeweils das Interpolationspolynom vom Grad 10 dar. Man erkennt, daß bei der Interpolation mit äquidistanten Abtastpunkten am Rand störendes Überschwingen auftritt (siehe Abb. 10.12).

Mit den MATLAB-Funktionen *tscheb* und *tschebsym* können beliebige Funktionen durch Polynome approximiert werden:

tscheb (*fkt, a, b, anz*)

tschebsym (*expr, a, b, anz*)

Dabei erwartet *tscheb* die zu interpolierende Funktion als Unterprogramm, dessen Namen *fkt* als **char**-Datenobjekt übergeben wird; *tschebsym* dagegen erwartet

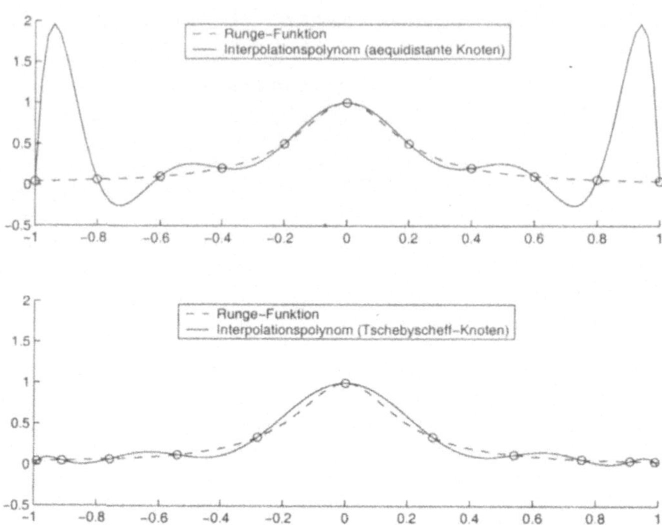

Abbildung 10.12: Interpolation der Runge-Funktion mit Polynomen vom Grad 10 an äquidistanten Knoten und Tschebyscheff-Knoten.

einen MATLAB-Ausdruck (z. B. `'sin(x)+cos(x)'`) als Zeichenkette. Die Parameter a und b geben das Intervall $[a, b]$ an, in dem die Funktionen *fkt* und *expr* sowohl unter Verwendung von Tschebyscheff-Knoten als auch mit äquidistanten Knoten interpoliert werden sollen; dabei ist die Zahl der Abtastpunkte durch *anz* angegeben. Das Resultat wird grafisch dargestellt.

10.3.3   Univariate stückweise Polynom-Interpolation

Eine Alternative zur Verwendung *eines* durchgehenden, einheitlich definierten Interpolationspolynoms $P_d \in \mathbb{P}_d$ ist die Approximation durch *stückweise* Polynomfunktionen auf dem gewünschten Intervall $[a, b]$:

$$g(x) := \begin{cases} P_{d_1}^1(x), & x \in [a, x_1) \\ P_{d_2}^2(x), & x \in [x_1, x_2) \\ \quad \vdots & \\ P_{d_k}^k(x), & x \in [x_{k-1}, b]. \end{cases} \tag{10.12}$$

Soferne man nicht – wie im Fall der Spline-Interpolation oder Hermite-Interpolation – Koppelungsbedingungen für die einzelnen Teilpolynome vorschreibt, handelt es sich um ein *lokales* Interpolationsverfahren: die Datenpunkte eines Intervalls $[x_{i-1}, x_i)$ haben keinen Einfluß auf das Interpolationspolynom $P_{d_j}^j$ eines anderen Intervalls $[x_{j-1}, x_j)$.

CODE   **MATLAB-Beispiel 10.16**

Stückweise Interpolation: Die Funktion *pieceint* $(x,y,degree)$ ermöglicht die stückweise Interpolation von Datenpunkten durch Polynome. Dabei sind x und y eindimensionale Felder, die die Koordinaten der zu interpolierenden Datenpunkte (x_1, y_1), (x_2, y_2), ... angegeben. Der Grad der Interpolationspolynome wird durch *degree* bestimmt.

   pieceint interpoliert die Daten auf folgende Weise: jeweils *degree* $+1$ aufeinanderfolgende Datenpunkte werden durch ein Polynom vom Grad *degree* verbunden.

Mit der MATLAB-Funktion *interp1* kann stückweise univariate Polynom-Interpolation mit mehreren Methoden durchgeführt werden. Die Syntax der Funktion lautet

$$yi = \text{interp1}\,(x,y,xi\,\langle,method\rangle)$$

Dabei enthält x die Stützstellen $x_1, x_2, \ldots, x_k$ und der Vektor y die zugehörigen Werte $y_1, y_2, \ldots, y_k$. *interp1* ermittelt die Interpolationsfunktion und liefert den Vektor der Werte yi an den Stellen xi. Mit dem optionalen Parameter *method* kann man eine der folgenden Interpolationsmethoden auswählen:

linear: Je zwei aufeinanderfolgende Datenpunkte werden linear interpoliert (also durch eine Gerade verbunden). *linear* ist die Standardeinstellung, falls keine Methode angegeben wird.

spline: Die Daten werden durch eine kubische Splinefunktion interpoliert.

pchip oder **cubic:** Stückweise kubische Hermite-Interpolation.

nearest: Der Vektor yi enthält jene Werte des Datenvektors y, die jeweils den Werten aus xi am nächsten liegen (*Nearest-neighbor*-Interpolation). Diese Methode liefert eine Interpolationsfunktion, die in der Mitte zwischen zwei Stückstellen eine Sprungstelle hat (siehe Abb. 10.13).

Kubische Spline-Interpolation (*spline*-Methode)

Splinefunktionen sind stückweise auf Intervallen definierte Polynom-Funktionen, deren Teile an den Intervallgrenzen stetig oder ein- bzw. mehrmals stetig differenzierbar aneinanderstoßen. Unter allen Polynom-Splines spielen die kubischen

Splines eine besonders wichtige Rolle als Interpolationsfunktionen, weil sie hinsichtlich ihrer Differenzierbarkeitseigenschaften, ihrer Empfindlichkeit bezüglich Datenschwankungen (Meßfehler etc.) und des erforderlichen Rechenaufwandes besonders robust sind.

Kubische Splinefunktionen sind stückweise Polynome dritten Grades,

$$s(x) := \begin{cases} P_3^1(x), & x \in [x_0, x_1) \\ P_3^2(x), & x \in [x_1, x_2) \\ \vdots \\ P_3^k(x), & x \in [x_{k-1}, x_k], \end{cases} \tag{10.13}$$

für die an den inneren Knoten $x_1, x_2 \ldots, x_{k-1}$ Funktionswert sowie erste und zweite Ableitung übereinstimmen:

$$\begin{aligned} s(x_i-) &= s(x_i+), \\ s'(x_i-) &= s'(x_i+), \\ s''(x_i-) &= s''(x_i+), \qquad i = 1, 2, \ldots, k-1. \end{aligned}$$

Die $4k$ Parameter einer kubischen Splinefunktion sind durch $k+1$ Funktionswerte

$$y_0, y_1, \ldots, y_k \qquad \text{an den Stellen} \qquad x_0, x_1, \ldots, x_k$$

und durch die $3(k-1)$ Stetigkeits- bzw. Differenzierbarkeitsforderungen an den inneren Knoten $x_1, x_2, \ldots, x_{k-1}$ *nicht* eindeutig bestimmt, da es sich dabei insgesamt nur um $4k-2$ Bestimmungsstücke bzw. definierende Bedingungen handelt. Zur eindeutigen Festlegung kubischer Splinefunktionen sind daher noch zwei zusätzliche, geeignet gewählte Bedingungen – *Randbedingungen*[2] – erforderlich.

Randbedingungen

MATLAB verwendet standardmäßig die *Not-a-knot-Randbedingungen* (*Einheitlichkeitsbedingungen*):

$$s^{(3)}(x_1-) = s^{(3)}(x_1+) \qquad \text{und} \qquad s^{(3)}(s_{k-1}-) = s^{(3)}(s_{k-1}+).$$

Durch diese Bedingungen wird erreicht, daß die Polynome P_3^1 und P_3^2 auf den ersten beiden Intervallen zu einem einzigen, einheitlich durch vier Koeffizienten definierten kubischen Polynom $P_3 := P_3^1 \equiv P_3^2$ werden. Auch P_3^{k-1} und P_3^k werden durch eine analoge Forderung zu *einem* einheitlich definierten Polynom.

---

[2]Die zwei Bedingungen müssen nicht unbedingt am Rand des Interpolationsintervalls festgesetzt werden; aus Gründen der numerischen Stabilität ist dies jedoch am günstigsten.

Wenn man über die (exakten) Werte $f'(a)$, $f'(b)$ verfügt, dann kann man die *Hermite-Randbedingungen* verwenden:

$$s'(a) = f'(a)$$
$$s'(b) = f'(b)$$

In MATLAB wird diese Randbedingung verwendet, wenn y um zwei Einträge mehr als x besitzt. Dann wird der erste bzw. der letzte Eintrag von y für $s'(a)$ bzw. $s'(b)$ verwendet.

Die kubischen Hermite-Randbedingungen und die *Not-a-knot*-Bedingungen sind bezüglich ihrer (theoretischen) Approximationseigenschaften gleichwertig. Eine Auswahl zwischen diesen beiden Randbedingungen hängt daher von der praktischen Erprobung ab.

CODE   **MATLAB-Beispiel 10.17**

Spline-Interpolation: Das Skript *interpol* interpoliert Daten der Sprungfunktion ($f(x) = 1$, falls $x \geq 0$, sonst $f(x) = 0$) durch ein durchgehendes Polynom und eine kubische Splinefunktion. Man kann nun interaktiv mit der Maus einen Knotenpunkt verschieben; das Skript berechnet danach wiederum die Interpolierende auf beide Arten. Man erkennt, daß die Splinefunktion wesentlich unempfindlicher (d. h., durch weniger Überschwingen) reagiert.

Kubische Hermite-Interpolation (*pchip*-Methode)

Die kubische Hermite-Interpolationsfunktion $s(x)$ besteht wie eine kubische Splinefunktion (10.13) stückweise aus Polynomen dritten Grades, mit dem Unterschied, daß die Anstiege s_i' in jedem Punkt $x_1, x_2, \ldots, x_k$ vorgegeben werden. In jedem Intervall $[x_{i-1}, x_i]$ ist daher durch die Bedingungen

$$
\begin{aligned}
P_3(x_{i-1}) &= y_{i-1} & P_3(x_i) &= y_i \\
P_3'(x_{i-1}) &= s_{i-1}' & P_3'(x_i) &= s_i'
\end{aligned}
\tag{10.14}
$$

ein Hermite-Interpolationsproblem gegeben, das ein kubisches Polynom

$$P_3^i(x) = a_0 + a_1(x - x_{i-1}) + a_2(x - x_{i-1})^2 + a_3(x - x_{i-1})^3$$

mit den Koeffizienten

$$
\begin{aligned}
a_0 &= y_{i-1} \\
a_1 &= s_{i-1}' \\
a_2 &= \frac{3}{h^2}(y_i - y_{i-1}) - \frac{1}{h}(s_i' + 2s_{i-1}') \\
a_3 &= \frac{2}{h^3}(y_i - y_{i-1}) + \frac{1}{h^2}(s_i' + s_{i-1}')
\end{aligned}
$$

$(h := x_i - x_{i-1})$ als eindeutige Lösung besitzt.

MATLAB wählt die Ableitungswerte s_i' selbst, und zwar so, daß die entstehende Interpolationsfunktion die Form der Daten und deren Monotonie erhält. Das bedeutet, daß auf Intervallen, in denen die Daten monoton sind, auch $P_3^i(x)$ monoton ist und dort, wo die Daten ein Minimum oder Maximum haben, auch $P_3^i(x)$ ein Minimum oder Maximum hat.

Vergleich der Methoden *spline* und *pchip*

Die *spline*-Methode konstruiert das Interpolationspolynom in fast derselben Weise wie die *pchip*-Methode. Der Unterschied besteht darin, daß *spline* die Anstiege s_i' so wählt, daß die zweite Ableitung s_i'' stetig ist. Das hat folgende Auswirkungen:

- *spline* erzeugt ein (mathematisch) glatteres Resultat (s_i'' ist stetig),

- *spline* erzeugt ein genaueres Resultat, wenn die Daten einer (mathematisch) glatten Funktion angehören,

- *pchip* hat weniger Oszillationen wenn die Daten nicht glatt sind,

- *pchip* ist weniger aufwendig beim Berechnen der Interpolationsfunktion, und

- beide Methoden sind gleich aufwendig bei der Auswertung der Interpolationsfunktion.

MATLAB-Beispiel 10.18

Eingabe der Daten und Erzeugen des Vektors *xi*.

```
>> x = [.08 .25 .38 .54 .63 .79 .92];
>> y = [.43 .50 .86 .79 .36 .21 .14];
>> xi = linspace(0,1,100000);
```

Die Daten werden mit den vier in *interp1* vorhandenen Methoden interpoliert.

```
>> yi_n = interp1(x,y,xi,'nearest');
>> yi_l = interp1(x,y,xi,'linear');
>> yi_s = interp1(x,y,xi,'spline');

>> yi_p = interp1(x,y,xi,'pchip');
```

Die Ergebnisse sind in Abb. 10.13 dargestellt.

```
>> plot(x,Y,'ko',xi,yi_n,'b-',...
        xi,yi_l,'g:',xi,yi_s,'r-.',...
        xi,yi_p,'y--.');
>> legend('Daten','nearest',...
        'linear','spline','pchip');
>> axis([0 1 0 1]);
```

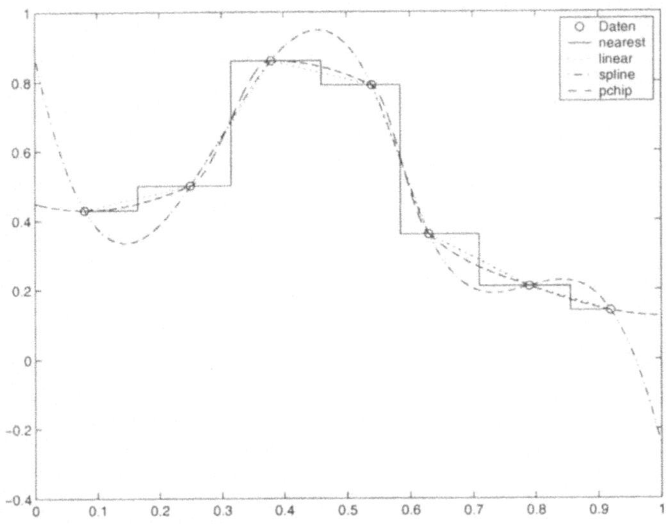

Abbildung 10.13: Verschiedene Interpolationsmethoden von *interp1*.

Von H. Akima stammt eine Interpolationsmethode, die auf (einmal) stetig differenzierbare, stückweise aus kubischen Polynomen zusammengesetzte Funktionen führt. Ähnlich wie beim manuellen Zeichnen einer Kurve werden bei dieser Interpolationsmethode jeweils nur die nächstgelegenen Datenpunkte für den Kurvenverlauf an einer bestimmten Stelle berücksichtigt; es handelt sich also um ein *lokales* Interpolationsverfahren (Überhuber [45]).

CODE   **MATLAB-Beispiel 10.19**

Akima-Interpolation: Die Funktionen *akima* und *peri_akima* ermitteln die Akima-Interpolierende von Datenpunkten, deren Koordinaten als eindimensionale Felder x und y gegeben sind; dabei nimmt *peri_akima* an, daß die übergebenen Daten periodisch sind:

akima $(x, y, points)$

peri_akima $(x, y, points)$

Weiters gibt *points* ein (eindimensionales) Feld von Stellen an, an denen die Interpolierende ausgewertet werden soll; die Funktionen liefern die Funktionswerte der Interpolierenden an diesen Stellen als Vektor zurück. Weiters werden die Datenpunkte (samt der interpolierenden Funktion) grafisch dargestellt.

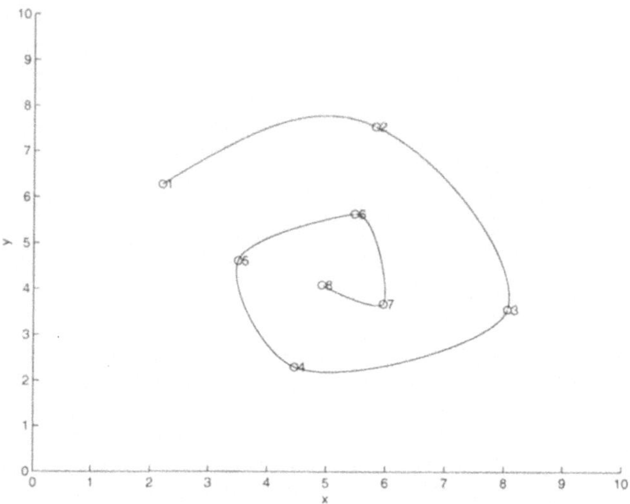

Abbildung 10.14: Parametrisierte Akima-Interpolation

Parametrisierte Akima-Interpolation: Die Funktion *param_akima* (x, y) errechnet die parametrisierte Akima-Interpolierende für vorgegebene Datenpunkte. Die Funktion faßt die Elemente der Vektoren x und y als Koordinaten von Datenpunkten einer ebenen Kurve auf (es kann daher z. B. zu einer Stelle auch mehrere y-Koordinaten geben). Das Resultat wird grafisch dargestellt.

Diese Funktion kann mit dem Skript *akima_demo* getestet werden: In einem Grafikfenster können mit der Maus Punkte eingezeichnet werden, die MATLAB danach mit der (parametrisierten) Akima-Interpolierenden verbindet und als ebene Kurve darstellt (siehe Abb. 10.14).

10.3.4   Multivariate Interpolation

Bisher wurden nur univariate Interpolationsfunktionen $g : B \subset \mathbb{R} \to \mathbb{R}$ für Stützstellen $x_1, \ldots, x_k \in \mathbb{R}$ behandelt. Soferne mehrdimensionale Daten

$$(x_1, y_1), \ (x_2, y_2), \ \ldots, \ (x_k, y_k) \in \mathbb{R}^n \times \mathbb{R}$$

interpoliert werden sollen, benötigt man *multivariate* Interpolationsfunktionen

$$g : B \subset \mathbb{R}^n \to \mathbb{R}.$$

Hinsichtlich der Lage der Stützstellen $x_1, \ldots, x_k \in \mathbb{R}^n$ ist folgende Fallunterscheidung zweckmäßig:

Gitterförmig angeordnete Daten beruhen auf einer regulär angeordneten Stützstellenmenge (siehe Abb. 10.15).

Nicht-gitterförmig angeordnete Daten sind entweder auf einer systematisch oder einer unsystematisch von der Gitterstruktur abweichenden Stützstellenmenge vorgegeben (siehe Abb. 10.16).

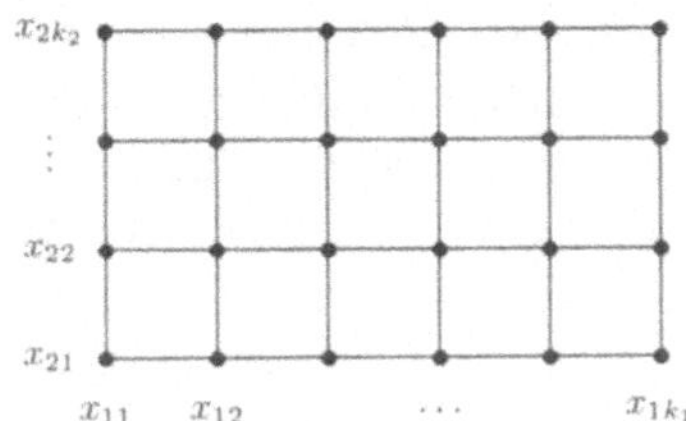
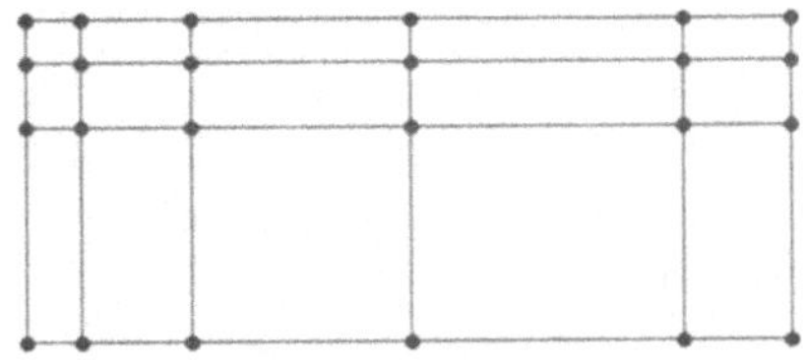

Abbildung 10.15: Zweidimensionale Gitter: äquidistant und nicht-äquidistant.

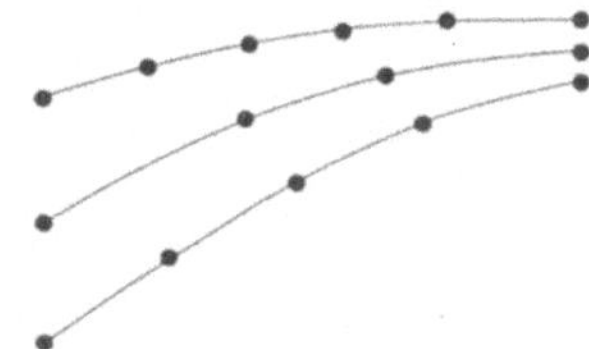

Abbildung 10.16: Nicht-gitterförmig angeordnete Punkte: systematisch und unsystematisch.

Tensorprodukt-Interpolation

Bei gitterförmig angeordneten Daten kann man eine multivariate Interpolationsfunktion durch einen Produktansatz

$$g(x_1, \ldots, x_n) := g_1(x_1) \cdot g_2(x_2) \cdot \cdots \cdot g_n(x_n) \tag{10.15}$$

mit Hilfe von n univariaten Interpolationsfunktionen

$$g_i : B_i \subseteq \mathbb{R} \to \mathbb{R}, \quad i = 1, 2, \ldots, n, \tag{10.16}$$

erhalten.

Wenn die univariaten Interpolationsfunktionen (10.16) durch die Daten eindeutig bestimmt sind, dann ist es auch deren Produktfunktion (10.15). So eignen sich z. B. univariate Polynome oder Splinefunktionen zur Tensorprodukt-Interpolation.

Wegen der Gefahr zu starken Oszillierens sollten bei Polynomen auf äquidistanten Gittern keine zu hohen Grade verwendet werden, sondern es sollte eher stückweise Interpolation zum Einsatz kommen.

Analog zur eindimensionalen Interpolation steht für die multidimensionale Tensorprodukt-Interpolation in MATLAB die Funktion *interpn* zur Verfügung:

$$VI = \text{interpn}\,(X1, X2, \ldots, Xn, V, Y1, Y2, \ldots, Yn \,\langle,method\rangle)$$

V ist ein Vektor der gleichen Länge wie $X1, X2, \ldots, Xn$, die jeweils eine Komponente der Stützstelle enthalten. VI sind die interpolierten Werte an jenen Punkten, deren Komponenten durch $Y1, Y2, \ldots, Yn$ spezifiziert sind. Die Methoden *linear* (Standard), *cubic, spline* und *nearest* stehen zur Auswahl. Für die zwei- und drei-dimensionale Interpolation stehen die speziellen Funktionen *interp2* und *interp3* zur Verfügung.

MATLAB-Beispiel 10.20

In diesem Beispiel werden die verschiedenen Interpolationsmethoden von *interpn* verglichen. Zuerst wird die Funktion *peaks* mit einer niedrigen Auflösung erzeugt.

```
>> [x,y] = meshgrid(-3:1:3);
>> z = peaks(x,y);
```

Ein feineres Gitter wird erzeugt.

Die Daten werden nun mit den vier verschiedenen Methoden interpoliert.

```
>> [xi,yi] = meshgrid(-3:0.25:3);
>> zi1 = interp2(x,y,z,xi,yi)
>> zi2 = interp2(x,y,z,xi,yi,...
        'nearest');
>> zi3 = interp2(x,y,z,xi,yi,...
        'cubic');
>> zi4 = interp2(x,y,z,xi,yi,...
        'spline');
```

Zum Schluß werden die Daten gezeichnet (siehe Abb. 10.17).

```
>> subplot(2,2,1); surf(xi,yi,zi1);
>> subplot(2,2,2); surf(xi,yi,zi2);
>> subplot(2,2,3); surf(xi,yi,zi3);
>> subplot(2,2,4); surf(xi,yi,zi4);
```

Es ist zu beachten, daß die schrägen Flächen der *nearest*-Methode in Abb. 10.17 dadurch entstehen, daß MATLAB bei der Darstellung der Datenpunkte durch Geraden verbindet. Tatsächlich ist diese Funktion eine (unstetige) Treppenfunktion.

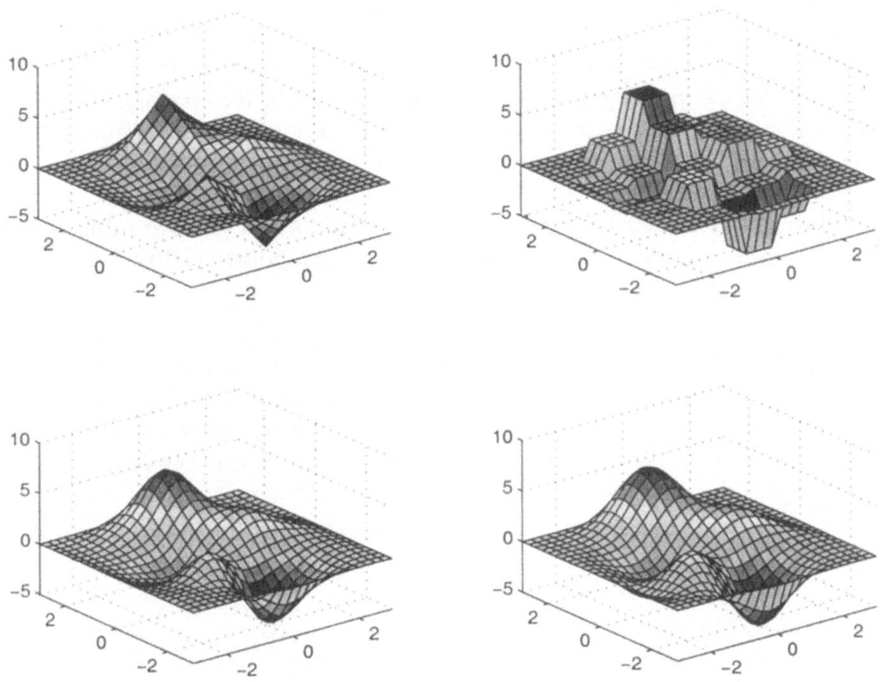

Abbildung 10.17: Vergleich der Interpolationsmethoden *linear, nearest, spline* und *cubic* von *interp2* (von links oben im Uhrzeigersinn).

Triangulation

Bei nicht-gitterförmig angeordneten Datenpunkten wird oft eine Zerlegung des Definitionsgebietes vorgenommen, bei der die gegebenen Stützstellen die Eckpunkte der Teilbereiche bilden.

Im zweidimensionalen Fall verbindet man oft benachbarte Stützstellen so miteinander, daß ein *Dreiecksnetz (Dreiecksgitter)* entsteht. Die entstehende *Triangulation* ist nicht eindeutig – sie kann aber nach bestimmten Kriterien „optimiert" werden. So ist es z. B. für viele Anwendungen sinnvoll, darauf zu achten, daß die Winkel der Dreiecke nicht „zu spitz" werden.

MATLAB verwendet zur Triangulation den Delaunay-Algorithmus, bei dem für alle erzeugten Dreiecke gilt, daß ihr jeweiliger Umkreis keine weiteren Datenpunkte enthält. Die Syntax lautet:

$$TRI = \text{delaunay}\,(x,y)$$

Dabei sind x und y Vektoren, die die x- und y-Koordinaten der Datenpunkte enthalten und TRI ist eine $m \times 3$-Matrix, bei der jede Zeile ein Dreieck definiert. Zur Visualisierung können die Funktionen *triplot*, *trisurf* oder *trimesh* verwendet werden. *triplot (TRI,x,y)* zeichnet die Triangulation zweidimensional, während *trisurf (TRI,x,y,z)* und *trimesh (TRI,x,y,z)* durch Angabe zusätzlicher z-Koordinaten eine dreidimensionale Darstellung ermöglichen.

Die Interpolation wird in MATLAB mit der Funktion *griddata* durchgeführt. Sie verwendet intern die *delaunay*-Funktion zur Triangulation. Ihre Syntax lautet:

$$ZI = \text{griddata}\,(x,y,z,XI,YI\langle,method\rangle)$$

Dabei sind x und y Vektoren, die die x- und y-Koordinaten der Datenpunkte enthalten. Die Werte selbst werden im Vektor z angegeben. *griddata* ermittelt die Interpolationsfunktion und liefert ihre Werte an jenen Stellen zurück, die durch die Vektoren XI und YI spezifiziert sind. Die Methoden *linear*, *cubic* und *nearest* stehen zur Auswahl. Wenn keine Methode ausgewählt wird, verwendet MATLAB standardmäßig *linear*.

MATLAB-Beispiel 10.21

Die Funktion $z = xe^{-x^2-y^2}$ wird an 100 zufälligen Punkten mit den Koordinaten x und y zwischen $(-2,-2)$ und $(2,2)$ abgetastet.

Es wird ein regelmäßiges Gitter erzeugt und die Daten auf dem Gitter interpoliert.

Die interpolierten und die ursprünglichen Daten werden dargestellt (Abb. 10.18).

```
>> rand('seed',0)
>> x = rand(100,1)*4-2;
>> y = rand(100,1)*4-2;
>> z = x.*exp(-x.^2-y.^2);

>> ti = -2:.25:2;
>> [XI,YI] = meshgrid(ti,ti);
>> ZI = griddata(x,y,z,XI,YI);

>> mesh(XI,YI,ZI), hold on
>> plot3(x,y,z,'o'), hold off
```

10.4   Numerische Integration

Oft ist es in Anwendungen (z. B. bei Flächen- oder Volumsbestimmungen) erforderlich, den Wert $\mathrm{I}f$ des bestimmten Integrals einer Funktion f über einen Bereich B zu ermitteln, d. h.,

$$\mathrm{I}f := \int_B f(x)\,dx \tag{10.17}$$

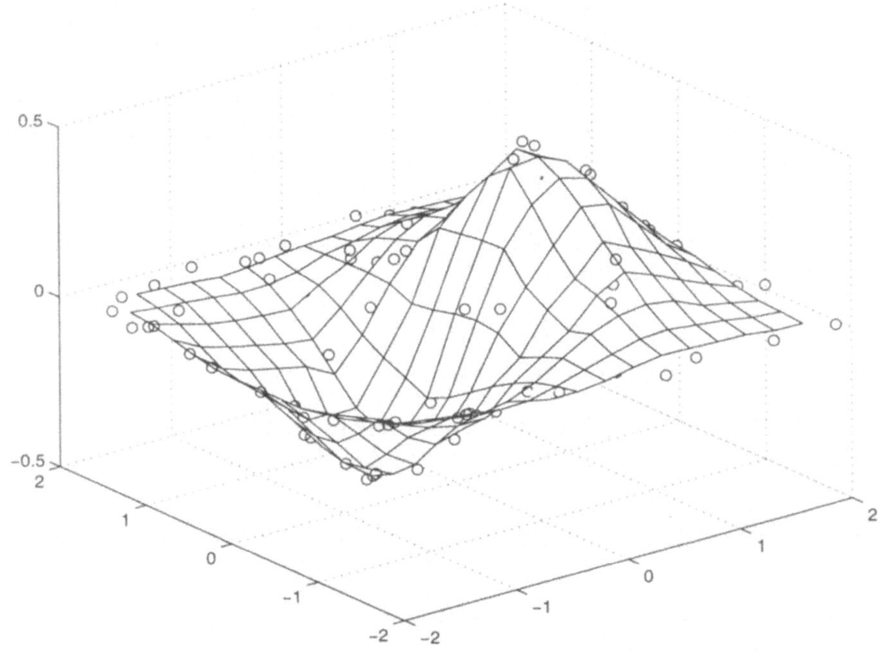

Abbildung 10.18: Interpolation von unregelmäßigen Daten mittels *griddata*.

für eine gegebene Integrandenfunktion

$$f : B \subseteq \mathbb{R}^n \to \mathbb{R}$$

zu berechnen.

Wenn der Integrand in geschlossener Form analytisch (als Formel) gegeben ist, kann man Computer-Algebrasysteme (z. B. die MATLAB-Toolbox für Symbolische Mathematik) zur symbolischen Integration verwenden. Dabei gelten beinahe dieselben Einschränkungen wie bei der manuellen Integration:

1. Es existieren für viele Funktionen keine elementar darstellbaren Stammfunktionen. Diese Fälle können allerdings von Computer-Algebrasystemen automatisch erkannt werden.

2. Computer-Algebrasysteme liefern manchmal die Stammfunktion in einer Form, die auf dem Integrationsbereich unnötige Unstetigkeiten aufweist.

3. Selbst wenn durch ein Programm zur Symbolmanipulation das unbestimmte Integral korrekt bestimmt wird, treten oft bei der Auswertung der Stamm-

funktion numerische Schwierigkeiten auf (z. B. katastrophale Auslöschungseffekte, Divisionen durch null).

4. Die symbolische Ermittlung der Stammfunktion F und die nachfolgen-
   de Auswertung von F an den Endpunkten des Integrationsintervalls sind
   gewöhnlich bei weitem aufwendiger als die Berechnung des entsprechenden
   bestimmten Integrals durch numerische Methoden.

Aus all diesen Gründen ist es oft zweckmäßig oder unvermeidbar, eine Lösung
Qf des *numerischen Problems*

$$\begin{aligned}
\textit{Input-Daten:} &\quad f,\ B,\ \varepsilon \\
\textit{Output-Daten:} &\quad Qf \quad \text{mit} \quad |Qf - If| \leq \varepsilon
\end{aligned} \tag{10.18}$$

zu berechnen, anstatt das mathematische Problem (10.17) durch analytische oder
symbolische Methoden – z. B. mit Computer-Algebrasystemen – zu lösen.

10.4.1   Vordefinierte MATLAB-Funktionen

Mittels *quad* und *quadl* kann eine Funktion (numerisch) integriert werden;
$quad(f, a, b)$ ermittelt den Wert des bestimmten Integrals $\int_a^b f(x)dx$.

Die Funktion *quad* verwendet die Simpson-Quadratur, um das bestimmte Integral mit der Genauigkeit von $\epsilon = 10^{-6}$ zu ermitteln. Die Funktion *quadl* verwendet eine adaptive Lobatto-Quadratur (Überhuber [46]).

MATLAB-Beispiel 10.22

Der Wert des Integrals der Funktion *peaks3* zwischen 0 und 1
wird numerisch berechnet.

```
>> quad('peaks3', 0, 1)
ans =
    0.0369
```

Wie man der Abb. 10.7 entnehmen kann, ist die „Spitze" bei $x = 0.54$ sehr schmal.
Numerische Integrationsalgorithmen, die alle auf dem Abtastprinzip beruhen (siehe Überhuber [46]), finden diese „Spitze" nur, wenn die Genauigkeitsvorgabe
verhältnismäßig klein gewählt wird. Der von MATLAB gelieferte Wert 0.0369
weicht auch deutlich von dem korrekten Wert 0.0262639 ab.

Mit einer erweiterten Parameterliste (siehe *help quad*) kann
man die gewünschte Genauigkeit
vorgeben. Für $\varepsilon \leq 10^{-8}$ verbes-
sert sich das Ergebnis deutlich.

```
>> quad('peaks3', 0, 1, 1e-8)
ans =
    0.0263
```

Numerische Integration kann etwa verwendet werden, um die Länge einer Kurve zu bestimmen.

MATLAB-Beispiel 10.23

Ziel des Beispiels ist es, den Umfang einer Ellipse zu bestimmen, die in Parameterdarstellung $x = a\,\cos(t), y = b\,\sin(t)$ gegeben ist. Da die Bogenlänge einer Kurve (für Parameterwerte $t \in [t_0, t_1]$) allgemein durch

$$\int_{t_0}^{t_1} \sqrt{[x'(t)]^2 + [y'(t)]^2}\, dt$$

berechnet werden kann, führt dies auf die Auswertung des bestimmten Integrals

$$2\int_0^\pi \sqrt{a^2 \sin^2 t + b^2 \cos^2 t}\, dt. \tag{10.19}$$

Um die Integration in MATLAB durchführen zu können, wird der Integrand als Funktion mit drei Parametern implementiert.

```
function y = ellipse(t,a,b);
    y = sqrt(a^2.*(sin(t)).^2 + ...
           b^2.*(cos(t)).^2);
```

Mittels *quad* wird nun das Integral (10.19) für die Parameter $a = 30$ und $b = 20$ ausgewertet.

```
>> 2*quad('ellipse',0,pi,...
     1e-6,0,30,20)
ans =
   158.6544
```

Der fünfte Parameter der Funktion *quad* gibt an, ob Informationen über die Konvergenz des Verfahrens angegeben werden sollen. Alle weiteren Parameter werden direkt an den Integranden weitergereicht.

Kapitel 11

Vordefinierte Variable und Unterprogramme

Zweck dieses Kapitels ist es, einen Überblick über einige der wichtigsten MAT-LAB-Befehle zu geben. Wegen des großen Befehlsumfanges muß auf eine genaue Beschreibung der einzelnen Befehle verzichtet werden; Kapitel 11 beschränkt sich lediglich darauf, kurz Parameter und Resultate zu beschreiben. Für eine eingehendere Diskussion sei auf die Online-Hilfe, die mittels *help befehlsname* am MAT-LAB-Prompt aufgerufen werden kann, oder auf das MATLAB-Referenzhandbuch [36] verwiesen.

Im folgenden wird für die Kurzbeschreibungen der Befehlsparameter folgende Notation verwendet: m, n, k bezeichnen ganzzahlige, skalare **double**-Werte, v Vektoren des Typs **double**, A **double**-Matrizen und c Zeichenketten (Objekte vom Typ **char**). Ist es für einen Befehl unerheblich, ob ein (reeller oder komplexer) Skalar oder eine **double**-Matrix übergeben wird, so wird dies durch ein x symbolisiert.

11.1 Konstante, Abfragefunktionen

`ans`	letztes Ergebnis einer interaktiven Berechnung, das keiner Variablen explizit zugewiesen wurde
`bitmax`	größte, exakt darstellbare ganze Zahl
`eps`	relative Maschinengenauigkeit (IEEE: 2^{-52})
`i`	komplexe Einheit $i := \sqrt{-1}$
`Inf`	symbolische Konstante für ∞
`isieee`	TRUE, falls IEEE-Arithmetik vorliegt
`j`	komplexe Einheit $j := \sqrt{-1}$ (identisch mit i)

`NaN`	symbolische Konstante für „not a number", z. B. 0/0
`nargin`	Zahl der Eingangsparameter beim Aufruf eines FUNCTION-Unterprogramms (siehe Abschnitt 7.4.6)
`nargout`	Zahl der Ausgangsparameter beim Aufruf eines FUNCTION-Unterprogramms (siehe Abschnitt 7.4.6)
`pi`	Wert von $\pi = 3.1415\,92653\,58979\,3\ldots$
`realmin`	kleinste positive, normalisierte Gleitpunktzahl
`realmax`	größte Gleitpunktzahl

11.2 Mathematische Funktionen

Alle mathematischen Funktionen können sowohl auf (reelle und komplexe) Skalare als auch auf Felder angewendet werden; jede Funktion liefert einen Skalar oder ein Feld derselben Größe zurück. Bei Feldern wird die Operation elementweise ausgeführt.

`abs(x)`	Betrag $|x|$ (für reelles oder komplexes x)
`acos(x)`	Arkuskosinus von x
`acosh(x)`	Areakosinus hyperbolicus von x
`angle(x)`	Phasenwinkel der komplexen Zahl x
`asin(x)`	Arkussinus von x
`asinh(x)`	Areasinus hyperbolicus von x
`atan(x)`	Arkustangens $y = \mathrm{atan}(x)$, wobei $y \in [-\pi/2, \pi/2]$
`atan2(x)`	Arkustangens $y = \mathrm{atan}(x)$, wobei $y \in [-\pi, \pi]$
`atanh(x)`	Areatangens hyperbolicus von x
`ceil(x)`	rundet x auf die nächstgrößere ganze Zahl auf
`conj(x)`	liefert die zu x konjugiert komplexe Zahl
`cos(x)`	Kosinus von x
`cosh(x)`	Kosinus hyperbolicus von x
`exp(x)`	e^x
`fix(x)`	ganzzahliger Anteil von x („round towards zero")
`floor(x)`	rundet x auf die nächstkleinere ganze Zahl ab
`gcd(x,y)`	größter gemeinsamer Teiler von x und y
`imag(x)`	Imaginärteil der komplexen Zahl x
`lcm(x,y)`	kleinstes gemeinsames Vielfaches von x und y
`log(x)`	natürlicher Logarithmus von x (Basis e)
`log2(x)`	dualer Logarithmus von x (Basis 2)
`log10(x)`	dekadischer Logarithmus von x (Basis 10)
`mod(x,y)`	Modulo-Funktion
`real(x)`	Realteil von x

`rem(x,y)`	Rest der Division von x durch y
`round(x)`	rundet x zur nächstgelegenen ganzen Zahl
`sign(x)`	Signum von x (Resultat: -1, 1 oder 0)
`sin(x)`	Sinus von x
`sinh(x)`	Sinus hyperbolicus von x
`sqrt(x)`	$\sqrt{x}$
`tan(x)`	Tangens von x
`tanh(x)`	Tangens hyperbolicus von x

11.3　Feldoperationen

`isequal(x,y)`	TRUE, falls die beiden Felder x und y (wertemäßig) gleich sind
`islogic(x)`	TRUE, falls x ein Datenobjekt vom Typ `logical` ist
`isnumeric(x)`	TRUE, falls x ein `double`-Datenobjekt ist
`logical(x)`	konvertiert ein `double`-Datenobjekt in ein Objekt vom Typ `logical` (ein Wert ungleich null wird als logisch TRUE interpretiert, der Wert null als FALSE)
`size(x)`	Größe des Feldes x als Vektor
`isinf(x)`	Testet, ob die Elemente in x den Wert 'Inf' haben
`isnan(x)`	Testet, ob die Elemente in x gleich 'NaN' sind

11.4　Vektoroperationen

`find(v)`	ermittelt Nichtnullelemente
`fft(v)`	diskrete Fourier-Transformation der Elemente in v
`hist(v)`	errechnet ein Histogramm der Daten in v
`ifft(v)`	inverse (diskrete) Fourier-Transformation von v
`length(v)`	Länge des Vektors v
`linspace(n,m,k)`	linear angeordnete Wertefolge
`logspace(n,m,k)`	logarithmisch angeordnete Wertefolge
`max(v)`	maximales Element in v
`mean(v)`	Mittelwert der Elemente in v
`median(v)`	Median der Werte in v
`min(v)`	minimales Element in v
`norm(v)`	Euklidische Vektornorm $\|v\|_2$

`norm(v,p)`	Vektornorm $\|v\|_p$; ist p gleich `'Inf'`, so liefert *norm* die Maximumnorm $\|v\|_\infty$
`prod(v)`	Produkt aller Elemente in v
`std(v)`	Standardabweichung der Elemente in v
`sort(v)`	sortiert die Elemente von v in aufsteigender Reihenfolge
`sum(v)`	Summe aller Elemente in v

11.5 Elementare Matrizenoperationen

`diag(v)`	Diagonalmatrix mit v als Hauptdiagonale
`eye(n)`	$n \times n$-Einheitsmatrix
`find(A)`	ermittelt Nichtnullelemente
`isempty(A)`	TRUE, falls A die leere Matrix ist
`ones(n,m)`	$n \times m$-Matrix, deren Elemente alle den Wert 1 haben
`rand(n,k)`	$n \times k$-Matrix, deren Elemente gleichverteilte Zufallszahlen aus dem Intervall (0,1) sind
`randn(n,k)`	$n \times k$-Matrix, deren Elemente $N(0,1)$ (standardnormal) verteilte Zufallszahlen sind
`sortrows(A)`	sortiert die Spalten von A in aufsteigender Reihenfolge
`zeros(n,m)`	$n \times m$-Matrix, deren Elemente alle den Wert 0 haben

11.6 Numerische Matrizenoperationen

`chol(A)`	Cholesky-Faktorisierung von A (für positiv definites A)
`cond(A)`	Konditionszahl $\|A\|_2\|A^{-1}\|_2$ von A
`condest(A)`	Schätzung für die Konditionszahl $\|A\|_2\|A^{-1}\|_2$ von A
`det(A)`	Determinante von A
`eig(A)`	Eigenwerte und Eigenvektoren von A
`eigs(A)`	vollständige oder partielle Lösung allgemeiner oder spezieller Eigenwertprobleme
`expm(A)`	Matrix-Exponentialfunktion e^A
`inv(A)`	Inverse A^{-1} von A
`lu(A)`	LU-Faktorisierung von A
`norm(A)`	Euklidische Norm (Spektralnorm) $\|A\|_2$

`norm(A,p)`	Matrixnorm $\|A\|_p$ für $p = 1, 2$, `'inf'` oder `'fro'`; ist $p =$ `'inf'`, so liefert *norm* die Zeilensummennorm $\|A\|_\infty$; ist $p =$ `'fro'`, so liefert *norm* die Frobenius-Norm (Schur-Norm) von A
`normest(A)`	Schätzung der Euklidischen Norm (Spektralnorm) $\|A\|_2$
`null(A)`	Nullraum (Kern) der A entsprechenden linearen Abbildung
`orth(A)`	Orthonormalisierung der Spalten von A
`pinv(A)`	Pseudo-Inverse A^+ von A
`poly(A)`	charakteristisches Polynom der Matrix A als Koeffizientenvektor (siehe Abschnitt 5.3.6)
`rank(A)`	Rang von A (Dimension des Bildraums)
`svd(A)`	Singulärwertzerlegung von A

11.7 Schwach besetzte Matrizen

`cholinc(A)`	unvollständige Cholesky-Faktorisierung von A
`full(A)`	konvertiert eine komprimiert gespeicherte Matrix A in eine vollständig gespeicherte Matrix
`issparse(A)`	TRUE, falls A eine komprimiert gespeicherte schwach besetzte Matrix ist
`luinc(A)`	unvollständige LU-Faktorisierung von A
`nnz(A)`	Zahl der Nichtnullelemente von A
`sparse(A)`	konvertiert die vollbesetzte `double`-Matrix A in die kompakte Repräsentation
`speye(n)`	schwach besetzte $n \times n$-Einheitsmatrix
`sprand(m,n,y)`	schwach besetzte $n \times m$-Matrix mit ungefähr nmy, $0 < y \leq 1$, gleichverteilten Zufallszahlen als Nichtnullelementen
`sprandn(m,n,y)`	analog mit standardnormalverteilten Zufallszahlen
`sprandsym(n,y)`	symmetrische schwach besetzte $n \times n$-Matrix mit ungefähr n^2y, $0 < y \leq 1$, gleichverteilten Zufallszahlen als Nichtnullelemente
`spy(A)`	grafische Anzeige der Besetztheitsstruktur von A
	Nichtstationäre iterative Verfahren zur Lösung schwach besetzter linearer Gleichungssysteme $Ax = b$ (siehe [46]):
`bicg(A,b)`	BiCG-Verfahren
`bicgstab(A,b)`	BiCGSTAB-Verfahren
`cgs(A,b)`	CGS-Verfahren

`gmres(A,b,n)`	GMRES-Verfahren
`pcg(A,b)`	vorkonditioniertes CG-Verfahren
`qmr(A,b)`	QMR-Verfahren

11.8 Polynome

Polynome werden durch ihre Koeffizientenvektoren dargestellt (siehe Abschnitt 5.3.6); v und w sind Vektoren von Koeffizienten, die Polynome repräsentieren.

`conv(v,w)`	multipliziert die Polynome v und w
`deconv(v,w)`	dividiert das Polynom v durch das Polynom w
`poly(z)`	konvertiert einen Vektor z, der die Polynomnullstellen enthält, in einen Vektor, der die Polynomkoeffizienten enthält
`polyder(v)`	Ableitung des Polynoms v
`polyfit(x,y,n)`	Approximation durch ein Polynom vom Grad n
`polyval(v,x)`	Auswertung des Polynoms v an der Stelle x
`ppval(p,x)`	Auswertung eines stückweisen Polynoms
`roots(v)`	Nullstellen des Polynoms v
`spline(x,y)`	kubische Spline-Interpolation

11.9 Zeichenketten

`blanks(n)`	generiert String der Länge n, der nur Leerzeichen enthält
`char(c,...)`	generiert mehrzeiliges `char`-Objekt
`char(x)`	konvertiert Datenobjekt in String
`double(c)`	konvertiert ein ASCII-Zeichenketten-Feld in ein `double`-Feld, das die numerischen ASCII-Codes der einzelnen Zeichen enthält
`eval(c)`	wertet c als MATLAB-Ausdruck aus
`findstr(c,d)`	sucht Vorkommnisse des kürzeren Strings im längeren
`ischar(c)`	TRUE, falls c vom Typ `char` ist
`lower(c)`	konvertiert String c in Kleinbuchstaben
`num2str(x)`	konvertiert das `double`-Objekt x in einen String
`str2num(c)`	konvertiert einen String in ein `double`-Objekt
`strcat(c,...)`	hängt die angegebenen Strings zusammen
`strcmp(c,d)`	vergleicht 2 Strings und liefert TRUE, falls sie identisch sind

`upper(c)`	konvertiert String c in Großbuchstaben

11.10 Input/Output

Eine genauere Beschreibung der folgenden Befehle findet man in Abschnitt 9.3. Im folgenden steht h für eine Datei-Nummer.

`fclose(h)`	schließt die Datei h
`feof(h)`	TRUE, falls Ende der Datei h erreicht ist
`fgetl(h)`	liest eine Zeile aus der Datei h (auch das abschließende Return)
`fgets(h)`	liest eine Zeile aus der Datei h (ohne Return)
`fopen(c,d)`	öffnet die Datei c im Zugriffsmodus d
`fprintf`	schreibt formatierten Text; siehe Abschnitt 9.2
`fscanf`	liest formatierten Text ein; siehe Abschnitt 9.2
`ftell(h)`	Wert des Datei-Positionszeigers von h (aktuelle Position in der Datei h)
`input(c)`	liest Daten, die auf der Tastatur eingegeben werden

11.11 Grafik

In der folgenden Tabelle sind einige MATLAB-Grafikbefehle kurz zusammengestellt; für eine nähere Diskussion sei auf Abschnitt 9.4 verwiesen.

`axis`	Einstellungen für die Koordinatenachsen ändern
`bar`	Darstellung von Balkendiagrammen
`box`	Einstellungen für den Diagrammrahmen
`close`	Schließen eines Ausgabefensters
`colordef`	Festlegen der Diagrammfarben
`contour`	Konturliniendarstellung von zweidimensionalen Funktionen
`contour3`	Dreidimensionale Konturliniendarstellung
`errorbar`	Fehlerintervall-Darstellung von Daten
`figure`	Festlegung des Ausgabefensters
`fill`	ausgefülltes zweidimensionales Vieleck zeichnen
`fplot`	Funktionen grafisch darstellen
`gplot`	Darstellen von Graphen mittels Adjazenzmatrix und Koordinaten

`grid`	Festlegung, ob im Koordinatensystem Gitternetzlinien gezeichnet werden sollen oder nicht
`gtext`	Plazierung einer Beschriftung mit Hilfe der Maus
`hist`	Erstellung eines Histogramms
`hold`	Mehrere Diagramme in einem Koordinatensystem zeichnen
`legend`	Hinzufügen einer Legende
`loglog`	Darstellung von Daten in einem doppelt logarithmischen Koordinatensystem
`mesh`	Darstellung von dreidimensionalen Netzgrafiken
`pcolor`	Darstellung von zweidimensionalen Funktionen durch Konturflächen
`pie`	Darstellung von „Tortendiagrammen"
`plot`	Zweidimensionale Linien- oder Punktgrafiken
`plot3`	Darstellung von dreidimensionalen Datenpunkten
`plotyy`	Darstellung zweier Kurven mit verschiedenen y-Achsen in einem Koordinatensystem
`polar`	Darstellung von Daten in Polarkoordinaten
`rotate3d`	Betrachtungswinkel von dreidimensionalen Grafiken setzen
`semilogx`	Darstellung von Daten in einem Koordinatensystem mit logarithmischer x-Achse
`semilogy`	Darstellung von Daten in einem Koordinatensystem mit logarithmischer y-Achse
`stairs`	Darstellung von Stufendiagrammen
`stem`	Darstellung von Daten mittels „Stamm-Plot"
`surf`	Darstellung von dreidimensionalen Flächengrafiken
`text`	Beschriftung von Diagrammkurven
`title`	Festlegung des Diagrammtitels
`xlabel`	Beschriftung der x-Achse
`ylabel`	Beschriftung der y-Achse
`zlabel`	Beschriftung der z-Achse

11.12   Zeitmessung

MATLAB bietet die Möglichkeit, durch die beiden Befehle *tic* und *toc* die für eine Operation benötigte Zeit zu messen. Dazu setzt man *tic* vor die Anweisungen, deren Zeitverbrauch man messen möchte, und ein *toc* danach. Der zweite Befehl gibt die vergangene Zeit („elapsed time") seit dem letzten *tic* (in Sekunden) aus.

MATLAB-Beispiel 11.1

Um den Zeitverbrauch des *plot*-Aufrufs zu messen, wird die *tic-toc*-Konstruktion verwendet. Die Genauigkeit des erhaltenen Zeitintervalls hängt von der computerinternen Zeitmessung ab. Der hier erhaltene Wert ist mit Sicherheit nicht auf eine Mikrosekunde genau.

```
≫ tic; plot(rand(5)); toc
elapsed_time =
    1.009768
```

Bei der Zeitmessung ist zu beachten, daß MATLAB-Funktionen interpretiert werden, d. h., die gemessene Zeit spiegelt nicht unbedingt die potentielle (maximale) Gleitpunktleistung des verwendeten Computersystems wider.

Die verbrauchte CPU-Zeit kann durch *cputime* ermittelt werden; der Befehl gibt die seit dem Start von MATLAB verbrauchte CPU-Zeit (in Sekunden) als **double**-Datenobjekt zurück. Speichert man beispielsweise die verbrauchte CPU-Zeit vor einer Operation und bildet die Differenz zur CPU-Zeit nach einer Operation, kann man den CPU-Zeitverbrauch der Operation ermitteln.

`cputime`	CPU-Zeit (in Sekunden) seit dem Start von MATLAB
`tic`	Start der Zeitmessung
`toc`	Stop der Zeitmessung

Literatur

[1] E. Anderson et al.: LAPACK *User's Guide*, 3rd ed., Society for Industrial and Applied Mathematics, 1999.

[2] F. Bachmann, H. R. Schärer, L.-S. Willimann: *Mathematik mit* MATLAB*: Aufgaben und Lösungen*, vdf Hochschulverlag, 1996.

[3] G. Backstrom: *Practical Mathematics Using* MATLAB, 2nd ed., Studentlitteratur, 2000.

[4] F. L. Bauer, G. Goos: *Informatik 1: Eine einführende Übersicht*, 4. Aufl., Springer, 1991.

[5] H. Benker: *Ingenieurmathematik mit Computeralgebra-Systemen*, Vieweg, 1998.

[6] H. Benker: *Mathematik mit* MATLAB, Springer, 2000.

[7] O. Beuchern: MATLAB *und* SIMULINK *lernen*, Addison-Wesley, 2000.

[8] G. J. Borse: *Numerical Methods with* MATLAB*: A Resource for Scientists and Engineers*, PWS Publishing Company, 1997.

[9] K. Chen, A. Irving, P. Giblin: *Mathematical Explorations with* MATLAB, Cambridge University Press, 1999.

[10] J. M. Cooper: *Introduction to Partial Differential Equations with* MATLAB, Birkhäuser, 1998.

[11] P. W. Davis: *Differential Equations: Modeling with* MATLAB, Prentice Hall, 1999.

[12] J. W. Demmel: *Applied Numerical Linear Algebra*, Society for Industrial and Applied Mathematics, 1997.

[13] J. Dongarra, F. Sullivan (Eds.): *The Top 10 Algorithms*, IEEE Computing in Science and Engineering 2 (2000), Seite 2 – 79.

[14] D. M. Etter: *Engineering Problem Solving with* MATLAB, 2nd ed., Prentice Hall, 1997.

[15] L. V. Fausett: *Applied Numerical Analysis Using* MATLAB, Prentice Hall, 1999.

[16] W. Gander, J. Hrebicek: *Solving Problems in Scientific Computing Using* MAPLE *and* MATLAB, Springer, 1997.

[17] C. F. Gerald, P. O. Wheatley: *Applied Numerical Analysis*, 6th ed., Addison-Wesley, 1999.

[18] G. H. Golub, C. F. van Loan: *Matrix Computations*, 3rd ed., Johns Hopkins University Press, 1996.

[19] G. Gramlich, W. Werner: *Numerische Mathematik mit* MATLAB, dpunkt-Verlag, 2000.

[20] D. Hanselman, B. R. Littlefield: *Mastering* MATLAB *6*, Prentice Hall, 2001.

[21] T. L. Harman, J. B. Dabney, N. J. Richert: *Advanced Engineering Mathematics Using* MATLAB, PWS Publishing Company, 1997.

[22] D. J. Higham, N. J. Higham: MATLAB *Guide*, Society for Industrial and Applied Mathematics, 2000.

[23] N. J. Higham: *Accuracy and Stability of Numerical Algorithms*, Society for Industrial and Applied Mathematics, 1996.

[24] D. R. Hill, D. E. Zitarelli: *Linear Algebra LABS with* MATLAB, 2nd ed., Prentice Hall, 1996.

[25] J. Hoffmann: *Beispielorientierte Einführung in die Simulation dynamischer Systeme*, Addison-Wesley, 1997.

[26] L. W. Johnson, R. D. Riess, J. T. Arnold: *Introduction to Linear Algebra*, 4th ed., Addison-Wesley, 2001.

[27] A. Kharab, R. B. Guenther: *An Introduction to Numerical Methods: A* MATLAB *Approach*, Chapman and Hall/CRC, 2002

[28] A. Knight: *Basics of* MATLAB *and Beyond*, Chapman and Hall, 1999.

[29] F. Kröger: *Einführung in die Informatik: Algorithmenentwicklung*, Springer, 1991.

[30] C. L. Lawson, R. J. Hanson: *Solving Least Squares Problems*. Prentice Hall, 1974.

[31] G. Lindfield, J. Penny: *Numerical Methods Using* MATLAB, 2nd ed., Prentice Hall, 2000.

[32] P. Marchand: *Graphics and GUIs with* MATLAB, 2nd ed., CRC Press, 1999.

[33] M. Marcus: *Matrices and* MATLAB*: A Tutorial*, Prentice Hall, 1993.

[34] J. H. Mathews, K. D. Fink: *Numerical Methods Using* MATLAB, 3rd ed., Prentice Hall, 1999.

[35] MathWorks Inc.: *Using* MATLAB, Version 6.5, MathWorks Inc., 2002.

[36] MathWorks Inc.: MATLAB *Reference Manual*, Version 6.5, MathWorks Inc., 2002.

[37] B. Noble, J. W. Daniel: *Applied Linear Algebra*, 3rd ed., Prentice Hall, 1998.

[38] D. Nowottny: *Mathematik am Computer*, Springer, 1999.

[39] W. J. Palm: *Introduction to* MATLAB *6.5 for Engineers*, McGraw-Hill, 2001.

[40] R. Piessens, E. deDoncker-Kapenga, C. W. Überhuber, D. Kahaner: *Quadpack: A Subroutine Package for Automatic Integration*. Springer, 1983.

[41] G. W. Recktenwald: *Numerical Methods with* MATLAB*: Implementation and Application*, Prentice Hall, 2000.

[42] R. J. Schilling, S. L. Harris: *Applied Numerical Methods for Engineers: Using* MATLAB *and C*, Brooks/Cole, 2000.

[43] K. Sigmon, T. A. Davis: MATLAB *Primer*, 6th ed., Chapman and Hall/CRC, 2002.

[44] L. N. Trefethen: *Spectral Methods in* MATLAB, Society for Industrial and Applied Mathematics, 2000.

[45] C. W. Überhuber: *Numerical Computation I*, Springer, 1997.

[46] C. W. Überhuber: *Numerical Computation II*, Springer, 1997.

[47] C. W. Überhuber, C. Meditz: *Softwareentwicklung in Fortran 90*, Springer, 1993.

[48] C. F. Van Loan: *Introduction to Scientific Computing: A Matrix-Vector Approach Using* MATLAB, 2nd ed., Prentice Hall, 2000.

MATLAB-Befehle

Index

SpringerNewsTechnik

Reiner Kreißig, Ulrich Benedix

Höhere Technische Mechanik

Lehr- und Übungsbuch

2002. IX, 177 Seiten. 62 Abbildungen.
Broschiert EUR 29,80, sFr 48,–
ISBN 3-211-83813-9

Mit der vorliegenden Einführung in die Höhere Technische Mechanik, die sich an Studierende der technischen Wissenschaften wendet, soll eine Lücke zwischen den Grundlagen der Mechanik deformierbarer Körper und einem der wichtigsten numerischen Verfahren, der Methode der Finiten Elemente (FEM), geschlossen werden.

Als Voraussetzung für eine kompakte Beschreibung des Inhalts werden die Grundbeziehungen der Tensorrechnung behandelt. Unter Verwendung dieses Kalküls schließt sich die Darstellung der Grundgleichungen sowie des Randwertproblems (RWPs) der linearen Elastizitätstheorie an. Die analytische Lösung des RWPs erfolgt mit dem Ziel, einige Voraussetzungen für die richtige Anwendung von Berechnungssoftware zu schaffen.

Mit der Behandlung von Prinzipien der Mechanik wird die näherungsweise Lösung des RWPs vorbereitet. Den Abschluss bilden der klassische Ritz-Ansatz und die durch Modifizierungen daraus abgeleitete FEM.

Zum Verständnis des Stoffes tragen zahlreiche Beispiele mit Lösungen bei.

SpringerWienNewYork

A-1201 Wien, Sachsenplatz 4–6, P.O. Box 89, Fax +43.1.330 24 26, e-mail: books@springer.at, Internet: www.springer.at
D-69126 Heidelberg, Haberstraße 7, Fax +49.6221.345-229, e-mail: orders@springer.de
USA, Secaucus, NJ 07096-2485, P.O. Box 2485, Fax +1.201.348-4505, e-mail: orders@springer-ny.com
Eastern Book Service, Japan, Tokyo 113, 3–13, Hongo 3-chome, Bunkyo-ku, Fax +81.3.38 18 08 64, e-mail: orders@svt-ebs.co.jp

SpringerMathematics

Adi Ben-Israel,
Robert P. Gilbert

Computer-Supported Calculus

2002. XI, 609 pages. 191 figures.

Hardcover EUR 65,–

(Recommended retail price)

Net-price subject to local VAT.

ISBN 3-211-82924-5

Texts and Monographs

in Symbolic Computation

This is a new type of calculus book: Students who master this text will be well versed in calculus and, in addition, possess a useful working knowledge of how to use modern symbolic mathematics software systems for solving problems in calculus. This will equip them with the mathematical competence they need for science and engineering and the competitive workplace. MACSYMA is used as the software in which the example programs and calculations are given. However, by the experience gained in this book, the student will also be able to use any of the other major mathematical software systems, like for example AXIOM, MATHEMATICA, MAPLE, DERIVE or REDUCE, for "doing calculus on computers".

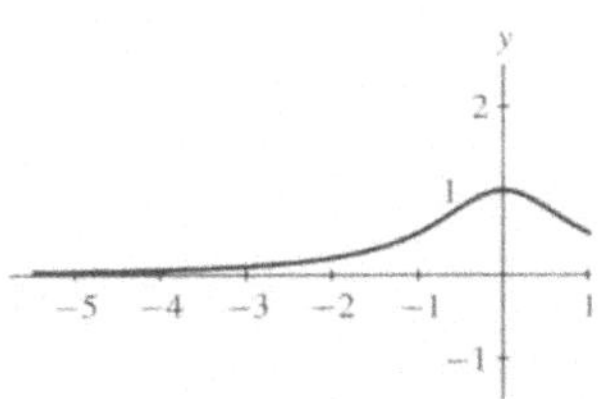

Fig. 1.12. Graph of the ratio

Example 1.34. The rational function

$$r(x) = 1/(1 -$$

has no poles and is consequently defined t
Fig. 1.12. Compare with the graphs of the hy

Next we see how MACSYMA handles rat

MACSYMA-Session 1.12. Consider the expressio
```
c1. (1+x)/((1-x)*(2+x)*(x-3))
```
d1.
$$\frac{x+1}{(1-x)(x-3)(x+2)}$$
Performing a partial fractions decomposition of th
```
c2. partfrac(%,x)
```
d2.
$$\frac{1}{15(x+2)} + \frac{1}{3(x-1)} - \frac{2}{5(x-3)}$$
representing the function as the sum of lower-deg
decompositions are further studied in Sect. 10.3, v
Now plot the rational function $(1+x)/((1-x)*($
$x := -2$, $x := 1$, and $x := 3$.
```
c3. plot2((1+x)/((1-x)*(2+x)*(x-3)),x,-
g3. 2D Graphic - Bounds:  -10. < X < 10.
d3.    done
```

Exercises

1.50 Sketch the graphs of the following rational f

   (a) $r(x) := \dfrac{x-1}{x+1}$ (b) $r(x) := \dfrac{(x}{(x}$

   (d) $r(x) := \dfrac{x-1}{x(x+1)(x-2)}$ (e

   (f) $r(x) := \dfrac{x^2}{x^2-1}$ (g

   (h) $r(x) := \dfrac{x^2-1}{x^4-4x^3+6x^2-4x+1}$ (i

Springer Wien New York

A-1201 Wien, Sachsenplatz 4–6, P.O. Box 89, Fax +43.1.330 24 26, e-mail: books@springer.at, Internet: www.springer.at
D-69126 Heidelberg, Haberstraße 7, Fax +49.6221.345-229, e-mail: orders@springer.de
USA, Secaucus, NJ 07096-2485, P.O. Box 2485, Fax +1.201.348-4505, e-mail: orders@springer-ny.com
Eastern Book Service, Japan, Tokyo 113, 3–13, Hongo 3-chome, Bunkyo-ku, Fax +81.3.38.18 08 64, e-mail: orders@svt-ebs.co.jp

SpringerNewsMathematics

Ulrich W. Kulisch

Advanced Arithmetic for the Digital Computer

Design of Arithmetic Units

2002. XII, 141 pages.
Softcover EUR 25,–
(Recommended retail price)
Net-price subject to local VAT.
ISBN 3-211-83870-8

The book deals with computer arithmetic in a more general sense than usual. Advanced computer arithmetic requires that all computer approximations of arithmetic operations – in particular those in the usual vector and matrix spaces – differ from the correct result by at most one rounding. The implementation of advanced computer arithmetic by fast hardware is examined in the book. The new expanded computational capability is gained at modest cost. It increases both the speed of a computation and the accuracy of the computed result. With it fast multiple precision arithmetic can be easily provided. All this strongly supports the case for implementing advanced computer arithmetic on every CPU.
The book also shows that on superscalar processors interval operations can be made as fast as simple floating-point operations with only very modest additional hardware costs.

SpringerWienNewYork

A-1201 Wien, Sachsenplatz 4–6, P.O. Box 89, Fax +43.1.330 24 26, e-mail: books@springer.at, Internet: www.springer.at
D-69126 Heidelberg, Haberstraße 7, Fax +49.6221.345-229, e-mail: orders@springer.de
USA, Secaucus, NJ 07096-2485, P.O. Box 2485, Fax +1.201.348-4505, e-mail: orders@springer-ny.com
Eastern Book Service, Japan, Tokyo 113, 3–13, Hongo 3-chome, Bunkyo-ku, Fax +81.3.38 18 08 64, e-mail: orders@svt-ebs.co.jp

*Springer-Verlag
und Umwelt*

ALS INTERNATIONALER WISSENSCHAFTLICHER VERLAG
sind wir uns unserer besonderen Verpflichtung der
Umwelt gegenüber bewußt und beziehen umwelt-
orientierte Grundsätze in Unternehmensentschei-
dungen mit ein.

VON UNSEREN GESCHÄFTSPARTNERN (DRUCKEREIEN,
Papierfabriken, Verpackungsherstellern usw.) verlangen wir, daß sie sowohl beim Herstellungsprozeß
selbst als auch beim Einsatz der zur Verwendung
kommenden Materialien ökologische Gesichtspunkte berücksichtigen.

DAS FÜR DIESES BUCH VERWENDETE PAPIER IST AUS
chlorfrei hergestelltem Zellstoff gefertigt und im
pH-Wert neutral.

Das Buch ist eine prägnante Einführung in MATLAB 6.5 unter spezieller Berücksichtigung des technisch-wissenschaftlichen Rechnens. Grundlegende numerische Methoden und Techniken werden im Text und an Hand zahlreicher Beispiele vorgestellt und verständlich gemacht.
Auch erfahrene MATLAB-Benutzer finden eine Fülle interessanter und nützlicher Informationen, die ihnen bei der Lösung technisch-wissenschaftlicher Probleme gute Dienste leisten können.

SpringerMathematik

ISBN 978-3-211-83826-6

ISBN 978-3-211-83826-6
www.springer.at